15개정 교육과정

개념+유형

라이트 **개념책**

KB118588

- 친절하고 자세한 **개념학습**
- 실력을 다지는 수준별 **유형학습**
- 생각하는 힘을 키우는 **교과역량학습**

개념과 유형이 하나로

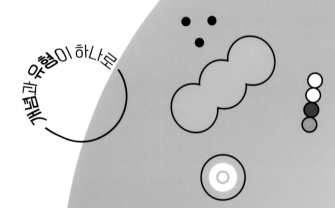

초등 수학

5·2

도형
길잡이

QR 코드를 스캔하여
[도형 길잡이] APP을 내려받아
재미있게 도형 공부하기!

visang

개발 윤희완, 육성은, 황은지, 김명숙
디자인 정세연, 차민진, 글앤그림, 안상현

발행일 2022년 12월 1일
펴낸날 2023년 11월 1일
제조국 대한민국
펴낸곳 (주)비상교육
펴낸이 양태회
신고번호 제2002-000048호
출판사업총괄 최대찬
개발총괄 채진희
개발책임 최진형
디자인책임 김재훈
영업책임 이지웅
품질책임 석진안
마케팅책임 이은진
대표전화 1544-0554
주소 서울특별시 구로구 디지털로33길 48
　　　대륭포스트타워 7차 20층

터치 로 재미있게 사용하는 **비상교육 [도형 길잡이] APP**

실행 방법
❶ 오른쪽 QR 코드를 스캔하여 비상교육 [도형 길잡이] APP을 내려받아 실행합니다.
❷ '카메라 시작하기'를 누른 후 '도형 마커'를 카메라로 비추면 도형 터치 화면이 나옵니다.

다각형의 넓이

직육면체 / 전개도

각기둥 / 각뿔 / 전개도

쌓기나무

세상이 변해도
배움의 즐거움은
변함없도록

시대는 빠르게 변해도
배움의 즐거움은
변함없어야 하기에

어제의 비상은
남다른 교재부터
결이 다른 콘텐츠
전에 없던 교육 플랫폼까지

변함없는 혁신으로
교육 문화 환경의 새로운 전형을
실현해왔습니다.

비상은 오늘, 다시 한번
새로운 교육 문화 환경을 실현하기 위한
또 하나의 혁신을 시작합니다.

오늘의 내가 어제의 나를 초월하고
오늘의 교육이 어제의 교육을 초월하여
배움의 즐거움을 지속하는 혁신,

바로, 메타인지 기반 완전 학습을.

상상을 실현하는 교육 문화 기업 비상

메타인지 기반 완전 학습
초월을 뜻하는 meta와 생각을 뜻하는 인지가 결합한 메타인지는
자신이 알고 모르는 것을 스스로 구분하고 학습계획을 세우도록 하는
궁극의 학습 능력입니다. 비상의 메타인지 기반 완전 학습 시스템은
잠들어 있는 메타인지를 깨워 공부를 100% 내 것으로 만들도록 합니다.

개념+유형 라이트
공부 계획표

5-2
12주
완성

1주 — 1. 수의 범위와 어림하기

개념책 6~11쪽	개념책 12~15쪽	개념책 16~19쪽	개념책 20~25쪽	개념책 26~31쪽
월 일	월 일	월 일	월 일	월 일

2주 — 1. 수의 범위와 어림하기

복습책 3~7쪽	복습책 8~11쪽	복습책 12~16쪽	평가책 2~4쪽	평가책 5~9쪽
월 일	월 일	월 일	월 일	월 일

3주 — 2. 분수의 곱셈

개념책 32~37쪽	개념책 38~41쪽	개념책 42~45쪽	개념책 46~49쪽	개념책 50~55쪽
월 일	월 일	월 일	월 일	월 일

4주 — 2. 분수의 곱셈

개념책 56~61쪽	복습책 17~21쪽	복습책 22~25쪽	복습책 26~30쪽	평가책 10~12쪽
월 일	월 일	월 일	월 일	월 일

5주 — 2. 분수의 곱셈 / 3. 합동과 대칭

평가책 13~17쪽	개념책 62~69쪽	개념책 70~73쪽	개념책 74~79쪽	개념책 80~85쪽
월 일	월 일	월 일	월 일	월 일

6주 — 3. 합동과 대칭

복습책 31~34쪽	복습책 35~37쪽	복습책 38~42쪽	평가책 18~20쪽	평가책 21~25쪽
월 일	월 일	월 일	월 일	월 일

가위로 잘라서 사용하세요.

공부 계획표 8주 완성에 맞추어 공부하면
개념책으로 공부한 후 **복습책**과 **평가책**으로 복습하며
기본 실력을 완성할 수 있어요!

복습책, 평가책으로 공부

5주	1. 수의 범위와 어림하기			2. 분수의 곱셈	
	복습책 3~11쪽	복습책 12~16쪽	평가책 2~9쪽	복습책 17~21쪽	복습책 22~25쪽
	월 일	월 일	월 일	월 일	월 일

6주	2. 분수의 곱셈		3. 합동과 대칭		
	복습책 26~30쪽	평가책 10~17쪽	복습책 31~37쪽	복습책 38~42쪽	평가책 18~25쪽
	월 일	월 일	월 일	월 일	월 일

7주	4. 소수의 곱셈				5. 직육면체
	복습책 43~47쪽	복습책 48~51쪽	복습책 52~56쪽	평가책 26~33쪽	복습책 57~65쪽
	월 일	월 일	월 일	월 일	월 일

8주	5. 직육면체		6. 평균과 가능성		
	복습책 66~70쪽	평가책 34~41쪽	복습책 71~79쪽	복습책 80~84쪽	평가책 42~49쪽
	월 일	월 일	월 일	월 일	월 일

개념+유형 라이트

공부 계획표

5-2
8주
완성

개념책으로 공부

1주

1. 수의 범위와 어림하기

개념책 6~15쪽	개념책 16~25쪽	개념책 26~31쪽
월 일	월 일	월 일

2. 분수의 곱셈

개념책 32~43쪽	개념책 44~49쪽
월 일	월 일

2주

2. 분수의 곱셈

개념책 50~55쪽	개념책 56~61쪽
월 일	월 일

3. 합동과 대칭

개념책 62~69쪽	개념책 70~79쪽	개념책 80~85쪽
월 일	월 일	월 일

3주

4. 소수의 곱셈

개념책 86~97쪽	개념책 98~103쪽	개념책 104~109쪽	개념책 110~115쪽
월 일	월 일	월 일	월 일

5. 직육면체

개념책 116~125쪽
월   일

4주

5. 직육면체

개념책 126~133쪽	개념책 134~139쪽
월 일	월 일

6. 평균과 가능성

개념책 140~149쪽	개념책 150~157쪽	개념책 158~163쪽
월 일	월 일	월 일

공부 계획표 12주 완성에 맞추어 공부하면
단원별로 **개념책, 복습책, 평가책**을 번갈아 공부하며
기본 실력을 완성할 수 있어요!

7주 — **4. 소수의 곱셈**

개념책 86~91쪽	개념책 92~95쪽	개념책 96~99쪽	개념책 100~103쪽	개념책 104~109쪽
월 일	월 일	월 일	월 일	월 일

8주 — **4. 소수의 곱셈**

개념책 110~115쪽	복습책 43~47쪽	복습책 48~51쪽	복습책 52~56쪽	평가책 26~28쪽
월 일	월 일	월 일	월 일	월 일

9주 — **4. 소수의 곱셈** / **5. 직육면체**

평가책 29~33쪽	개념책 116~123쪽	개념책 124~127쪽	개념책 128~133쪽	개념책 134~139쪽
월 일	월 일	월 일	월 일	월 일

10주 — **5. 직육면체**

복습책 57~61쪽	복습책 62~65쪽	복습책 66~70쪽	평가책 34~36쪽	평가책 37~41쪽
월 일	월 일	월 일	월 일	월 일

11주 — **6. 평균과 가능성**

개념책 140~145쪽	개념책 146~149쪽	개념책 150~153쪽	개념책 154~157쪽	개념책 158~163쪽
월 일	월 일	월 일	월 일	월 일

12주 — **6. 평균과 가능성**

복습책 71~75쪽	복습책 76~79쪽	복습책 80~84쪽	평가책 42~44쪽	평가책 45~49쪽
월 일	월 일	월 일	월 일	월 일

◎ 「개념책」 129쪽 1번에 사용하세요.

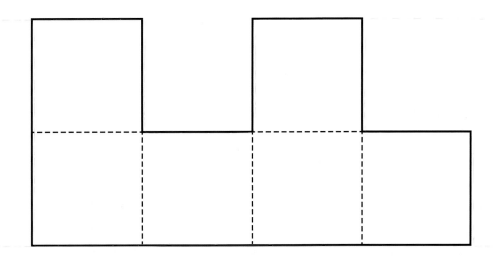

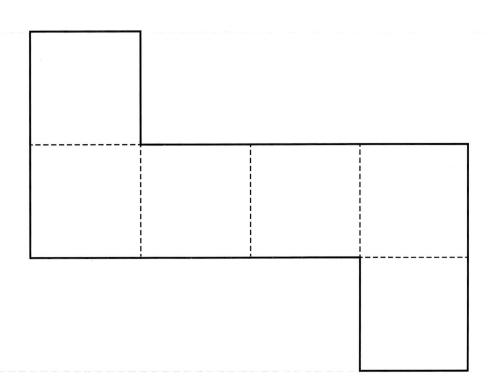

개념+유형
PLUS

라이트

개념책

초등 수학 ——

5·2

구성과 특징

친절하고 자세한
개념 학습

수준별 문제로 실력을 다지는
유형 학습

개념책

개념 정리

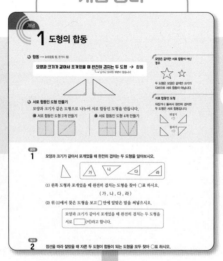

STEP 1 **기본유형**

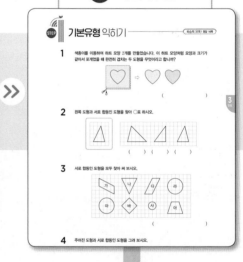

개념 복습

기본유형 복습

복습책

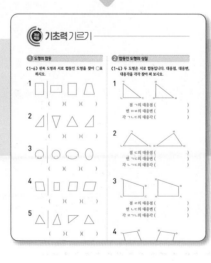

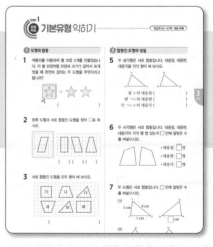

개념책의 문제를
복습책에서 1:1로 복습하여 기본 완성!

STEP **2** 실전유형

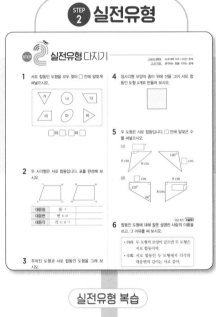

STEP **3** 응용유형

실력
평가

단원 마무리

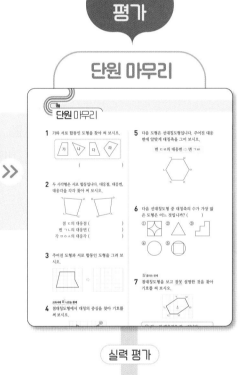

실전유형 복습

응용유형 복습

실력 평가

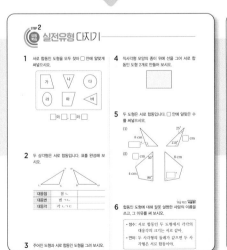

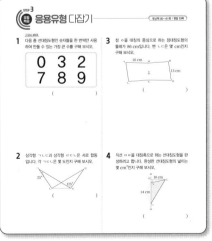

평가책

- 단원 평가
- 서술형 평가
- 학업 성취도 평가

차례

1 수의 범위와 어림하기

2 분수의 곱셈

3 합동과 대칭

라이트에서
공부할 내용을 알아보아요!

4 소수의 곱셈

5 직육면체

6 평균과 가능성

1

수의 범위와
어림하기

이전에 배운 내용	이번에 배울 내용	이후에 배울 내용
3-1 길이와 시간 길이와 거리를 어림하고 재어 보기 **3-2 들이와 무게** • 들이를 어림하고 재어 보기 • 무게를 어림하고 재어 보기 **4-1 큰 수** 수의 크기 비교	**1 이상, 이하** **2 초과, 미만** **3 수의 범위의 활용** **4 올림** **5 버림** **6 반올림** **7 올림, 버림, 반올림의 활용**	**6-2 소수의 나눗셈** 소수의 나눗셈의 몫을 반올림하여 나타내기

준비학습

1 연필의 길이를 어림하면 얼마인지 □ 안에 알맞은 수를 써넣으시오.

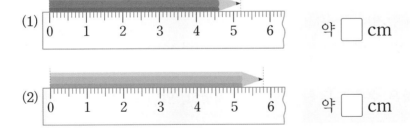

(1) 약 □ cm

(2) 약 □ cm

2 두 수의 크기를 비교하여 ○ 안에 >, =, <를 알맞게 써넣으시오.

(1) 29700 ○ 154600

(2) 1059416 ○ 1058620

1 이상, 이하

이상 → 以上(써 이, 위 상)

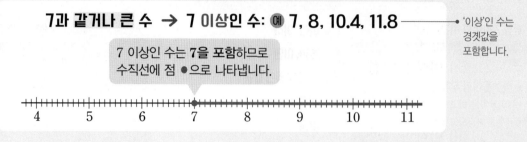

7과 같거나 큰 수 → **7 이상인 수: 예 7, 8, 10.4, 11.8** — • '이상'인 수는 경곗값을 포함합니다.

7 이상인 수는 **7**을 포함하므로 수직선에 점 ●으로 나타냅니다.

이하 → 以下(써 이, 아래 하)

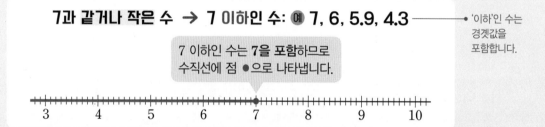

7과 같거나 작은 수 → **7 이하인 수: 예 7, 6, 5.9, 4.3** — • '이하'인 수는 경곗값을 포함합니다.

7 이하인 수는 **7**을 포함하므로 수직선에 점 ●으로 나타냅니다.

예제 1

이상과 이하의 의미에 대해 알아보려고 합니다. 물음에 답하시오.

| 6 | 10 | 14 | 15 | 19 | 20 | 23 | 31 |

(1) 20과 같거나 큰 수를 모두 찾아 빈 곳에 써넣고, 알맞은 말에 ○표 하시오.

> 20과 같거나 큰 수: _____
>
> ⇨ 20과 같거나 큰 수를 20 (이상 , 이하)인 수라고 합니다.

(2) 10과 같거나 작은 수를 모두 찾아 빈 곳에 써넣고, 알맞은 말에 ○표 하시오.

> 10과 같거나 작은 수: _____
>
> ⇨ 10과 같거나 작은 수를 10 (이상 , 이하)인 수라고 합니다.

예제 2

수직선에 나타낸 수의 범위를 보고 ☐ 안에 이상과 이하 중 알맞은 말을 써넣으시오.

⇨ 30 ☐ 인 수

1 수를 보고 물음에 답하시오.

| 36 | 40 | 44 | 48 | 50 | 57 | 63 |

(1) 50 이상인 수를 모두 찾아 써 보시오.

(   )

(2) 40 이하인 수를 모두 찾아 써 보시오.

(   )

2 15 이상인 수를 모두 찾아 ◯표, 14 이하인 수를 모두 찾아 △표 하시오.

| 12 | 13 | 14 | 15 | 16 | 17 | 18 |

3 수의 범위를 수직선에 나타내어 보시오.

(1) 17 이상인 수

14   15   16   17   18   19   20   21

(2) 13 이하인 수

9   10   11   12   13   14   15   16

4 유리네 반 학생들의 키를 조사하여 나타낸 표입니다. 물음에 답하시오.

유리네 반 학생들의 키

이름	유리	민호	재희	정훈	나영	현준
키(cm)	135.0	145.2	139.8	141.0	147.3	143.0

(1) 키가 143 cm 이상인 학생의 이름을 모두 써 보시오.

(   )

(2) 키가 141 cm 이하인 학생의 이름을 모두 써 보시오.

(   )

2 초과, 미만

◑ **초과** → 超過(넘을 초, 지날 과)

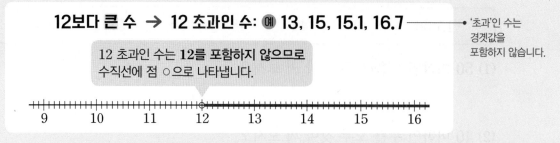

12보다 큰 수 → **12 초과인 수:** 예 **13, 15, 15.1, 16.7** ──── • '초과'인 수는 경곗값을 포함하지 않습니다.

12 초과인 수는 **12**를 포함하지 않으므로 수직선에 점 ○으로 나타냅니다.

◑ **미만** → 未滿(아닐 미, 찰 만)

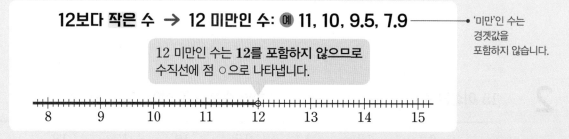

12보다 작은 수 → **12 미만인 수:** 예 **11, 10, 9.5, 7.9** ──── • '미만'인 수는 경곗값을 포함하지 않습니다.

12 미만인 수는 **12**를 포함하지 않으므로 수직선에 점 ○으로 나타냅니다.

예제 1

초과와 미만의 의미에 대해 알아보려고 합니다. 물음에 답하시오.

| 1 | 8 | 13 | 15 | 18 | 25 | 26 | 29 |

(1) 25보다 큰 수를 모두 찾아 빈 곳에 써넣고, 알맞은 말에 ○표 하시오.

> 25보다 큰 수: _____
>
> ⇨ 25보다 큰 수를 25 (초과 , 미만)인 수라고 합니다.

(2) 15보다 작은 수를 모두 찾아 빈 곳에 써넣고, 알맞은 말에 ○표 하시오.

> 15보다 작은 수: _____
>
> ⇨ 15보다 작은 수를 15 (초과 , 미만)인 수라고 합니다.

예제 2

수직선에 나타낸 수의 범위를 보고 ☐ 안에 초과와 미만 중 알맞은 말을 써넣으시오.

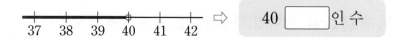

⇨ 40 ☐ 인 수

1 수를 보고 물음에 답하시오.

| 15 | 19 | 20 | 29 | 30 | 31 | 34 | 40 |

(1) 30 초과인 수를 모두 찾아 써 보시오.

( )

(2) 20 미만인 수를 모두 찾아 써 보시오.

( )

2 28 초과인 수를 모두 찾아 ○표, 28 미만인 수를 모두 찾아 △표 하시오.

| 25 | 26 | 27 | 28 | 29 | 30 | 31 |

3 수의 범위를 수직선에 나타내어 보시오.

(1) 9 초과인 수

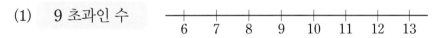
```
 ┼───┼───┼───┼───┼───┼───┼───┼
 6   7   8   9   10  11  12  13
```

(2) 22 미만인 수

```
 ┼───┼───┼───┼───┼───┼───┼───┼
 18  19  20  21  22  23  24  25
```

4 소희네 반 학생들의 50 m 달리기 기록을 조사하여 나타낸 표입니다. 물음에 답하시오.

소희네 반 학생들의 50 m 달리기 기록

이름	소희	민우	준성	정아	재영	종현
시간(초)	13	9	10	11	8	15

(1) 50 m를 달리는 데 걸린 시간이 11초 초과인 학생의 이름을 모두 써 보시오.

( )

(2) 50 m를 달리는 데 걸린 시간이 10초 미만인 학생의 이름을 모두 써 보시오.

( )

3 수의 범위의 활용

수의 범위를 수직선에 나타내기

이상, 이하, 초과, 미만을 이용하여 두 가지 수의 범위를 수직선에 동시에 나타낼 수 있습니다.

> 수직선에 이상과 이하는 점 ●을 사용하여 나타내고, 초과와 미만은 점 ○을 사용하여 나타냅니다.

- 2 이상 5 이하인 수

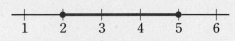

⇨ 2와 같거나 크고 5와 같거나 작은 수

- 2 이상 5 미만인 수

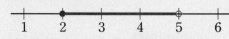

⇨ 2와 같거나 크고 5보다 작은 수

- 2 초과 5 이하인 수

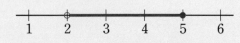

⇨ 2보다 크고 5와 같거나 작은 수

- 2 초과 5 미만인 수

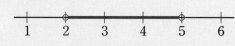

⇨ 2보다 크고 5보다 작은 수

예제 1

수직선에 나타낸 수의 범위를 보고 알맞은 말에 ○표 하시오.

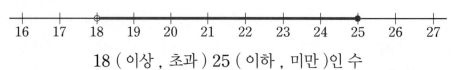

18 (이상 , 초과) 25 (이하 , 미만)인 수

예제 2

태민이가 동물원에 가려고 합니다. 태민이의 나이가 11세일 때, 태민이의 동물원 입장료를 알아보시오.

나이별 동물원 입장료

나이(세)	입장료(원)
5 이상 13 미만	2000
13 이상 19 미만	3000
19 이상 65 미만	5000

※ 5세 미만 및 65세 이상 입장료 무료

(1) 태민이가 속한 나이의 범위를 써 보시오.

☐ 세 이상 ☐ 세 미만

(2) 태민이의 동물원 입장료는 얼마입니까?

(   )

1 32 이상 36 미만인 수를 모두 찾아 ○표 하시오.

| 31 | 32 | 33 | 34 | 35 | 36 | 37 | 38 |

2 수의 범위를 수직선에 나타내어 보시오.

(1) 11 초과 16 이하인 수

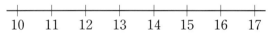

(2) 20 이상 24 미만인 수

3 영우네 학교 남자 태권도 선수들의 몸무게와 체급별 몸무게를 나타낸 표입니다. 물음에 답하시오.

영우네 학교 남자 태권도 선수들의 몸무게

이름	영우	창서	현수	주원	인성	수환
몸무게(kg)	36.8	36.0	33.7	35.9	39.0	38.2

체급별 몸무게(초등학교 남학생용)

체급	몸무게(kg)
핀급	32 이하
플라이급	32 초과 34 이하
밴텀급	34 초과 36 이하
페더급	36 초과 39 이하
라이트급	39 초과 42 이하

(출처: 초등부 고학년부(5, 6학년) 남자, 대한 태권도 협회, 2022.)

(1) 영우와 같은 체급에 속한 학생들의 이름을 모두 써 보시오.

( )

(2) 창서가 속한 체급의 몸무게 범위를 수직선에 나타내어 보시오.

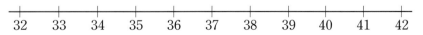

1 55 이하인 수를 모두 찾아 써 보시오.

| 56 | 37.9 | 55.5 | 60 |
| 70.5 | 58 | 50 | 55 |

( )

2 24 이상인 수를 모두 고르시오. ( )

① $23\frac{9}{10}$ ② 24 ③ 35.6

④ 10.8 ⑤ $21\frac{1}{2}$

3 수직선에 나타낸 수의 범위에 속하는 수를 모두 찾아 ○표 하시오.

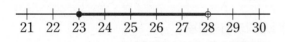

| 22.9 | 23 | 26.1 | 28 | $24\frac{3}{5}$ |

교과서 pick

4 수의 범위를 수직선에 나타내고, 수의 범위에 속하는 자연수를 모두 써 보시오.

| 45 초과 49 이하인 수 |

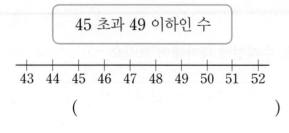

( )

5 담율이와 하민이 중에서 수의 범위에 대해 바르게 설명한 사람은 누구입니까?

- 담율: 90은 90 미만인 수에 포함돼.
- 하민: 36, 37, 38 중에서 37 초과인 수는 38뿐이야.

( )

6 TV에서 18세 이상 볼 수 있는 영화가 방영되고 있습니다. 우리 가족 중에서 이 영화를 볼 수 있는 사람을 모두 써 보시오.

우리 가족의 나이

가족	아버지	언니	나	어머니	오빠
나이(세)	49	18	12	47	16

( )

7 사람들이 놀이 기구를 타려고 줄을 서 있습니다. 이 놀이 기구를 탈 수 있는 사람을 모두 찾아 이름을 써 보시오.

이름	호준	세영	미라	은후
키(cm)	130.5	128	129.1	131.0

( )

8 **서술형**

29 초과인 수 중 가장 작은 자연수를 구하는 풀이 과정을 쓰고 답을 구해 보시오.

풀이 |

_____

_____

답 | _____

9 68을 포함하는 수의 범위를 모두 찾아 기호를 써 보시오.

> ㉠ 68 초과 71 이하인 수
> ㉡ 67 이상 70 미만인 수
> ㉢ 65 이상 68 이하인 수
> ㉣ 65 초과 68 미만인 수

(   )

교과 역량 문제 해결

10 어느 주차장의 주차 요금이 다음과 같을 때 차량별 주차 시간을 보고 주차 요금을 내지 않아도 되는 차량을 모두 찾아 기호를 써 보시오.

주차 요금

주차 시간(분)	주차 요금(원)
30 이하	무료
30 초과 60 이하	3000
60 초과 90 이하	6000
90 초과 120 이하	9000

차량별 주차 시간

차량	㉮	㉯	㉰	㉱
주차 시간(분)	10	35	80	30

(   )

11 우리나라 여러 도시의 12월 최고 기온을 조사하여 나타낸 표입니다. 아래 표를 완성해 보시오.

도시별 12월 최고 기온

도시	서울	대전	부산
기온(℃)	13.1	14.1	17.8
도시	철원	광주	제주
기온(℃)	11.1	15.4	17.4

(출처: 2021년 12월 최고 기온, 기상자료개방포털, 2021.)

기온(℃)	도시
13 이하	
13 초과 16 이하	
16 초과 19 이하	

12 ☐ 안에 알맞은 자연수를 구해 보시오.

> ☐ 미만인 자연수는 10개입니다.

(   )

13 다음 조건을 모두 만족하는 자연수는 몇 개입니까?

> • 90 이상인 수입니다.
> • 96 미만인 수입니다.

(   )

4 올림

구하려는 자리의 아래 수를 **올려서** 나타내는 방법 → **올림**

예 128을 올림하여 주어진 자리까지 나타내기

128을 올림하여
십의 자리까지 나타내기
| 128 → 12**8** → 130 |
십의 자리 아래 수인 8을
10으로 보고 올립니다.

128을 올림하여
백의 자리까지 나타내기
| 128 → 1**28** → 200 |
백의 자리 아래 수인 28을
100으로 보고 올립니다.

참고 올림할 때, 구하려는 자리의 아래 수가 모두 0이면 원래 수를 그대로 씁니다.
⇨ 2000을 올림하여 천의 자리까지 나타내기: 2000 → 2000

예제
1 수를 올림하여 나타내어 보시오.

(1) 572를 올림하여 십의 자리까지 나타내려고 합니다.
십의 자리 아래 숫자에 ○표 하고, 올림하여 십의 자리까지 나타내어 보시오.

5 7 2 ⇨ (   )

(2) 1064를 올림하여 백의 자리까지 나타내려고 합니다.
백의 자리 아래 숫자에 모두 ○표 하고, 올림하여 백의 자리까지 나타내어 보시오.

1 0 6 4 ⇨ (   )

예제
2 〈보기〉와 같이 소수를 올림하여 보시오.

보기

• 1.354를 올림하여 소수 첫째 자리까지 나타내기
    1.3<u>54</u> ⇨ 1.4   • 6.962를 올림하여 소수 둘째 자리까지 나타내기
    6.96<u>2</u> ⇨ 6.97

(1) 4.68을 올림하여 소수 첫째 자리까지 나타내어 보시오.

(   )

(2) 3.725를 올림하여 소수 둘째 자리까지 나타내어 보시오.

(   )

1 수를 올림하여 백의 자리까지 나타내어 보시오.

(1) 159   ⇨ (   )   (2) 406   ⇨ (   )

(3) 2740 ⇨ (   )   (4) 6900 ⇨ (   )

2 올림하여 주어진 자리까지 나타내어 보시오.

수	십의 자리	백의 자리
362		
614		

3 올림하여 천의 자리까지 나타낸 수가 다른 하나를 찾아 써 보시오.

3000	2043	1998	2500

(   )

4 올림하여 백의 자리까지 나타내면 2800이 되는 수를 모두 찾아 ◯표 하시오.

2700	2815	2701	2643	2799

5 버림

구하려는 자리의 아래 수를 **버려서** 나타내는 방법 → **버림**

예 296을 버림하여 주어진 자리까지 나타내기

| 296을 버림하여 **십의 자리까지** 나타내기 | $296 \rightarrow 29\overset{0}{6} \rightarrow 290$ 십의 자리 아래 수인 6을 0으로 보고 버립니다. |

| 296을 버림하여 **백의 자리까지** 나타내기 | $296 \rightarrow 2\overset{0\,0}{96} \rightarrow 200$ 백의 자리 아래 수인 96을 0으로 보고 버립니다. |

참고 버림할 때, 구하려는 자리의 아래 수가 모두 0이면 원래 수를 그대로 씁니다.
⇨ 300을 버림하여 백의 자리까지 나타내기: 300 → 300

예제 1

수를 버림하여 나타내어 보시오.

(1) 417을 버림하여 십의 자리까지 나타내려고 합니다.
   십의 자리 아래 숫자에 ◯표 하고, 버림하여 십의 자리까지 나타내어 보시오.

   417 ⇨ ( )

(2) 2538을 버림하여 백의 자리까지 나타내려고 합니다.
   백의 자리 아래 숫자에 모두 ◯표 하고, 버림하여 백의 자리까지 나타내어 보시오.

   2538 ⇨ ( )

예제 2

보기와 같이 소수를 버림하여 보시오.

보기
• 3.417을 버림하여 소수 첫째 자리까지 나타내기 3.417 ⇨ 3.4	• 5.625를 버림하여 소수 둘째 자리까지 나타내기 5.625 ⇨ 5.62

(1) 2.74를 버림하여 소수 첫째 자리까지 나타내어 보시오.

   ( )

(2) 6.189를 버림하여 소수 둘째 자리까지 나타내어 보시오.

   ( )

1 수를 버림하여 백의 자리까지 나타내어 보시오.

(1) 133 ⇨ (   )   (2) 670 ⇨ (   )

(3) 3072 ⇨ (   )   (4) 9100 ⇨ (   )

2 버림하여 주어진 자리까지 나타내어 보시오.

수	십의 자리	백의 자리
236		
482		

3 버림하여 십의 자리까지 나타낸 수가 <u>다른</u> 하나를 찾아 써 보시오.

823	831	838	832

(   )

4 버림하여 백의 자리까지 나타내면 1600이 되는 수를 모두 찾아 ◯표 하시오.

1579	1630	1700	1699	1605

6 반올림

구하려는 자리 바로 아래 자리의 숫자가 **0, 1, 2, 3, 4**이면 버리고,
5, 6, 7, 8, 9이면 올리는 방법 → **반올림**

예 372를 반올림하여 주어진 자리까지 나타내기

| 372를 반올림하여 **십의 자리까지** 나타내기 | ▶ | 372 → 37**2** → 370 (위에 0)
일의 자리 숫자인 2가
5보다 작으므로 버립니다. |

| 372를 반올림하여 **백의 자리까지** 나타내기 | ▶ | 372 → 3**72** → 400 (위에 100)
십의 자리 숫자인 7이
5보다 크므로 올립니다. |

참고 올림과 버림은 구하려는 자리 바로 아래 자리부터 일의 자리까지 수를 모두 확인해야 하지만
반올림은 구하려는 자리 바로 아래 자리 숫자만 확인하면 됩니다.

예제 1

수를 반올림하여 나타내어 보시오.

(1) 925를 반올림하여 십의 자리까지 나타내려고 합니다.
십의 자리 바로 아래 숫자에 ○표 하고, 반올림하여 십의 자리까지 나타내어 보시오.

$$925 \Rightarrow (\qquad\qquad)$$

(2) 5648을 반올림하여 백의 자리까지 나타내려고 합니다.
백의 자리 바로 아래 숫자에 ○표 하고, 반올림하여 백의 자리까지 나타내어 보시오.

$$5648 \Rightarrow (\qquad\qquad)$$

예제 2

〈보기〉와 같이 소수를 반올림하여 보시오.

〈보기〉

| • 4.273을 반올림하여 소수 첫째 자리까지 나타내기
4.2̲73 ⇨ 4.3 | • 7.081을 반올림하여 소수 둘째 자리까지 나타내기
7.08̲1 ⇨ 7.08 |

(1) 3.629를 반올림하여 소수 첫째 자리까지 나타내어 보시오.

$$(\qquad\qquad)$$

(2) 8.276을 반올림하여 소수 둘째 자리까지 나타내어 보시오.

$$(\qquad\qquad)$$

1 수를 반올림하여 백의 자리까지 나타내어 보시오.

(1) 537 ⇨ (   )   (2) 786 ⇨ (   )

(3) 2160 ⇨ (   )   (4) 4905 ⇨ (   )

2 반올림하여 주어진 자리까지 나타내어 보시오.

수	십의 자리	백의 자리
1882		
5359		

3 반올림하여 천의 자리까지 나타내면 2000이 되는 수를 모두 찾아 ○표 하시오.

| 1793 | 2516 | 2038 | 2485 | 1298 |

4 머리핀의 길이는 몇 cm인지 반올림하여 일의 자리까지 나타내어 보시오.

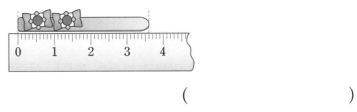

(   )

7 올림, 버림, 반올림의 활용

↻ 올림의 활용

학생 125명이 정원이 10명인 케이블카를 모두 탈 때 최소 몇 번 운행해야 합니까?

10명씩 타고 남은 학생도 케이블카를 타야 하므로 올림을 이용해야 합니다.

125 ⇨ 130

└─• 5를 10으로 봅니다.

따라서 케이블카는 최소 **13번** 운행해야 합니다.

↻ 버림의 활용

끈 935 cm를 100 cm씩 잘라 물건을 포장할 때 물건을 최대 몇 개까지 포장할 수 있습니까?

100 cm보다 짧은 끈으로는 물건을 포장할 수 없으므로 버림을 이용해야 합니다.

935 ⇨ 900

└─• 35를 0으로 봅니다.

따라서 물건을 최대 **9개**까지 포장할 수 있습니다.

↻ 반올림의 활용

수민이의 키가 148.5 cm일 때 반올림하여 일의 자리까지 나타내어 보시오.

148.5의 소수 첫째 자리 숫자가 5이므로 올림해야 합니다.

148.5 ⇨ 149

└─• 5이므로 올립니다.

따라서 수민이의 키를 반올림하여 일의 자리까지 나타내면 **149 cm**입니다.

예제 1

등산객 143명이 케이블카를 타기 위해 줄을 섰습니다. 케이블카 한 대에 탈 수 있는 정원이 10명일 때 케이블카는 최소 몇 번 운행해야 하는지 구해 보시오.

143을 (올림 , 버림 , 반올림)하여 십의 자리까지 나타내면 (140 , 150)입니다.
⇨ 케이블카는 최소 (14 , 15)번 운행해야 합니다.

예제 2

물건 한 개를 포장하는 데 끈 100 cm가 필요합니다. 끈 865 cm로 물건을 최대 몇 개까지 포장할 수 있는지 구해 보시오.

865를 (올림 , 버림 , 반올림)하여 백의 자리까지 나타내면 (800 , 900)입니다.
⇨ 물건을 최대 (8 , 9)개까지 포장할 수 있습니다.

예제 3

오늘 야구장에 입장한 관람객 수는 9504명입니다. 관람객 수를 100명 단위로 가까운 쪽으로 어림하면 약 몇백 명이라고 할 수 있는지 구해 보시오.

관람객 수를 100명 단위로 가까운 쪽으로 어림하려면 (올림 , 버림 , 반올림)을 이용해야 합니다.
⇨ 야구장에 입장한 관람객 수는 약 (9500 , 9600)명이라고 할 수 있습니다.

기본유형 익히기

1 배 695상자를 트럭에 모두 실으려고 합니다. 트럭 한 대에 100상자씩 실을 수 있을 때 트럭은 최소 몇 대 필요합니까?

(   )

2 수호네 학교 주변 마을의 인구수를 나타낸 표입니다. 각 마을의 인구수를 반올림하여 백의 자리까지 나타내어 보시오.

마을별 인구수

마을	숲속 마을	샛강 마을	동산 마을
인구수(명)	7653	5491	6118
반올림한 인구수(명)			

3 우주와 은하는 16500원짜리 수학 문제집을 각각 사고 지폐로 책값을 내려고 합니다. 우주는 1000원짜리 지폐만 내고, 은하는 10000원짜리 지폐만 낸다면 두 사람은 각각 최소 얼마를 내야 합니까?

우주 (   ), 은하 (   )

4 주어진 상황에서 사용한 어림 방법을 찾아 ○표 하시오.

자판기에서 900원짜리 음료수를 살 때 1000원짜리 지폐를 넣었습니다.

(올림 , 버림 , 반올림)

18576원짜리 고기를 살 때, 정육점 주인이 18570원만 계산했습니다.

(올림 , 버림 , 반올림)

교과서 pick 교과서에 자주 나오는 문제
교과 역량 생각하는 힘을 키우는 문제

1 올림하여 주어진 자리까지 나타내어 보시오.

수	소수 둘째 자리	소수 첫째 자리
5.628		
7.763		

2 각각의 수를 버림하여 천의 자리까지 나타낸 것입니다. 바르게 나타낸 사람은 누구입니까?

> • 민아: 27600 ⇨ 20000
> • 재희: 14925 ⇨ 15000
> • 가람: 53010 ⇨ 53000

( )

3 반올림하여 백의 자리까지 나타냈을 때 13000이 되는 수를 찾아 기호를 써 보시오.

> ㉠ 1369 ㉡ 1302
> ㉢ 1238 ㉣ 1350

( )

4 오늘 축구장에 입장한 관람객 수는 46572명입니다. 관람객 수를 각각 올림, 버림, 반올림하여 만의 자리까지 나타내어 보시오.

관람객 수(명)	올림	버림	반올림
46572			

5 어림한 수의 크기를 비교하여 ○ 안에 >, =, <를 알맞게 써넣으시오.

> 6053을 버림하여 백의 자리까지 나타낸 수

○

> 6032를 올림하여 십의 자리까지 나타낸 수

6 수아네 모둠 학생들의 공 던지기 기록을 조사하여 나타낸 표입니다. 공 던지기 기록을 반올림하여 일의 자리까지 나타낼 때, 반올림한 기록이 수아와 같은 학생은 누구입니까?

수아네 모둠 학생들의 공 던지기 기록

이름	수아	다은	아리	소담
기록(m)	18.9	19.2	20.1	16.5

( )

개념 확인 서술형

7 반올림을 <u>잘못한</u> 친구의 이름을 쓰고, <u>잘못된</u> 부분을 찾아 바르게 고쳐 보시오.

> • 라온: 내 키는 145.6 cm야.
>   반올림하여 일의 자리까지 나타내면
>   150 cm이지.
> • 채빈: 우리 학교 학생 수 359명을 반올림하여 십의 자리까지 나타내면
>   360명이야.

답 |

8 2539를 버림하여 나타낼 수 <u>없는</u> 수를 찾아 써 보시오.

| 2500 | 2590 | 2000 | 2530 |

( )

9 1925를 올림하여 천의 자리까지 나타낸 수와 버림하여 백의 자리까지 나타낸 수의 차를 구해 보시오.

( )

교과서 pick
10 다음 네 자리 수를 반올림하여 십의 자리까지 나타내면 4270입니다. □ 안에 들어갈 수 있는 수를 모두 구해 보시오.

426□

( )

교과서 pick
11 버림하여 백의 자리까지 나타내면 1700이 되는 자연수 중에서 가장 큰 수를 구해 보시오.

( )

12 어림하는 방법이 <u>다른</u> 한 사람을 찾아 이름을 써 보시오.

• 정호: 37.7 kg인 몸무게를 1 kg 단위로 가까운 쪽의 눈금을 읽으면 몇 kg일까?

• 연아: 동전 8240원을 1000원짜리 지폐로 바꾼다면 얼마까지 바꿀 수 있을까?

• 세훈: 감 234개를 10개씩 상자에 담아 포장한다면 몇 개까지 포장할 수 있을까?

( )

13 다음 수를 올림하여 백의 자리까지 나타내면 2500입니다. □ 안에 알맞은 수를 써넣으시오.

□□63

교과 역량 정보 처리
14 다음 〈조건〉을 모두 만족하는 자연수는 몇 개입니까?

─〈조건〉─
• 86 초과 94 이하인 수입니다.
• 올림하여 십의 자리까지 나타내면 100이 되는 수입니다.

( )

예제 1 수 카드 4장을 한 번씩 모두 사용하여 가장 큰 소수 두 자리 수를 만들었습니다. 만든 소수를 올림하여 소수 첫째 자리까지 나타내어 보시오.

| 2 | 5 | 3 | 7 |

❶ 수 카드로 만든 가장 큰 소수 두 자리 수

→ ☐

❷ 위 ❶에서 구한 수를 올림하여 소수 첫째 자리까지 나타내기 → ☐

유제 1 수 카드 4장을 한 번씩 모두 사용하여 가장 작은 소수 두 자리 수를 만들었습니다. 만든 소수를 버림하여 일의 자리까지 나타내어 보시오.

| 1 | 9 | 8 | 5 |

(   )

교과서 pick

예제 2 현민이는 엄마, 아빠와 함께 박물관에 가려고 합니다. 현민, 엄마, 아빠는 각각 10세, 42세, 44세일 때 세 사람의 입장료는 모두 얼마인지 구해 보시오.

나이별 박물관 입장료

나이(세)	입장료(원)
3 이상 13 미만	3000
13 이상 19 미만	5000
19 이상 65 미만	12000
65 이상	6000

※ 3세 미만 입장료 무료

❶ 현민, 엄마, 아빠의 입장료

현민이의 입장료(원)	엄마의 입장료(원)	아빠의 입장료(원)

❷ 세 사람의 입장료 → ☐ 원

유제 2 지아는 언니, 오빠와 함께 놀이공원에 가려고 합니다. 지아, 언니, 오빠는 각각 11세, 18세, 21세일 때 세 사람의 입장료는 모두 얼마인지 구해 보시오.

나이별 놀이공원 입장료

나이(세)	입장료(원)
3 이상 13 미만	9000
13 이상 19 미만	15000
19 이상 65 미만	25000
65 이상	20000

※ 3세 미만 입장료 무료

(   )

예제 3 어떤 자연수를 반올림하여 십의 자리까지 나타내었더니 70이 되었습니다. 어떤 자연수가 될 수 있는 수의 범위를 이상과 미만을 이용하여 나타내어 보시오.

❶ 반올림하여 십의 자리까지 나타내면 70이 되는 자연수 모두 구하기

_____

❷ 어떤 자연수가 될 수 있는 수의 범위 구하기

→ ☐ 이상 ☐ 미만인 수

유제 3 어떤 자연수를 반올림하여 십의 자리까지 나타내었더니 250이 되었습니다. 어떤 자연수가 될 수 있는 수의 범위를 이상과 미만을 이용하여 나타내어 보시오.

( )

교과서 **pick**

예제 4 어느 산악 동호회 회원들은 버스를 빌려 설악산에 가기로 했습니다. 45인승 버스가 적어도 3대 필요하다면 설악산에 가는 회원은 몇 명 이상 몇 명 이하인지 구해 보시오.

❶ 45인승 버스 2대에 탈 수 있는 최대 회원 수

→ ☐ 명

❷ 45인승 버스 3대에 탈 수 있는 최대 회원 수

→ ☐ 명

❸ 설악산에 가는 회원 수의 범위

→ ☐ 명 이상 ☐ 명 이하

유제 4 은서네 학교 5학년 학생들과 선생님은 버스를 빌려 봉사활동을 가기로 했습니다. 42인승 버스가 적어도 4대 필요하다면 봉사활동을 가는 사람은 몇 명 이상 몇 명 이하인지 구해 보시오.

( )

단원 마무리

1 ☐ 안에 알맞은 말을 써넣으시오.

10과 같거나 큰 수를 10 ☐ 인 수라 하고, 10보다 작은 수를 10 ☐ 인 수 라고 합니다.

2 22 초과인 수를 모두 찾아 ○표 하시오.

| 30 | 22 | 16 | 35 | 23 |

3 수를 버림하여 백의 자리까지 나타내어 보 시오.

5230

(   )

교과서에 꼭 나오는 문제

4 반올림하여 주어진 자리까지 나타내어 보 시오.

수	백의 자리	천의 자리
5625		

5 수의 범위를 수직선에 나타내어 보시오.

37 초과인 수

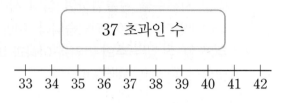

6 수직선에 나타낸 수의 범위를 써 보시오.

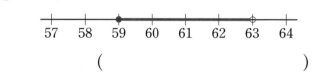

(   )

교과서에 꼭 나오는 문제

7 반올림하여 천의 자리까지 나타낸 수가 다른 하나를 찾아 기호를 써 보시오.

⊙ 64253   ⓒ 65194   ⓒ 64821

(   )

8 어림한 수의 크기를 비교하여 ○ 안에 >, =, <를 알맞게 써넣으시오.

130을 올림하여 백의 자리까지 나타낸 수   ○   285를 버림하여 백의 자리까지 나타낸 수

(9~10) 올림, 버림, 반올림 중 어떤 방법으로 어림할지 ○표 하고, 답을 구해 보시오.

9 34800원짜리 신발을 사고 신발값을 지폐로만 내려고 합니다. 10000원짜리 지폐만 낸다면 적어도 얼마를 내야 할지 구해 보시오.

올림	버림	반올림

( )

10 구슬 192개를 한 봉지에 10개씩 담아 포장하려고 합니다. 구슬을 최대 몇 개까지 포장할 수 있을지 구해 보시오.

올림	버림	반올림

( )

11 수의 범위에 대해 잘못 설명한 사람은 누구입니까?

> • 두리: 58 초과인 수 중에서 가장 작은 자연수는 58이야.
> • 채은: 20은 20 이하인 수에 포함돼.
> • 다미: 4, 5, 6, 7 중에서 6 이상인 수는 2개야.

( )

12 승아네 모둠 친구들의 키를 나타낸 표입니다. 키를 반올림하여 일의 자리까지 나타냈을 때 키가 작아지는 친구는 누구입니까?

승아네 모둠 친구들의 키

이름	승아	나미	채린
키(cm)	138.2	140.5	135.7

( )

13 어느 항공사에서는 무게가 20 kg 이하인 가방만 비행기 안에 가지고 탈 수 있습니다. 비행기 안에 가지고 탈 수 있는 가방과 가지고 탈 수 없는 가방으로 분류해 보시오.

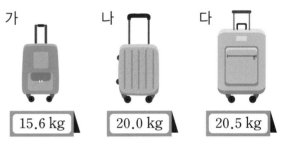

가지고 탈 수 있는 가방	가지고 탈 수 없는 가방

잘 틀리는 문제

14 33을 포함하지 않는 수의 범위를 찾아 기호를 써 보시오.

> ㉠ 30 이상 33 이하인 수
> ㉡ 32 초과 36 미만인 수
> ㉢ 33 이상 35 미만인 수
> ㉣ 33 초과 36 이하인 수

( )

15 다음 네 자리 수를 반올림하여 백의 자리까지 나타내면 2500입니다. □ 안에 들어갈 수 있는 수를 모두 구해 보시오.

> 25□3

( )

잘 틀리는 문제

16 다음 〈조건〉을 모두 만족하는 자연수는 몇 개입니까?

〈조건〉
· 77 초과 85 미만인 수입니다.
· 버림하여 십의 자리까지 나타내면 70이 되는 수입니다.

( )

17 수 카드 4장을 한 번씩 모두 사용하여 가장 큰 소수 두 자리 수를 만들었습니다. 만든 소수를 올림하여 소수 첫째 자리까지 나타내어 보시오.

> 2   6   1   4

( )

◀ 서술형 **문제**

18 수직선에 나타낸 수의 범위에 속하는 자연수 중에서 가장 작은 수는 얼마인지 풀이 과정을 쓰고 답을 구해 보시오.

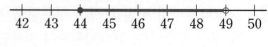

풀이 |

_____

_____

답 |

19 5163을 올림하여 천의 자리까지 나타낸 수와 버림하여 십의 자리까지 나타낸 수의 차는 얼마인지 풀이 과정을 쓰고 답을 구해 보시오.

풀이 |

_____

_____

답 |

20 주희는 친구에게 무게가 각각 4 kg, 6 kg인 선물을 무게가 0.5 kg인 상자에 담아 택배를 보내려고 합니다. 택배 요금은 얼마인지 풀이 과정을 쓰고 답을 구해 보시오.

무게별 택배 요금

무게(kg)	요금(원)
5 이하	6000
5 초과 10 이하	9000
10 초과 20 이하	12000

풀이 |

_____

_____

답 |

같은 그림을 찾아라!

◐ 서로 똑같은 그림 2개를 찾아보세요.

①

②

③

④

⑤

⑥

⑦

⑧

⑨, ⑦ **정답**

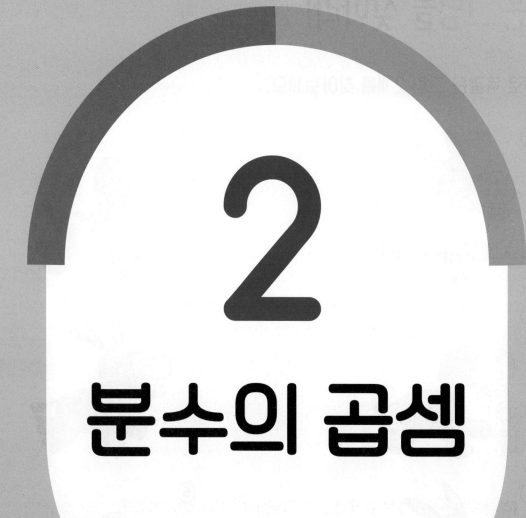

2

분수의 곱셈

| 이전에 배운 내용 | > | 이번에 **배울 내용** | > | 이후에 배울 내용 |

3-1 분수와 소수
분수

3-2 분수
진분수, 가분수, 대분수

5-1 약분과 통분
약분, 통분

5-1 분수의 덧셈과 뺄셈
· 분모가 다른 분수의 덧셈
· 분모가 다른 분수의 뺄셈

① (진분수) × (자연수)
② (대분수) × (자연수)
③ (자연수) × (진분수)
④ (자연수) × (대분수)
⑤ (진분수) × (진분수)
⑥ (대분수) × (대분수)
⑦ 세 분수의 곱셈

6-1 분수의 나눗셈
· (자연수) ÷ (자연수)의 몫을 분수로 나타내기
· (분수) ÷ (자연수)

6-2 분수의 나눗셈
· (분수) ÷ (분수)
· (자연수) ÷ (분수)

준비
학습

1 가분수는 대분수로, 대분수는 가분수로 나타내어 보시오.

(1) $\dfrac{9}{5}$

(2) $3\dfrac{1}{7}$

2 기약분수로 나타내어 보시오.

(1) $\dfrac{6}{8}$

(2) $\dfrac{5}{30}$

개념

1 (진분수) × (자연수)

↻ $\dfrac{3}{8} \times 6$의 계산

• 그림으로 $\dfrac{3}{8} \times 6$ 계산하기

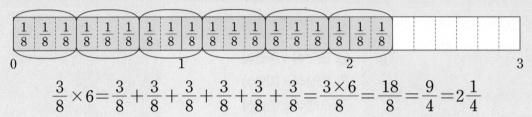

$$\dfrac{3}{8} \times 6 = \dfrac{3}{8} + \dfrac{3}{8} + \dfrac{3}{8} + \dfrac{3}{8} + \dfrac{3}{8} + \dfrac{3}{8} = \dfrac{3 \times 6}{8} = \dfrac{18}{8} = \dfrac{9}{4} = 2\dfrac{1}{4}$$

• $\dfrac{3}{8} \times 6$의 계산 방법

> (진분수) × (자연수)는 분모는 그대로 두고, 분자와 자연수를 곱합니다.

곱셈을 먼저 한 다음 약분하기: $\dfrac{3}{8} \times 6 = \dfrac{3 \times 6}{8} = \dfrac{\overset{9}{\cancel{18}}}{\underset{4}{\cancel{8}}} = \dfrac{9}{4} = 2\dfrac{1}{4}$

곱셈 과정에서 약분하기: $\dfrac{3}{\underset{4}{\cancel{8}}} \times \overset{3}{\cancel{6}} = \dfrac{3 \times 3}{4} = \dfrac{9}{4} = 2\dfrac{1}{4}$

예제 1

그림을 보고 $\dfrac{3}{5} \times 2$가 얼마인지 알아보시오.

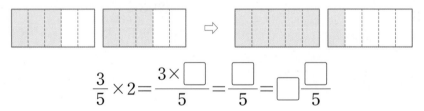

$$\dfrac{3}{5} \times 2 = \dfrac{3 \times \square}{5} = \dfrac{\square}{5} = \square\dfrac{\square}{5}$$

예제 2

$\dfrac{5}{8} \times 4$를 약분 순서에 따라 계산해 보시오.

(1) $\dfrac{5}{8} \times 4 = \dfrac{5 \times 4}{8} = \dfrac{\overset{\square}{\cancel{20}}}{\underset{2}{\cancel{8}}} = \dfrac{\square}{2} = \square\dfrac{\square}{2}$

(2) $\dfrac{5}{\underset{2}{\cancel{8}}} \times \overset{\square}{\cancel{4}} = \dfrac{5 \times \square}{2} = \dfrac{\square}{2} = \square\dfrac{\square}{2}$

STEP 기본유형 익히기

복습책 22쪽 | 정답 9쪽

1 ☐ 안에 알맞은 수를 써넣으시오.

(1) $\dfrac{4}{9} \times 6 = \dfrac{4 \times 6}{9} = \dfrac{24}{9} = \dfrac{\boxed{}}{\boxed{}} = \boxed{}\dfrac{\boxed{}}{\boxed{}}$

(2) $\dfrac{1}{10} \times 15 = \dfrac{1 \times \boxed{}}{\boxed{}} = \dfrac{\boxed{}}{\boxed{}} = \boxed{}\dfrac{\boxed{}}{\boxed{}}$

2 계산해 보시오.

(1) $\dfrac{1}{8} \times 2$

(2) $\dfrac{5}{12} \times 8$

3 빈칸에 알맞은 수를 써넣으시오.

(1)
$\dfrac{3}{10}$ ──(×6)── ☐

(2)
$\dfrac{5}{14}$ ──(×7)── ☐

4 우유가 $\dfrac{5}{6}$ L씩 들어 있는 통이 10개 있습니다. 우유는 모두 몇 L입니까?

식 |

답 |

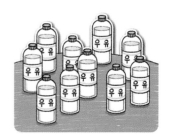

2 (대분수)×(자연수)

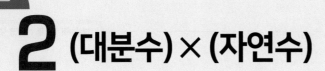

$1\frac{1}{5}×2$의 계산

방법1 대분수를 자연수와 진분수의 합으로 바꾸어 계산하기

$$1\frac{1}{5}×2=(1×2)+\left(\frac{1}{5}×2\right)=2+\frac{2}{5}=2\frac{2}{5}$$

$1\frac{1}{5}=1+\frac{1}{5}$

방법2 대분수를 가분수로 바꾸어 계산하기

분자와 자연수 곱하기

$$1\frac{1}{5}×2=\frac{6}{5}×2=\frac{6×2}{5}=\frac{12}{5}=2\frac{2}{5}$$

예제 1

$1\frac{1}{3}×2$를 어떻게 계산하는지 두 가지 방법으로 알아보시오.

방법1 대분수를 자연수와 진분수의 합으로 바꾸어 계산하기

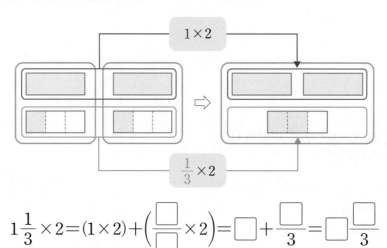

$1×2$

$\frac{1}{3}×2$

$$1\frac{1}{3}×2=(1×2)+\left(\frac{\square}{\square}×2\right)=\square+\frac{\square}{3}=\square\frac{\square}{3}$$

방법2 대분수를 가분수로 바꾸어 계산하기

$$1\frac{1}{3}×2=\frac{\square}{3}×2=\frac{\square×\square}{3}=\frac{\square}{3}=\square\frac{\square}{3}$$

STEP 1 기본유형 익히기

복습책 22쪽 | 정답 9쪽

1 □ 안에 알맞은 수를 써넣으시오.

(1) $1\frac{3}{7} \times 2 = (\boxed{} \times 2) + \left(\frac{\boxed{}}{\boxed{}} \times 2\right) = \boxed{} + \frac{\boxed{}}{\boxed{}} = \boxed{}\frac{\boxed{}}{\boxed{}}$

(2) $2\frac{2}{5} \times 3 = \frac{\boxed{}}{5} \times 3 = \frac{\boxed{} \times \boxed{}}{\boxed{}} = \frac{\boxed{}}{\boxed{}} = \boxed{}\frac{\boxed{}}{\boxed{}}$

2 계산해 보시오.

(1) $1\frac{2}{9} \times 4$

(2) $3\frac{7}{10} \times 5$

3 빈칸에 알맞은 수를 써넣으시오.

(1) $3\frac{1}{5}$ ➡ $\times 3$ ➡ [ ]

(2) $2\frac{3}{8}$ ➡ $\times 6$ ➡ [ ]

4 민정이는 매일 $2\frac{1}{6}$ km씩 달렸습니다. 민정이가 9일 동안 달린 거리는 모두 몇 km입니까?

식 | _____

답 | _____

3 (자연수) × (진분수)

⟳ $4 \times \dfrac{5}{6}$의 계산

• 그림으로 $4 \times \dfrac{5}{6}$ 계산하기

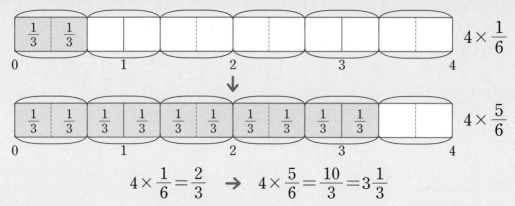

$$4 \times \frac{1}{6} = \frac{2}{3} \quad \rightarrow \quad 4 \times \frac{5}{6} = \frac{10}{3} = 3\frac{1}{3}$$

• $4 \times \dfrac{5}{6}$의 계산 방법

> (자연수) × (진분수)는 분모는 그대로 두고, 자연수와 분자를 곱합니다.

┌ 곱셈을 먼저 한 다음 약분하기: $4 \times \dfrac{5}{6} = \dfrac{4 \times 5}{6} = \dfrac{\overset{10}{20}}{\underset{3}{6}} = \dfrac{10}{3} = 3\dfrac{1}{3}$

└ 곱셈 과정에서 약분하기: $\overset{2}{4} \times \dfrac{5}{\underset{3}{6}} = \dfrac{2 \times 5}{3} = \dfrac{10}{3} = 3\dfrac{1}{3}$

예제 1 그림을 보고 $6 \times \dfrac{2}{3}$가 얼마인지 알아보시오.

$$6 \times \frac{2}{3} = \frac{6 \times \square}{3} = \frac{\square}{3} = \square$$

예제 2 $8 \times \dfrac{3}{10}$을 약분 순서에 따라 계산해 보시오.

(1) $8 \times \dfrac{3}{10} = \dfrac{8 \times 3}{10} = \dfrac{\overset{\square}{24}}{\underset{5}{10}} = \dfrac{\square}{5} = \square\dfrac{\square}{5}$

(2) $\overset{\square}{8} \times \dfrac{3}{\underset{5}{10}} = \dfrac{\square \times 3}{5} = \dfrac{\square}{5} = \square\dfrac{\square}{5}$

1 □ 안에 알맞은 수를 써넣으시오.

(1) $6 \times \dfrac{3}{8} = \dfrac{6 \times 3}{8} = \dfrac{18}{8} = \dfrac{\square}{\square} = \square\dfrac{\square}{\square}$

(2) $12 \times \dfrac{5}{9} = \dfrac{\square \times 5}{\square} = \dfrac{\square}{\square} = \square\dfrac{\square}{\square}$

2 계산해 보시오.

(1) $9 \times \dfrac{5}{6}$　　　　　　　(2) $4 \times \dfrac{7}{10}$

3 빈칸에 알맞은 수를 써넣으시오.

(1)

| 9 | $\dfrac{1}{12}$ | |

(2)

| 21 | $\dfrac{3}{14}$ | |

4 지훈이는 사탕 27개 중에서 $\dfrac{2}{9}$ 만큼을 먹었습니다. 지훈이가 먹은 사탕은 몇 개입니까?

식 | _____

답 | _____

4 (자연수) × (대분수)

○ $3 \times 2\frac{1}{4}$ 의 계산

방법 1 대분수를 자연수와 진분수의 합으로 바꾸어 계산하기

$$3 \times 2\frac{1}{4} = (3 \times 2) + \left(3 \times \frac{1}{4}\right) = 6 + \frac{3}{4} = 6\frac{3}{4}$$

┗•$2\frac{1}{4} = 2 + \frac{1}{4}$

방법 2 대분수를 가분수로 바꾸어 계산하기

┌─•자연수와 분자 곱하기

$$3 \times 2\frac{1}{4} = 3 \times \frac{9}{4} = \frac{3 \times 9}{4} = \frac{27}{4} = 6\frac{3}{4}$$

예제 1

$4 \times 1\frac{1}{5}$ 을 어떻게 계산하는지 두 가지 방법으로 알아보시오.

방법 1 대분수를 자연수와 진분수의 합으로 바꾸어 계산하기

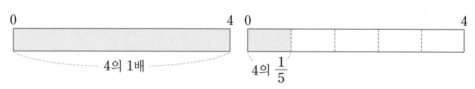

0 ──────────── 4   0 ──────────── 4

4의 1배   4의 $\frac{1}{5}$

$$4 \times 1\frac{1}{5} = (4 \times 1) + \left(4 \times \frac{\square}{\square}\right) = \square + \frac{\square}{5} = \square\frac{\square}{5}$$

방법 2 대분수를 가분수로 바꾸어 계산하기

0 4의 $\frac{1}{5}$ 4   8

4의 $\frac{6}{5}$

$$4 \times 1\frac{1}{5} = 4 \times \frac{\square}{5} = \frac{\square \times \square}{5} = \frac{\square}{5} = \square\frac{\square}{5}$$

STEP 기본유형 익히기

1 □ 안에 알맞은 수를 써넣으시오.

(1) $2 \times 1\frac{2}{5} = (2 \times \boxed{}) + \left(2 \times \dfrac{\boxed{}}{\boxed{}}\right) = \boxed{} + \dfrac{\boxed{}}{\boxed{}} = \boxed{}\dfrac{\boxed{}}{\boxed{}}$

(2) $3 \times 1\frac{3}{4} = 3 \times \dfrac{\boxed{}}{\boxed{}} = \dfrac{\boxed{} \times \boxed{}}{\boxed{}} = \dfrac{\boxed{}}{\boxed{}} = \boxed{}\dfrac{\boxed{}}{\boxed{}}$

2 계산해 보시오.

(1) $6 \times 2\frac{1}{7}$

(2) $5 \times 4\frac{1}{2}$

3 빈칸에 알맞은 수를 써넣으시오.

(1)

$\times 1\frac{2}{3}$

7 → □

(2)

$\times 2\frac{3}{8}$

4 → □

4 선미의 몸무게는 28 kg입니다. 어머니의 몸무게가 선미의 몸무게의 $2\frac{2}{7}$ 배라면 어머니의 몸무게는 몇 kg입니까?

식 |

답 |

1 $\dfrac{1}{2} \times 3$

2 $1\dfrac{2}{3} \times 2$

3 $8 \times \dfrac{1}{2}$

4 $3 \times 1\dfrac{1}{7}$

5 $\dfrac{1}{4} \times 6$

6 $2\dfrac{3}{5} \times 2$

7 $7 \times 1\dfrac{2}{5}$

8 $3 \times \dfrac{5}{6}$

9 $\dfrac{1}{5} \times 4$

10 $4 \times 2\dfrac{2}{7}$

11 $1\dfrac{1}{4} \times 6$

12 $4 \times \dfrac{5}{8}$

13 $\dfrac{2}{9} \times 12$

14 $1\dfrac{7}{9} \times 2$

15 $20 \times \dfrac{7}{8}$

16 $15 \times 1\dfrac{3}{5}$

17 $2\dfrac{3}{14} \times 8$

18 $16 \times \dfrac{5}{12}$

19 $\dfrac{5}{12} \times 18$

20 $12 \times 2\dfrac{3}{8}$

21 $2\dfrac{3}{7} \times 21$

22 $\dfrac{8}{21} \times 14$

23 $12 \times \dfrac{7}{9}$

24 $3\dfrac{3}{20} \times 5$

25 $6 \times 2\dfrac{5}{8}$

26 $7 \times \dfrac{3}{10}$

27 $\dfrac{7}{15} \times 10$

28 $24 \times 1\dfrac{3}{16}$

1 계산해 보시오.

(1) $\dfrac{1}{8} \times 10$

(2) $25 \times \dfrac{11}{15}$

2 빈칸에 두 수의 곱을 써넣으시오.

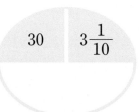

30    $3\dfrac{1}{10}$

3 계산 결과가 같은 것끼리 선으로 이어 보시오.

$\dfrac{3}{7} \times 2$ ·

$1\dfrac{5}{6} \times 3$ ·

$1\dfrac{3}{10} \times 4$ ·

· $\dfrac{13}{5} \times 2$

· $\dfrac{11}{6} \times 3$

· $\dfrac{2}{7} \times 3$

4 빈칸에 알맞은 수를 써넣으시오.

15 → $\times \dfrac{2}{3}$ → ☐ → $\times \dfrac{5}{6}$ → ☐

5 가장 큰 수와 가장 작은 수의 곱을 구해 보시오.

$\dfrac{1}{8}$ $\dfrac{1}{4}$ 20

( )

개념 확인 **서술형**

6 바르게 계산한 사람은 누구인지 찾아 이름을 쓰고, (진분수)×(자연수)의 계산 방법을 써 보시오.

- 현지: $\dfrac{3}{4} \times 5 = \dfrac{3}{4 \times 5} = \dfrac{3}{20}$
- 우주: $\dfrac{3}{4} \times 5 = \dfrac{3 \times 5}{4} = \dfrac{15}{4} = 3\dfrac{3}{4}$
- 정혜: $\dfrac{3}{4} \times 5 = \dfrac{3 \times 5}{4 \times 5} = \dfrac{15}{20} = \dfrac{3}{4}$

답 |

7 계산 결과의 크기를 비교하여 ○ 안에 >, =, <를 알맞게 써넣으시오.

$$2\frac{3}{10} \times 4 \bigcirc 6 \times 1\frac{4}{5}$$

교과 역량 문제 해결, 추론

8 계산 결과가 5보다 큰 식에 ○표, 5보다 작은 식에 △표 하시오.

$$5 \times \frac{1}{3} \qquad 5 \times 1\frac{1}{2} \qquad 5 \times \frac{7}{9} \qquad 5 \times 1$$

교과서 pick

9 ☐ 안에 들어갈 수 있는 자연수는 모두 몇 개입니까?

$$\square < \frac{5}{6} \times 8$$

(   )

10 한 변의 길이가 $2\frac{3}{16}$ cm인 정사각형이 있습니다. 이 정사각형의 둘레는 몇 cm입니까?

(   )

11 직사각형의 넓이는 몇 cm²입니까?

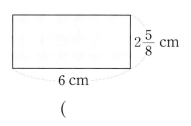

(   )

12 민지와 혜리가 가진 끈 중 누가 가진 끈이 몇 cm 더 깁니까?

- 민지: 내 끈의 길이는 96 cm야.
- 혜리: 내 끈의 길이는 민지의 끈의 길이의 $\frac{7}{12}$이야.

(,   )

교과 역량 추론, 창의·융합

13 바르게 말한 사람을 찾아 이름을 써 보시오.

- 현아: 1 m의 $\frac{1}{2}$은 20 cm야.
- 서하: 1 L의 $\frac{1}{5}$은 200 mL야.
- 동희: 1시간의 $\frac{1}{4}$은 25분이야.

(   )

5 (진분수)×(진분수)

○ $\frac{1}{4} \times \frac{1}{5}$의 계산 → (단위분수)×(단위분수)

> (단위분수)×(단위분수)는 분자는 1로 하고, 분모끼리 곱합니다.

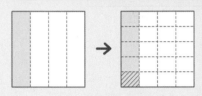 → $\frac{1}{4} \times \frac{1}{5} = \frac{1}{4 \times 5} = \frac{1}{20}$

○ $\frac{5}{9} \times \frac{3}{4}$의 계산 → (진분수)×(진분수)

> (진분수)×(진분수)는 분자는 분자끼리, 분모는 분모끼리 곱합니다.

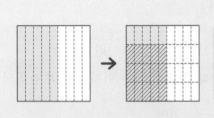 →

곱셈을 먼저 한 다음 약분하기: $\frac{5}{9} \times \frac{3}{4} = \frac{5 \times 3}{9 \times 4} = \frac{\overset{5}{\cancel{15}}}{\underset{12}{\cancel{36}}} = \frac{5}{12}$

곱셈 과정에서 약분하기: $\frac{5}{\underset{3}{\cancel{9}}} \times \frac{\overset{1}{\cancel{3}}}{4} = \frac{5 \times 1}{3 \times 4} = \frac{5}{12}$

예제
1 그림을 보고 $\frac{1}{6} \times \frac{1}{3}$이 얼마인지 알아보시오.

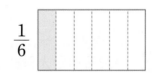 ⇨   

$$\frac{1}{6} \times \frac{1}{3} = \frac{1}{\square \times \square} = \frac{\square}{\square}$$

예제
2 그림을 보고 $\frac{3}{5} \times \frac{3}{4}$이 얼마인지 알아보시오.

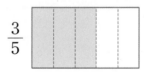 ⇨   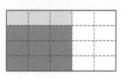

$$\frac{3}{5} \times \frac{3}{4} = \frac{\square \times 3}{5 \times \square} = \frac{\square}{\square}$$

STEP 1 기본유형 익히기

2
단원

1 □ 안에 알맞은 수를 써넣으시오.

(1) $\dfrac{1}{8} \times \dfrac{1}{3} = \dfrac{1}{\boxed{} \times \boxed{}} = \dfrac{\boxed{}}{\boxed{}}$

(2) $\dfrac{\overset{1}{\cancel{3}}}{7} \times \dfrac{1}{\underset{\boxed{}}{\cancel{6}}} = \dfrac{\boxed{} \times 1}{7 \times \boxed{}} = \dfrac{\boxed{}}{\boxed{}}$

2 계산해 보시오.

(1) $\dfrac{1}{5} \times \dfrac{1}{2}$

(2) $\dfrac{3}{4} \times \dfrac{1}{9}$

(3) $\dfrac{13}{15} \times \dfrac{9}{26}$

(4) $\dfrac{10}{21} \times \dfrac{14}{25}$

3 빈칸에 알맞은 수를 써넣으시오.

(1) $\boxed{\dfrac{3}{5}}$ ➡ $\times \dfrac{1}{12}$ ➡ $\boxed{}$

(2) $\boxed{\dfrac{3}{16}}$ ➡ $\times \dfrac{5}{6}$ ➡ $\boxed{}$

4 미주는 끈 $\dfrac{4}{7}$ m의 $\dfrac{5}{8}$ 를 사용하여 리본을 만들었습니다.
리본을 만드는 데 사용한 끈의 길이는 몇 m입니까?

식 |

답 |

6 (대분수) × (대분수)

↻ $1\dfrac{5}{6} \times 2\dfrac{1}{4}$ 의 계산

방법1 대분수를 자연수와 진분수의 합으로 바꾸어 계산하기

$$1\dfrac{5}{6} \times 2\dfrac{1}{4} = \left(1\dfrac{5}{6} \times 2\right) + \left(1\dfrac{5}{6} \times \dfrac{1}{4}\right) = \left(\dfrac{11}{\overset{}{\underset{3}{6}}} \times \overset{1}{2}\right) + \left(\dfrac{11}{6} \times \dfrac{1}{4}\right)$$

$$= \dfrac{11}{3} + \dfrac{11}{24} = \dfrac{\overset{33}{99}}{\underset{8}{24}} = \dfrac{33}{8} = 4\dfrac{1}{8}$$

$\llcorner \bullet \dfrac{88}{24}$

방법2 대분수를 가분수로 바꾸어 계산하기

$$1\dfrac{5}{6} \times 2\dfrac{1}{4} = \dfrac{11}{\underset{2}{6}} \times \dfrac{\overset{3}{9}}{4} = \dfrac{33}{8} = 4\dfrac{1}{8}$$

예제 1 $2\dfrac{1}{2} \times 1\dfrac{1}{3}$ 을 어떻게 계산하는지 두 가지 방법으로 알아보시오.

방법1 대분수를 자연수와 진분수의 합으로 바꾸어 계산하기

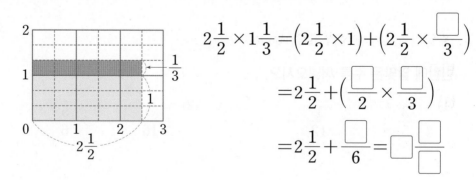

$$2\dfrac{1}{2} \times 1\dfrac{1}{3} = \left(2\dfrac{1}{2} \times 1\right) + \left(2\dfrac{1}{2} \times \dfrac{\square}{3}\right)$$

$$= 2\dfrac{1}{2} + \left(\dfrac{\square}{2} \times \dfrac{\square}{3}\right)$$

$$= 2\dfrac{1}{2} + \dfrac{\square}{6} = \square\dfrac{\square}{\square}$$

방법2 대분수를 가분수로 바꾸어 계산하기

$$2\dfrac{1}{2} \times 1\dfrac{1}{3} = \dfrac{5}{2} \times \dfrac{\overset{}{\underset{}{4}}}{3} = \dfrac{\square}{\square} = \square\dfrac{\square}{\square}$$

1 ☐ 안에 알맞은 수를 써넣으시오.

(1) $1\dfrac{1}{3} \times 2\dfrac{1}{5} = \left(1\dfrac{1}{3} \times 2\right) + \left(1\dfrac{1}{3} \times \dfrac{1}{5}\right) = \left(\dfrac{\square}{3} \times 2\right) + \left(\dfrac{\square}{3} \times \dfrac{\square}{5}\right)$

$= \dfrac{\square}{3} + \dfrac{\square}{15} = \dfrac{\square}{\square} = \square\dfrac{\square}{\square}$

(2) $2\dfrac{2}{7} \times 1\dfrac{1}{2} = \dfrac{16}{7} \times \dfrac{\square}{\square} = \dfrac{\square}{\square} = \square\dfrac{\square}{\square}$

2 계산해 보시오.

(1) $1\dfrac{1}{4} \times 1\dfrac{2}{3}$

(2) $2\dfrac{2}{5} \times 3\dfrac{1}{6}$

3 빈칸에 알맞은 수를 써넣으시오.

(1) $\times$

$1\dfrac{5}{6}$ $1\dfrac{1}{2}$

(2) $\times$

$1\dfrac{4}{5}$ $1\dfrac{2}{9}$

4 멜론의 무게는 $1\dfrac{7}{8}$ kg입니다. 수박의 무게가 멜론의 무게의

$2\dfrac{1}{3}$ 배일 때, 수박의 무게는 몇 kg입니까?

식 |

답 |

7 세 분수의 곱셈

⟳ $\dfrac{1}{2} \times \dfrac{2}{5} \times \dfrac{1}{7}$의 계산

방법1 두 분수씩 계산하기

$$\dfrac{1}{2} \times \dfrac{2}{5} \times \dfrac{1}{7} = \left(\dfrac{1}{\underset{1}{2}} \times \dfrac{\overset{1}{2}}{5}\right) \times \dfrac{1}{7} = \dfrac{1}{5} \times \dfrac{1}{7} = \dfrac{1}{35}$$ ─→ 뒤의 두 수를 먼저 계산해도 계산 결과는 같습니다.

방법2 세 분수를 한꺼번에 계산하기

$$\dfrac{1}{2} \times \dfrac{2}{5} \times \dfrac{1}{7} = \dfrac{1 \times \overset{1}{2} \times 1}{\underset{1}{2} \times 5 \times 7} = \dfrac{1}{35}$$

참고 자연수와 분수가 섞여 있는 세 수의 계산은 자연수를 분수로 나타내어 계산합니다.

$$5 \times \dfrac{3}{4} \times \dfrac{1}{2} = \dfrac{5}{1} \times \dfrac{3}{4} \times \dfrac{1}{2} = \dfrac{5 \times 3 \times 1}{1 \times 4 \times 2} = \dfrac{15}{8} = 1\dfrac{7}{8}$$

분모가 1인 분수로 나타내기

예제 1 그림을 보고 $\dfrac{2}{3} \times \dfrac{1}{2} \times \dfrac{1}{3}$이 얼마인지 알아보시오.

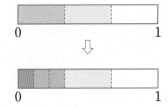

$$\dfrac{2}{3} \times \dfrac{1}{2} \times \dfrac{1}{3} = \left(\dfrac{\overset{\square}{2}}{3} \times \dfrac{1}{\underset{\square}{2}}\right) \times \dfrac{1}{3} = \dfrac{\square}{\square} \times \dfrac{1}{3} = \dfrac{\square}{\square}$$

예제 2 $3 \times \dfrac{7}{8} \times \dfrac{1}{4}$을 어떻게 계산하는지 두 가지 방법으로 알아보시오.

방법1 두 분수씩 계산하기

$$3 \times \dfrac{7}{8} \times \dfrac{1}{4} = \left(\dfrac{\square}{1} \times \dfrac{7}{8}\right) \times \dfrac{1}{4} = \dfrac{\square}{8} \times \dfrac{1}{4} = \dfrac{\square}{\square}$$

방법2 세 분수를 한꺼번에 계산하기

$$3 \times \dfrac{7}{8} \times \dfrac{1}{4} = \dfrac{\square}{1} \times \dfrac{7}{8} \times \dfrac{1}{4} = \dfrac{\square \times 7 \times 1}{1 \times 8 \times 4} = \dfrac{\square}{\square}$$

1 ☐ 안에 알맞은 수를 써넣으시오.

(1) $\dfrac{1}{3} \times \dfrac{3}{5} \times \dfrac{1}{4} = \left(\dfrac{1}{3} \times \dfrac{3}{5} \right) \times \dfrac{1}{\square} = \dfrac{\square}{\square} \times \dfrac{\square}{\square} = \dfrac{\square}{\square}$

(2) $\dfrac{4}{9} \times \dfrac{3}{7} \times \dfrac{5}{8} = \dfrac{4 \times 3 \times 5}{9 \times 7 \times 8} = \dfrac{\square}{\square}$

2 계산해 보시오.

(1) $\dfrac{3}{4} \times 6 \times \dfrac{1}{5}$

(2) $\dfrac{2}{9} \times \dfrac{1}{6} \times 12$

3 빈칸에 알맞은 수를 써넣으시오.

$\times 3\dfrac{1}{3}$ $\times \dfrac{2}{7}$

$\dfrac{2}{5}$

4 정연이는 설탕 $\dfrac{3}{5}$ kg의 $\dfrac{1}{12}$ 을 사용하여 케이크를 만들었습니다.

만든 케이크의 $\dfrac{5}{6}$ 가 딸기케이크였다면 딸기케이크를 만드는 데

사용한 설탕의 무게는 몇 kg입니까?

식 |

답 |

1 $\dfrac{1}{2} \times \dfrac{1}{4}$

2 $\dfrac{7}{10} \times \dfrac{3}{14}$

3 $1\dfrac{1}{2} \times 1\dfrac{1}{3}$

4 $2\dfrac{1}{4} \times 1\dfrac{4}{5}$

5 $\dfrac{1}{3} \times \dfrac{1}{5}$

6 $1\dfrac{5}{7} \times 1\dfrac{2}{5}$

7 $1\dfrac{1}{4} \times 1\dfrac{1}{7}$

8 $\dfrac{4}{11} \times \dfrac{5}{12}$

9 $\dfrac{6}{7} \times \dfrac{2}{3}$

10 $2\dfrac{1}{7} \times 2\dfrac{1}{3}$

11 $1\dfrac{3}{4} \times 2\dfrac{1}{3}$

12 $\dfrac{7}{15} \times \dfrac{9}{10}$

13 $\dfrac{3}{8} \times \dfrac{4}{5}$

14 $2\dfrac{1}{6} \times 1\dfrac{3}{4}$

15 $\dfrac{3}{20} \times \dfrac{8}{9}$

16 $3\dfrac{3}{8} \times 1\dfrac{7}{9}$

17 $\dfrac{1}{4} \times \dfrac{2}{5} \times \dfrac{5}{6}$

18 $\dfrac{9}{32} \times \dfrac{20}{27}$

19 $\dfrac{5}{24} \times \dfrac{16}{19}$

20 $2\dfrac{1}{10} \times 2\dfrac{2}{3}$

21 $1\dfrac{5}{11} \times 1\dfrac{1}{4}$

22 $\dfrac{4}{15} \times \dfrac{5}{12} \times \dfrac{3}{7}$

23 $24 \times \dfrac{9}{16} \times \dfrac{8}{21}$

24 $1\dfrac{8}{19} \times 3\dfrac{1}{3}$

25 $1\dfrac{7}{12} \times 1\dfrac{1}{2}$

26 $\dfrac{20}{49} \times \dfrac{21}{25}$

27 $\dfrac{11}{28} \times \dfrac{21}{22}$

28 $\dfrac{5}{7} \times 2\dfrac{4}{5} \times \dfrac{1}{6}$

1 계산해 보시오.

(1) $\dfrac{1}{11} \times \dfrac{1}{5}$

(2) $\dfrac{3}{7} \times \dfrac{5}{12}$

2 빈칸에 두 분수의 곱을 써넣으시오.

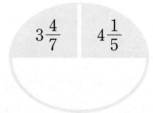

$3\dfrac{4}{7}$ $4\dfrac{1}{5}$

3 세 분수의 곱을 구해 보시오.

$$\dfrac{2}{5} \qquad \dfrac{1}{6} \qquad \dfrac{10}{11}$$

(   )

4 ◯ 안에 >, =, <를 알맞게 써넣으시오.

(1) $\dfrac{1}{5}$ ◯ $\dfrac{1}{5} \times \dfrac{1}{7}$

(2) $\dfrac{7}{10} \times \dfrac{1}{4}$ ◯ $\dfrac{7}{10} \times \dfrac{1}{6}$

5 계산 결과가 더 작은 것에 ◯표 하시오.

$$\dfrac{1}{6} \times \dfrac{1}{4} \qquad\qquad \dfrac{1}{2} \times \dfrac{1}{8}$$

(   )   (   )

6 계산 결과가 자연수인 것을 찾아 기호를 써 보시오.

ㄱ $1\dfrac{1}{2} \times 2\dfrac{1}{6}$ ㄴ $3\dfrac{3}{4} \times 2\dfrac{3}{5}$

ㄷ $5\dfrac{1}{7} \times 2\dfrac{1}{3}$ ㄹ $1\dfrac{2}{3} \times 1\dfrac{3}{5}$

(   )

교과 역량 추론, 의사소통   개념 확인 **서술형**

7 잘못 계산한 곳을 찾아 이유를 쓰고, 바르게 계산해 보시오.

$$2\overset{1}{\dfrac{2}{5}} \times 2\underset{3}{\dfrac{1}{6}} = \dfrac{11}{5} \times \dfrac{7}{3} = \dfrac{77}{15} = 5\dfrac{2}{15}$$

이유 |

_____

_____

바른 계산 |

_____

_____

8 ㉠과 ㉡의 계산 결과의 차를 구해 보시오.

$$㉠ \ \frac{1}{7} \times \frac{2}{9} \times 14 \qquad ㉡ \ \frac{5}{6} \times \frac{7}{10} \times \frac{2}{3}$$

( )

9 어떤 수는 $\frac{4}{5}$의 $\frac{7}{12}$입니다. 어떤 수의 $\frac{3}{10}$은 얼마입니까?

( )

교과 역량 문제 해결, 추론

10 수 카드 5장 중 2장을 골라 분수의 곱셈식을 만들려고 합니다. 계산 결과가 가장 작게 되도록 ☐ 안에 알맞은 수를 써넣고, 계산한 값을 구해 보시오.

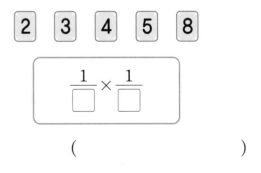

( )

11 도형에서 색칠한 부분의 넓이는 몇 m²입니까?

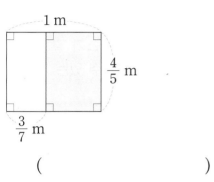

( )

12 연우네 학교 5학년 학생 수는 전체 학생의 $\frac{1}{6}$ 입니다. 5학년의 $\frac{4}{9}$는 남학생이고, 그중 $\frac{3}{5}$은 수학을 좋아합니다. 수학을 좋아하는 5학년 남학생은 전체 학생의 몇 분의 몇입니까?

( )

교과서 pick

13 수 카드 3장을 모두 한 번씩만 사용하여 대분수를 만들려고 합니다. 만들 수 있는 가장 큰 대분수와 가장 작은 대분수의 곱을 구해 보시오.

2 5 8

( )

교과서 pick

예제 1

1시간에 $50\frac{2}{3}$ km를 가는 버스가 있습니다. 이 버스가 같은 빠르기로 4시간 30분 동안 갈 수 있는 거리는 몇 km인지 구해 보시오.

❶ 4시간 30분은 몇 시간인지 분수로 나타내기

→ 4시간 30분 = $4\dfrac{\boxed{}}{60}$ 시간

= $\boxed{}$ 시간

❷ 버스가 4시간 30분 동안 갈 수 있는 거리

→ $\boxed{}$ km

유제 1

1시간에 180 km를 가는 열차가 있습니다. 이 열차가 같은 빠르기로 2시간 15분 동안 갈 수 있는 거리는 몇 km인지 구해 보시오.

(   )

예제 2

어떤 수에 $\frac{3}{7}$ 을 곱해야 할 것을 잘못하여 더했더니 $2\frac{1}{7}$ 이 되었습니다. 바르게 계산한 값은 얼마인지 구해 보시오.

❶ 어떤 수를 라 할 때, 잘못 계산한 식

→ $+ \dfrac{3}{7} = \boxed{}$

❷ 어떤 수()   → $\boxed{}$

❸ 바르게 계산한 값   → $\boxed{}$

유제 2

어떤 수에 $\frac{8}{15}$ 을 곱해야 할 것을 잘못하여 더했더니 $3\frac{2}{15}$ 가 되었습니다. 바르게 계산한 값은 얼마인지 구해 보시오.

(   )

<table><tr><td>예제
3</td><td>수 카드 6장을 모두 한 번씩만 사용하여 3개의 진분수를 만들어 세 분수의 곱셈을 하려고 합니다. 계산 결과가 가장 작을 때, 계산한 값을 구해 보시오.</td></tr></table>

❶ 분모로 사용할 수 카드의 수 모두 쓰기

❷ 분자로 사용할 수 카드의 수 모두 쓰기

❸ 계산한 값 →

<table><tr><td>유제
3</td><td>수 카드 8장 중 6장을 골라 모두 한 번씩만 사용하여 3개의 진분수를 만들어 세 분수의 곱셈을 하려고 합니다. 계산 결과가 가장 작을 때, 계산한 값을 구해 보시오.</td></tr></table>

2 3 4 5 6 7 8 9

( )

2 단원

<table><tr><td>예제
4</td><td>정후는 어제 책 한 권의 $\frac{1}{4}$을 읽었고, 오늘은 어제 읽고 난 나머지의 $\frac{2}{3}$를 읽었습니다. 책 한 권이 120쪽일 때, 정후가 어제와 오늘 읽은 책은 모두 몇 쪽인지 구해 보시오.</td></tr></table>

❶ 오늘 읽은 책의 양은 전체의 얼마인지 분수로 나타내기 →

❷ 어제와 오늘 읽은 책의 양은 전체의 얼마인지 분수로 나타내기 →

❸ 어제와 오늘 읽은 책의 쪽수의 합 → 쪽

<table><tr><td>유제
4</td><td>지혜는 어제 음료수 한 병의 $\frac{1}{5}$을 마셨고, 오늘은 어제 마시고 난 나머지의 $\frac{1}{2}$을 마셨습니다. 음료수 한 병이 800 mL일 때, 지혜가 어제와 오늘 마신 음료수는 모두 몇 mL인지 구해 보시오.</td></tr></table>

( )

1 그림을 보고 □ 안에 알맞은 수를 써넣으시오.

$$1\frac{2}{3} \times 2 = \frac{\boxed{}}{3} \times 2 = \frac{\boxed{}}{3} = \boxed{}\frac{\boxed{}}{\boxed{}}$$

2 □ 안에 알맞은 수를 써넣으시오.

$$2\frac{2}{5} \times 1\frac{3}{5} = \frac{\boxed{}}{5} \times \frac{\boxed{}}{5}$$
$$= \frac{\boxed{}}{25} = \boxed{}\frac{\boxed{}}{\boxed{}}$$

(3~4) 계산해 보시오.

3 $\frac{3}{10} \times 5$

4 $\frac{24}{25} \times \frac{15}{16}$

5 빈칸에 알맞은 수를 써넣으시오.

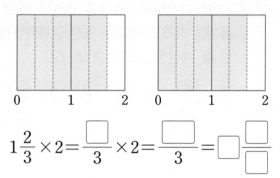

6 계산 결과가 같은 것끼리 선으로 이어 보시오.

$\frac{4}{5} \times 3$ · · $2\frac{3}{5} \times 3$

$3 \times 2\frac{3}{5}$ · · $4 \times \frac{3}{5}$

$\frac{5}{6} \times 7$ · · $\frac{5}{6} \times \frac{7}{1}$

교과서에 꼭 나오는 문제

7 ○ 안에 >, =, <를 알맞게 써넣으시오.

$$\frac{1}{3} \times \frac{3}{4} \bigcirc \frac{1}{3} \times 1\frac{1}{4}$$

8 계산 결과가 다른 곱셈식을 찾아 기호를 써 보시오.

$$\bigcirc\ 2 \times 3\frac{3}{8} \qquad \bigcirc\ 4\frac{1}{2} \times 1\frac{1}{2}$$

$$\bigcirc\ 9 \times \frac{3}{4} \qquad \textcircled{=}\ 3\frac{1}{2} \times 1\frac{3}{4}$$

(   )

교과서에 꼭 나오는 문제

9 지혜는 천 $\frac{4}{7}$ m^2 중에서 $\frac{5}{6}$ 를 사용하여 손수건을 만들었습니다. 손수건을 만드는 데 사용한 천의 넓이는 몇 m^{2}입니까?

(   )

10 계산 결과가 큰 것부터 차례대로 기호를 써 보시오.

$$\bigcirc\ \frac{4}{9} \times 1 \qquad \bigcirc\ \frac{4}{9} \times \frac{7}{8}$$

$$\bigcirc\ \frac{4}{9} \times 1\frac{5}{6} \qquad \textcircled{=}\ \frac{4}{9} \times 2\frac{2}{3}$$

(   )

11 ㉠과 ㉡의 계산 결과의 차를 구해 보시오.

$$\bigcirc\ 1\frac{1}{5} \times 2\frac{2}{9} \qquad \bigcirc\ 3\frac{3}{8} \times 1\frac{5}{9}$$

(   )

잘 틀리는 문제

12 어떤 수는 $\frac{2}{3}$ 의 $\frac{7}{10}$ 입니다. 어떤 수의 $\frac{3}{14}$ 은 얼마입니까?

(   )

13 정오각형의 둘레는 몇 m입니까?

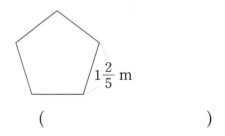

$1\frac{2}{5}$ m

(   )

14 어느 놀이공원 입장료는 8000원입니다. 할인 기간에는 전체 입장료의 $\frac{3}{5}$ 만큼만 내면 된다고 합니다. 할인 기간에 입장권 2장을 사려면 모두 얼마를 내야 합니까?

(   )

15 학교 도서관에 있는 책의 $\frac{4}{5}$는 단행본이고 그중 $\frac{1}{3}$은 소설책입니다. 소설책의 $\frac{5}{6}$가 단편 소설이라면 단편 소설은 학교 도서관에 있는 책 전체의 몇 분의 몇입니까?

( )

잘 틀리는 문제

16 수 카드 5장 중 2장을 골라 분수의 곱셈식을 만들려고 합니다. 계산 결과가 가장 작게 되도록 ☐ 안에 알맞은 수를 써넣고, 계산한 값을 구해 보시오.

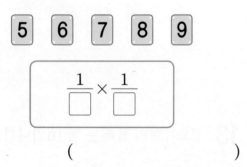

( )

17 민율이는 어제 책 한 권의 $\frac{1}{4}$을 읽었고, 오늘은 어제 읽고 난 나머지의 $\frac{4}{7}$를 읽었습니다. 책 한 권이 84쪽일 때, 민율이가 어제와 오늘 읽은 책은 모두 몇 쪽입니까?

( )

서술형 문제

18 잘못 계산한 곳을 찾아 이유를 쓰고, 바르게 계산해 보시오.

$$4\frac{1}{6} \times 15 = \frac{9}{2} \times 5 = \frac{45}{2} = 22\frac{1}{2}$$

이유 |

바른 계산 |

19 직사각형의 넓이는 몇 m^2인지 풀이 과정을 쓰고 답을 구해 보시오.

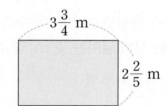

풀이 |

답 |

20 예지는 한 시간에 $3\frac{1}{3}$ km를 걷습니다. 같은 빠르기로 2시간 40분 동안 걸었다면 예지가 걸은 거리는 몇 km인지 풀이 과정을 쓰고 답을 구해 보시오.

풀이 |

답 |

거울 속 나를 찾아라!

↻ 거울에 비친 모습을 찾아보세요.

①

②

③

④

3

합동과 대칭

이전에 배운 내용	>	이번에 배울 내용	>	이후에 배울 내용

이전에 배운 내용

4-1 각도
- 삼각형의 세 각의 크기의 합
- 사각형의 네 각의 크기의 합

4-1 평면도형의 이동
도형 밀기, 뒤집기, 돌리기

4-2 다각형
- 다각형
- 대각선

이번에 배울 내용

① 도형의 합동
② 합동인 도형의 성질
③ 선대칭도형
④ 선대칭도형의 성질
⑤ 점대칭도형
⑥ 점대칭도형의 성질

이후에 배울 내용

5-2 직육면체
- 직육면체
- 직육면체의 전개도

6-1 각기둥과 각뿔
- 각기둥과 각뿔
- 각기둥의 전개도

준비 학습

1 도형을 주어진 방향으로 움직였을 때의 도형을 그려 보시오.

(1) 도형을 오른쪽으로
뒤집었을 때의 도형 그리기

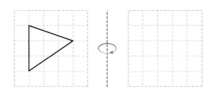

(2) 도형을 시계 방향으로 90°만큼
돌렸을 때의 도형 그리기

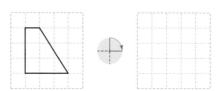

2 다각형에 대각선을 모두 그어 보시오.

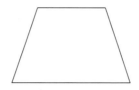

1 도형의 합동

🔄 **합동** → 슘同(합할 합, 한가지 동)

> **모양과 크기가 같아서 포개었을 때 완전히 겹치는 두 도형 → 합동**
> └→ 남거나 모자란 부분이 없습니다.

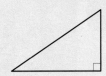

🔄 **서로 합동인 도형 만들기**

모양과 크기가 같은 도형으로 나누어 서로 합동인 도형을 만듭니다.

예 서로 합동인 도형 2개 만들기

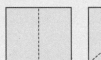

예 서로 합동인 도형 4개 만들기

모양은 같지만 서로 합동이 아닌 경우

두 도형은 모양은 같지만 크기가 다르므로 서로 합동이 아닙니다.

서로 합동인 도형

뒤집거나 돌려서 완전히 겹치면 두 도형은 서로 합동입니다.

예제 1

모양과 크기가 같아서 포개었을 때 완전히 겹치는 두 도형을 알아보시오.

(1) 왼쪽 도형과 포개었을 때 완전히 겹치는 도형을 찾아 ○표 하시오.

(가 , 나 , 다 , 라)

(2) 위 (1)에서 찾은 도형을 보고 ▢ 안에 알맞은 말을 써넣으시오.

> 모양과 크기가 같아서 포개었을 때 완전히 겹치는 두 도형을
> 서로 ▢▢▢ (이)라고 합니다.

예제 2

점선을 따라 잘랐을 때 자른 두 도형이 합동이 되는 도형을 모두 찾아 ○표 하시오.

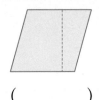

(   )   (   )   (   )

1 색종이를 이용하여 하트 모양 2개를 만들었습니다. 이 하트 모양처럼 모양과 크기가 같아서 포개었을 때 완전히 겹치는 두 도형을 무엇이라고 합니까?

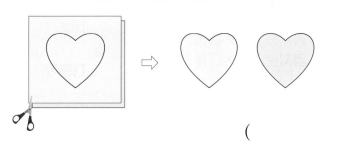

(   )

2 왼쪽 도형과 서로 합동인 도형을 찾아 ◯표 하시오.

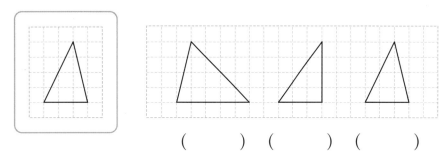

(   ) (   ) (   )

3 서로 합동인 도형을 모두 찾아 써 보시오.

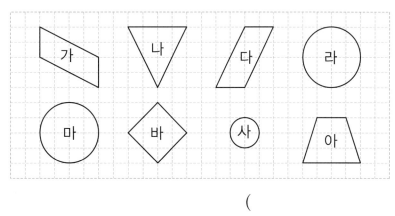

(   )

4 주어진 도형과 서로 합동인 도형을 그려 보시오.

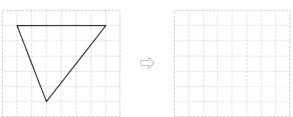

2 합동인 도형의 성질

🔁 **합동인 도형에서 대응점, 대응변, 대응각**

서로 합동인 두 도형을 포개었을 때
- 겹치는 점 → 대응점
- 겹치는 변 → 대응변
- 겹치는 각 → 대응각

🔁 **합동인 도형의 성질**

서로 합동인 두 도형에서 각각의 대응변의 길이가 서로 같습니다.

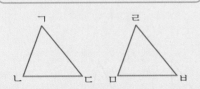

서로 합동인 두 도형에서 각각의 대응각의 크기가 서로 같습니다.

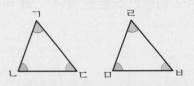

예제 1

서로 합동인 두 도형을 포개었을 때 겹치는 곳을 알아보시오.

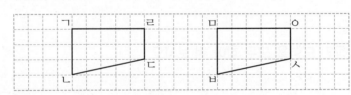

(1) 포개었을 때 점 ㄱ과 서로 겹치는 점은 점 ☐ 입니다.

⇨ 점 ㄱ의 대응점은 점 ☐ 입니다.

(2) 포개었을 때 변 ㄱㄴ과 서로 겹치는 변은 변 ☐ 입니다.

⇨ 변 ㄱㄴ의 대응변은 변 ☐ 입니다.

(3) 포개었을 때 각 ㄱㄴㄷ과 서로 겹치는 각은 각 ☐ 입니다.

⇨ 각 ㄱㄴㄷ의 대응각은 각 ☐ 입니다.

예제 2

서로 합동인 두 삼각형에서 대응변의 길이와 대응각의 크기를 비교해 보시오.

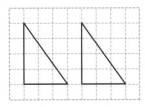

- 각각의 대응변의 길이가 서로 (같습니다 , 다릅니다).
- 각각의 대응각의 크기가 서로 (같습니다 , 다릅니다).

기본유형 익히기

1 두 사각형은 서로 합동입니다. 물음에 답하시오.

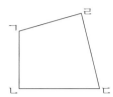 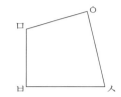

(1) 점 ㄴ의 대응점, 점 ㄹ의 대응점을 각각 찾아 써 보시오.

점 ㄴ (   ), 점 ㄹ (   )

(2) 변 ㄱㄴ의 대응변, 변 ㄷㄹ의 대응변을 각각 찾아 써 보시오.

변 ㄱㄴ (   ), 변 ㄷㄹ (   )

(3) 각 ㄱㄴㄷ의 대응각, 각 ㄱㄹㄷ의 대응각을 각각 찾아 써 보시오.

각 ㄱㄴㄷ (   ), 각 ㄱㄹㄷ (   )

2 두 삼각형은 서로 합동입니다. 대응점, 대응변, 대응각이 각각 몇 쌍 있는지 ☐ 안에 알맞은 수를 써넣으시오.

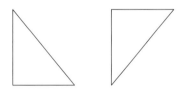

- 대응점: ☐ 쌍
- 대응변: ☐ 쌍
- 대응각: ☐ 쌍

3 두 도형은 서로 합동입니다. ☐ 안에 알맞은 수를 써넣으시오.

(1)

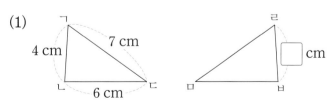

4 cm, 7 cm, 6 cm, ☐ cm

(2)

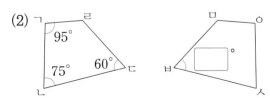

95°, 75°, 60°, ☐°

1 서로 합동인 도형을 모두 찾아 ☐ 안에 알맞게 써넣으시오.

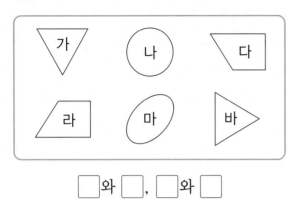

☐와 ☐, ☐와 ☐

2 두 사각형은 서로 합동입니다. 표를 완성해 보시오.

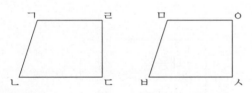

대응점	점 ㄱ	
대응변	변 ㄷㄹ	
대응각	각 ㄷㄹㄱ	

3 주어진 도형과 서로 합동인 도형을 그려 보시오.

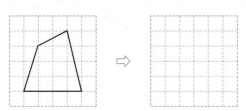

4 정사각형 모양의 종이 위에 선을 그어 서로 합동인 도형 4개로 만들어 보시오.

5 두 도형은 서로 합동입니다. ☐ 안에 알맞은 수를 써넣으시오.

(1)

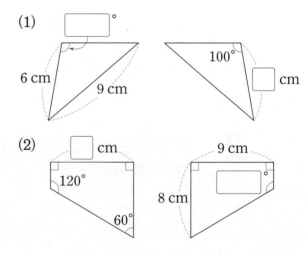

6 cm   9 cm   100°   ☐ cm

(2)

☐ cm   9 cm
120°   8 cm
60°

개념 확인 **서술형**

6 합동인 도형에 대해 잘못 설명한 사람의 이름을 쓰고, 그 이유를 써 보시오.

> • 아라: 두 도형의 모양이 같으면 두 도형은 서로 합동이야.
> • 수희: 서로 합동인 두 도형에서 각각의 대응변의 길이는 서로 같아.

답 |

7
지아네 집의 욕실에서 깨진 타일을 새 타일로 바꾸어 붙이려고 합니다. 두 타일 중에서 바꾸어 붙일 수 있는 타일을 써 보시오.

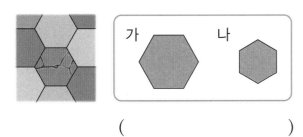

(   )

8 우리나라에서 사용하고 있는 교통안전 표지판입니다. 모양이 서로 합동인 표지판을 모두 찾아 써 보시오. (단, 표지판의 색깔과 표지판 안의 그림은 생각하지 않습니다.)

(   )

9
두 삼각형은 서로 합동입니다. 삼각형 ㄱㄴㄷ의 둘레는 몇 cm입니까?

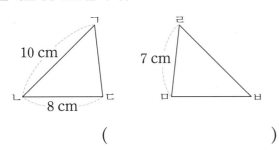

(   )

10 직사각형 ㄱㄴㄷㄹ과 직사각형 ㅁㅂㅅㅇ은 서로 합동입니다. 직사각형 ㄱㄴㄷㄹ의 넓이는 몇 cm^2입니까?

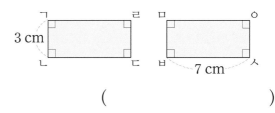

(   )

11 합동인 두 사각형에 대해 바르게 말한 사람은 누구입니까?

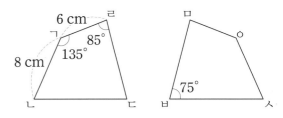

- 주미: 점 ㅂ의 대응점은 점 ㄴ이야.
- 혁재: 각 ㅂㅅㅇ의 크기는 65°야.
- 인수: 변 ㅅㅇ의 길이는 6 cm야.

(   )

12
삼각형 ㄱㄴㅁ과 삼각형 ㅁㄷㄹ은 서로 합동입니다. 사각형 ㄱㄴㄷㄹ의 둘레는 몇 cm입니까?

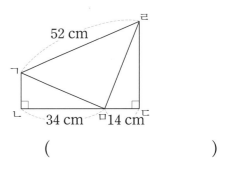

(   )

3 선대칭도형

선대칭도형

> **한 직선을 따라 접었을 때 완전히 겹치는 도형 → 선대칭도형**
> └→ **대칭축**

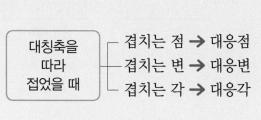

대칭축을
따라
접었을 때
― 겹치는 점 → 대응점
― 겹치는 변 → 대응변
― 겹치는 각 → 대응각

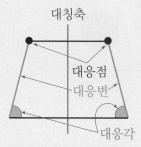

선대칭도형에서 대칭축

선대칭도형에서 대칭축은 여러 개가 있을 수 있습니다.
대칭축이 여러 개일 경우 모두 한 점에서 만납니다.

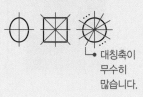

└→ 대칭축이 무수히 많습니다.

참고 선대칭도형을 대칭축을 따라 접었을 때 대칭축을 기준으로 나누어진 두 도형은 완전히 겹치므로 서로 합동입니다.

예제 1

한 직선을 따라 접었을 때 완전히 겹치는 도형을 알아보시오.

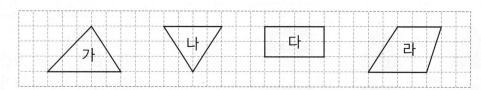

(1) 한 직선을 따라 접었을 때 완전히 겹치는 도형을 모두 찾아 ○표 하시오.

(가 , 나 , 다 , 라)

(2) 위 (1)에서 찾은 도형을 보고 ☐ 안에 알맞은 말을 써넣으시오.

> 한 직선을 따라 접었을 때 완전히 겹치는 도형을 [   ](이)라고 합니다.

예제 2

직선 ㅅㅇ을 대칭축으로 하는 선대칭도형입니다. 대응점, 대응변, 대응각을 찾아 써 보시오.

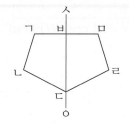

(1) 점 ㄹ의 대응점 ⇨ 점 [   ]

(2) 변 ㄴㄷ의 대응변 ⇨ 변 [   ]

(3) 각 ㄱㄴㄷ의 대응각 ⇨ 각 [   ]

기본유형 익히기

1 선대칭도형을 모두 찾아 ○표 하시오.

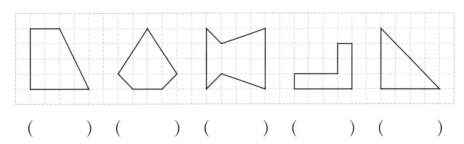

(   ) (   ) (   ) (   ) (   )

2 다음 도형은 선대칭도형입니다. 대칭축을 모두 그어 보고, 대칭축이 몇 개인지 써 보시오.

(1)

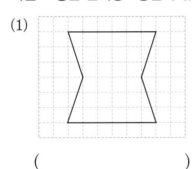

(   )

(2)

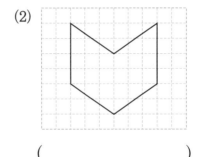

(   )

3 직선 ㅈㅊ을 대칭축으로 하는 선대칭도형입니다. 표를 완성해 보시오.

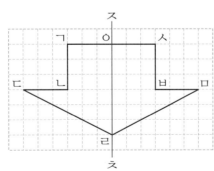

대응점		대응변		대응각	
점 ㄱ		변 ㄱㄴ		각 ㅇㄱㄴ	
점 ㄴ		변 ㄷㄹ		각 ㄴㄷㄹ	
점 ㅁ		변 ㅇㅅ		각 ㅁㄹㅇ	

4 선대칭도형의 성질

선대칭도형의 성질

- 각각의 대응변의 길이가 서로 **같습니다.**
- 각각의 대응각의 크기가 서로 **같습니다.**
- 대응점끼리 이은 선분은 대칭축과 수직으로 만납니다.
- 각각의 대응점에서 대칭축까지의 거리가 서로 **같습니다.**

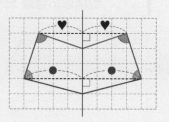

선대칭도형을 그리는 방법

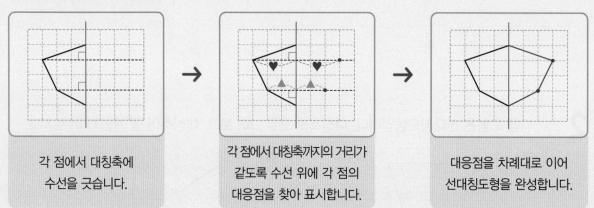

각 점에서 대칭축에 수선을 긋습니다.

각 점에서 대칭축까지의 거리가 같도록 수선 위에 각 점의 대응점을 찾아 표시합니다.

대응점을 차례대로 이어 선대칭도형을 완성합니다.

예제 1

선대칭도형에는 어떤 성질이 있는지 알아보려고 합니다.
☐ 안에 알맞게 써넣고, 알맞은 말에 ○표 하시오.

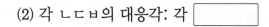

(1) 변 ㄴㄷ의 대응변: 변 ☐

  ⇨ 대응변의 길이가 서로 (같습니다 , 다릅니다).

(2) 각 ㄴㄷㅂ의 대응각: 각 ☐

  ⇨ 대응각의 크기가 서로 (같습니다 , 다릅니다).

(3) 대응점끼리 이은 선분 ㄴㅁ이 대칭축과 만나서 이루는 각은 ☐°입니다.

예제 2

직선 ㅅㅇ을 대칭축으로 하는 선대칭도형을 완성해 보시오.

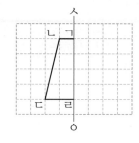

(1) 점 ㄴ의 대응점을 찾아 점 ㅂ으로 표시해 보시오.

(2) 점 ㄷ의 대응점을 찾아 점 ㅁ으로 표시해 보시오.

(3) 대응점을 차례대로 이어 선대칭도형을 완성해 보시오.

1 직선 ㅈㅊ을 대칭축으로 하는 선대칭도형입니다. 물음에 답하시오.

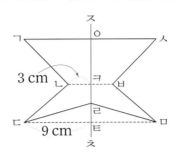

(1) 각 ㄴㅋㅇ은 몇 도입니까?   (   )

(2) 선분 ㅂㅋ은 몇 cm입니까?   (   )

(3) 선분 ㅁㅌ은 몇 cm입니까?   (   )

2 직선 ㄱㄴ을 대칭축으로 하는 선대칭도형입니다. ☐ 안에 알맞은 수를 써넣으시오.

(1)

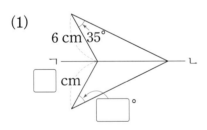

(2)

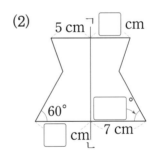

3 직선 ㄱㄴ을 대칭축으로 하는 선대칭도형을 완성해 보시오.

(1)

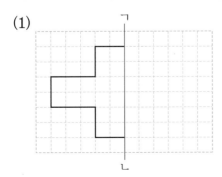

(2)

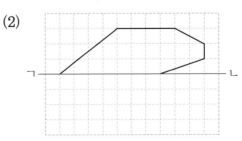

3. 합동과 대칭 **73**

5 점대칭도형

점대칭도형

어떤 점을 중심으로 $180°$ 돌렸을 때
└→ 대칭의 중심
　　　　　　　처음 도형과 완전히 겹치는 도형 → 점대칭도형

점대칭도형에서 대칭의 중심
· 점대칭도형에서 대칭의 중심은 항상 1개입니다.
· 대응점끼리 이은 선분들이 만나는 점이 대칭의 중심입니다.

대칭의 중심을 중심으로 $180°$ 돌렸을 때 ─ 겹치는 점 → 대응점
　　　　　　　　　　　　　　　　　 ─ 겹치는 변 → 대응변
　　　　　　　　　　　　　　　　　 ─ 겹치는 각 → 대응각

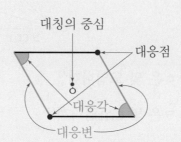

예제 1

점 ㅇ을 중심으로 $180°$ 돌렸을 때 처음 도형과 완전히 겹치는 도형을 알아보시오.

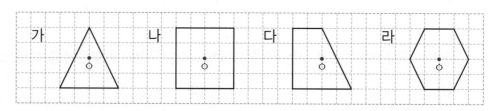

(1) 점 ㅇ을 중심으로 $180°$ 돌렸을 때 처음 도형과 완전히 겹치는 도형을 모두 찾아 ○표 하시오.

(가 , 나 , 다 , 라)

(2) 위 (1)에서 찾은 도형을 보고 ☐ 안에 알맞은 말을 써넣으시오.

> 어떤 점을 중심으로 $180°$ 돌렸을 때 처음 도형과 완전히 겹치는 도형을
> ┌──────────┐(이)라고 합니다.
> └──────────┘

예제 2

점 ㅇ을 대칭의 중심으로 하는 점대칭도형입니다. 대응점, 대응변, 대응각을 찾아 써 보시오.

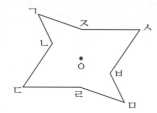

(1) 점 ㄷ의 대응점 ⇨ 점 ☐

(2) 변 ㄱㄴ의 대응변 ⇨ 변 ☐

(3) 각 ㄴㄷㄹ의 대응각 ⇨ 각 ☐

기본유형 익히기

복습책 39쪽 | 정답 18쪽

1 점대칭도형을 모두 찾아 ○표 하시오.

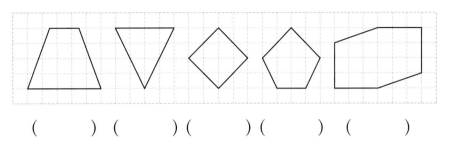

(   ) (   ) (   ) (   ) (   )

2 다음 도형은 점대칭도형입니다. 대칭의 중심을 찾아 표시해 보시오.

(1)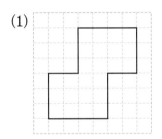

(2)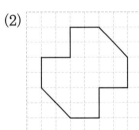

3 점 ㅇ을 대칭의 중심으로 하는 점대칭도형입니다. 표를 완성해 보시오.

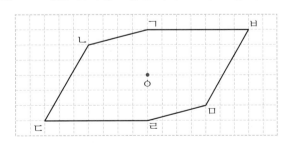

대응점		대응변		대응각	
점 ㄱ		변 ㄱㄴ		각 ㄱㄴㄷ	
점 ㄷ		변 ㄷㄹ		각 ㄴㄷㄹ	
점 ㅁ		변 ㅂㅁ		각 ㅁㄹㄷ	

6 점대칭도형의 성질

🔵 **점대칭도형의 성질**

- 각각의 대응변의 길이가 서로 **같습니다.**
- 각각의 대응각의 크기가 서로 **같습니다.**
- 각각의 대응점에서 대칭의 중심까지의 거리가 서로 **같습니다.**

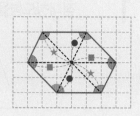

🔵 **점대칭도형을 그리는 방법**

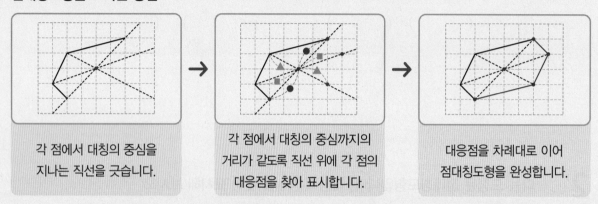

| 각 점에서 대칭의 중심을 지나는 직선을 긋습니다. | 각 점에서 대칭의 중심까지의 거리가 같도록 직선 위에 각 점의 대응점을 찾아 표시합니다. | 대응점을 차례대로 이어 점대칭도형을 완성합니다. |

예제 1

점대칭도형에는 어떤 성질이 있는지 알아보려고 합니다.
□ 안에 알맞게 써넣고, 알맞은 말에 ○표 하시오.

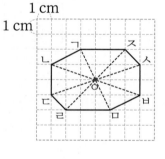

(1) 변 ㅈㅅ의 대응변: 변 □

⇨ 대응변의 길이가 서로 (같습니다 , 다릅니다).

(2) 각 ㄱㄴㄷ의 대응각: 각 □

⇨ 대응각의 크기가 서로 (같습니다 , 다릅니다).

(3) 대응점에서 대칭의 중심까지의 거리가 서로 (같습니다 , 다릅니다).

예제 2

점 ㅇ을 대칭의 중심으로 하는 점대칭도형을 완성해 보시오.

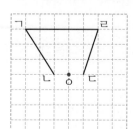

(1) 점 ㄱ의 대응점을 찾아 점 ㅂ으로 표시해 보시오.

(2) 점 ㄹ의 대응점을 찾아 점 ㅁ으로 표시해 보시오.

(3) 대응점을 차례대로 이어 점대칭도형을 완성해 보시오.

복습책 39쪽 | 정답 19쪽

1 점 ㅇ을 대칭의 중심으로 하는 점대칭도형입니다. 물음에 답하시오.

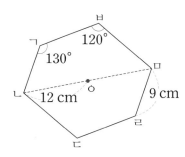

(1) 변 ㄱㄴ은 몇 cm입니까?　　　　　　　　(　　　　　　　)

(2) 각 ㄷㄹㅁ은 몇 도입니까?　　　　　　　　(　　　　　　　)

(3) 선분 ㅁㅇ은 몇 cm입니까?　　　　　　　　(　　　　　　　)

2 점 ㅇ을 대칭의 중심으로 하는 점대칭도형입니다. ☐ 안에 알맞은 수를 써넣으시오.

(1)
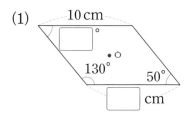

(2)
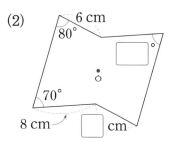

3 점 ㅇ을 대칭의 중심으로 하는 점대칭도형을 완성해 보시오.

(1)
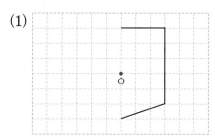

(2)
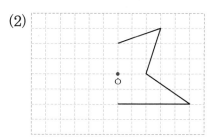

1 선대칭도형을 모두 찾아 기호를 쓰고, 선대칭도형에 대칭축을 모두 그어 보시오.

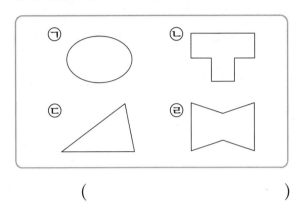

( )

2 다음 도형은 점대칭도형입니다. 대칭의 중심을 찾아 표시해 보시오.

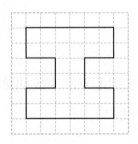

3 다음 도형은 선대칭도형입니다. 선분 ㅅㅇ과 선분 ㅈㅊ이 대칭축일 때 표를 완성해 보시오.

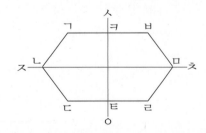

	선분 ㅅㅇ이 대칭축일 때	선분 ㅈㅊ이 대칭축일 때
점 ㄷ의 대응점		
변 ㄱㄴ의 대응변		
각 ㄴㄷㄹ의 대응각		

(4~5) 글자를 보고 물음에 답하시오.

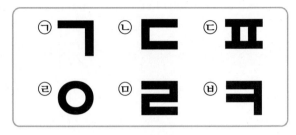

4 선대칭도형인 글자를 모두 찾아 기호를 써 보시오.

( )

5 선대칭도형이면서 점대칭도형인 글자를 모두 찾아 기호를 써 보시오.

( )

6 직선 ㄱㄴ을 대칭축으로 하는 선대칭도형입니다. ☐ 안에 알맞은 수를 써넣으시오.

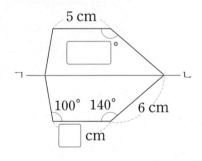

7 직선 ㄱㄴ을 대칭축으로 하는 선대칭도형을 완성해 보시오.

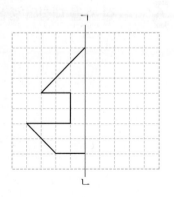

8 국기의 모양이 점대칭도형인 것을 모두 찾아 기호를 써 보시오.

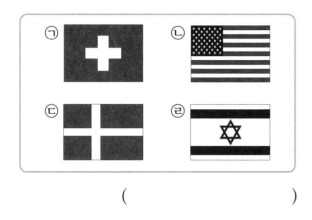

( )

9 점 ㅇ을 대칭의 중심으로 하는 점대칭도형입니다. 선분 ㄱㅇ, 선분 ㅂㄷ은 각각 몇 cm입니까?

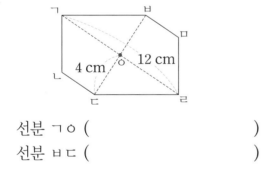

선분 ㄱㅇ ( )

선분 ㅂㄷ ( )

10 점대칭도형의 성질에 대해 잘못 설명한 사람을 찾아 이름을 쓰고, 그 이유를 써 보시오.

> • 형태: 각각의 대응변의 길이는 서로 같아.
>
> • 은비: 각각의 대응점에서 대칭의 중심까지의 거리는 서로 같아.
>
> • 소미: 대칭의 중심은 여러 개 있을 수 있어.

답 |

11 선대칭도형 ㉮와 ㉯의 대칭축의 수의 차는 몇 개입니까?

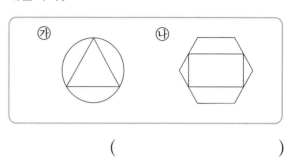

( )

12 직선 ㄱㄴ을 대칭축으로 하는 선대칭도형입니다. ☐ 안에 알맞은 수를 써넣으시오.

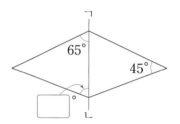

13 점 ㅇ을 대칭의 중심으로 하는 점대칭도형입니다. 점대칭도형의 둘레는 몇 cm입니까?

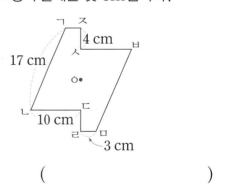

( )

STEP 3 응용유형 다잡기

교과서 pick

예제 1 다음 중 선대칭도형인 숫자들을 한 번씩만 사용하여 만들 수 있는 가장 큰 수를 구해 보시오.

$$4 \quad 1 \quad 7$$
$$0 \quad 5 \quad 3$$

❶ 선대칭도형인 숫자 모두 찾기

_____

❷ 위 ❶의 숫자들을 한 번씩만 사용하여 만들 수 있는 가장 큰 수 → ☐

유제 1 다음 중 선대칭도형인 숫자들을 한 번씩만 사용하여 만들 수 있는 가장 큰 수를 구해 보시오.

$$6 \quad 9 \quad 3$$
$$1 \quad 8 \quad 2$$

(   )

예제 2 삼각형 ㄱㄴㄷ과 삼각형 ㄹㄷㄴ은 서로 합동입니다. 각 ㄱㄷㄴ은 몇 도인지 구해 보시오.

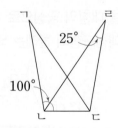

❶ 각 ㄴㄱㄷ의 크기 → ☐°

❷ 각 ㄱㄷㄴ의 크기 → ☐°

유제 2 삼각형 ㄱㄴㄷ과 삼각형 ㄹㄷㄴ은 서로 합동입니다. 각 ㄱㄷㄴ은 몇 도인지 구해 보시오.

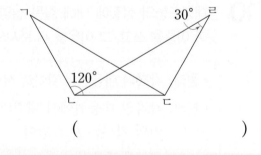

(   )

예제 3 점 ㅇ을 대칭의 중심으로 하는 점대칭도형의 둘레가 36 cm입니다. 변 ㄷㄹ은 몇 cm인지 구해 보시오.

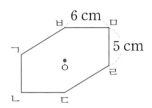

❶ 변 ㄱㄴ과 변 ㄴㄷ의 길이

→ 변 ㄱㄴ의 길이: ☐ cm

변 ㄴㄷ의 길이: ☐ cm

❷ 변 ㄷㄹ과 변 ㅂㄱ의 길이의 합

→ ☐ cm

❸ 변 ㄷㄹ의 길이 → ☐ cm

유제 3 점 ㅇ을 대칭의 중심으로 하는 점대칭도형의 둘레가 52 cm입니다. 변 ㄱㄴ은 몇 cm인지 구해 보시오.

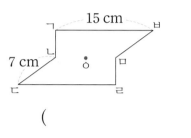

( )

예제 4 직선 ㅁㅂ을 대칭축으로 하는 선대칭도형을 완성하려고 합니다. 완성한 선대칭도형의 넓이는 몇 cm²인지 구해 보시오.

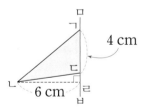

❶ 삼각형 ㄱㄴㄷ의 넓이 → ☐ cm²

❷ 완성한 선대칭도형의 넓이는 삼각형 ㄱㄴㄷ의 넓이의 몇 배인지 구하기 → ☐ 배

❸ 완성한 선대칭도형의 넓이 → ☐ cm²

유제 4 직선 ㅁㅂ을 대칭축으로 하는 선대칭도형을 완성하려고 합니다. 완성한 선대칭도형의 넓이는 몇 cm²인지 구해 보시오.

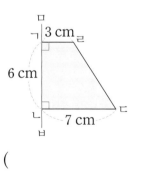

( )

1 가와 서로 합동인 도형을 찾아 써 보시오.

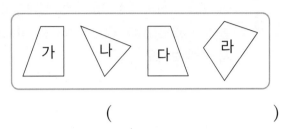

(   )

2 두 사각형은 서로 합동입니다. 대응점, 대응변, 대응각을 각각 찾아 써 보시오.

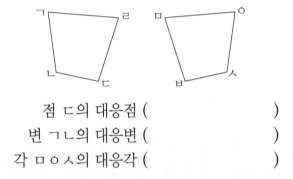

점 ㄷ의 대응점 (   )
변 ㄱㄴ의 대응변 (   )
각 ㅁㅇㅅ의 대응각 (   )

3 주어진 도형과 서로 합동인 도형을 그려 보시오.

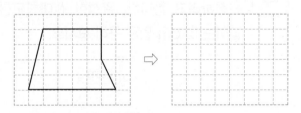

교과서에 꼭 나오는 문제

4 점대칭도형에서 대칭의 중심을 찾아 기호를 써 보시오.

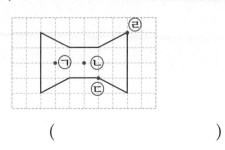

(   )

5 다음 도형은 선대칭도형입니다. 주어진 대응변에 알맞게 대칭축을 그어 보시오.

변 ㄷㄹ의 대응변 ⇨ 변 ㄱㅂ

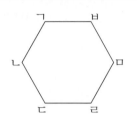

6 다음 선대칭도형 중 대칭축의 수가 가장 많은 도형은 어느 것입니까? (   )

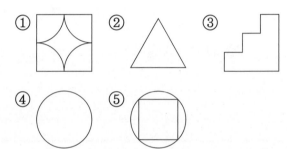

잘 틀리는 문제

7 점대칭도형을 보고 잘못 설명한 것을 찾아 기호를 써 보시오.

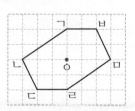

ⓒ 점 ㄱ의 대응점은 점 ㄹ입니다.
ⓛ 변 ㄱㅂ의 대응변은 변 ㄴㄷ입니다.
ⓒ 각 ㄱㄴㄷ의 대응각은 각 ㄹㅁㅂ입니다.

(   )

(8~9) 두 삼각형은 서로 합동입니다. 물음에 답하시오.

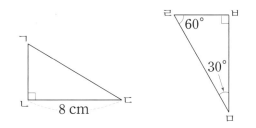

8 변 ㅁㅂ은 몇 cm입니까?

(　　　　　　　)

9 각 ㄴㄱㄷ은 몇 도입니까?

(　　　　　　　)

잘 틀리는 문제

10 점대칭도형이 되는 알파벳을 모두 찾아 ◯표 하시오.

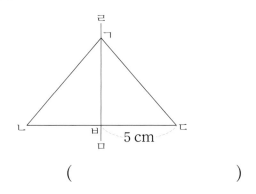

11 삼각형 ㄱㄴㄷ은 직선 ㄹㅁ을 대칭축으로 하는 선대칭도형입니다. 선분 ㄴㄷ은 몇 cm 입니까?

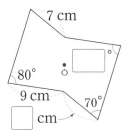

(　　　　　　　)

12 크기가 같은 정사각형 5개로 이루어진 도형을 펜토미노라고 합니다. 다음 펜토미노 중에서 선대칭도형이면서 점대칭도형인 것을 찾아 기호를 써 보시오.

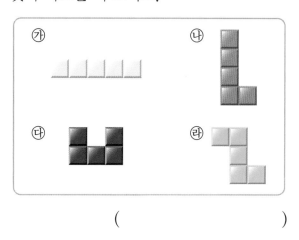

(　　　　　　　)

교과서에 꼭 나오는 문제

13 점 ㅇ을 대칭의 중심으로 하는 점대칭도형입니다. ☐ 안에 알맞은 수를 써넣으시오.

14 두 도형은 서로 합동입니다. 사각형 ㄱㄴㄷㄹ의 둘레는 몇 cm입니까?

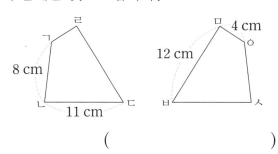

(　　　　　　　)

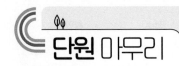
15 점 ㅇ을 대칭의 중심으로 하는 점대칭도형을 완성해 보시오.

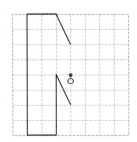

16 삼각형 ㄱㄴㄷ과 삼각형 ㄹㄴㅁ은 서로 합동입니다. 각 ㄱㄷㄴ은 몇 도입니까?

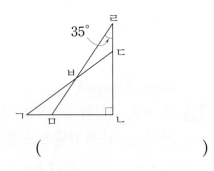

( )

17 직선 ㅁㅂ을 대칭축으로 하는 선대칭도형을 완성하려고 합니다. 완성한 선대칭도형의 넓이는 몇 cm²입니까?

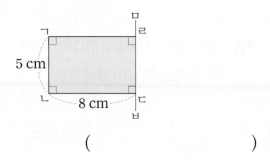

( )

◀ 서술형 **문제**

18 오른쪽 두 오각형이 서로 합동인지 아닌지 쓰고, 그 이유를 써 보시오.

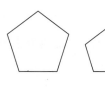

답 | _____

_____

19 오른쪽은 선분 ㄱㅂ을 대칭축으로 하는 선대칭도형입니다. 각 ㄴㄱㅂ은 몇 도인지 풀이 과정을 쓰고 답을 구해 보시오.

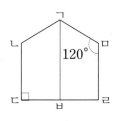

풀이 | _____

_____

답 | _____

20 점 ㅇ을 대칭의 중심으로 하는 점대칭도형입니다. 도형의 둘레가 60 cm일 때 변 ㄴㄷ은 몇 cm인지 풀이 과정을 쓰고 답을 구해 보시오.

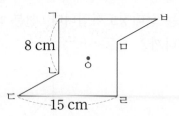

풀이 | _____

_____

답 | _____

수수께끼를 맞혀라!

↻ 수수께끼 문제를 보고 답을 맞혀 보세요.

1 개는 개인데 자꾸 없어지는 개는?

2 계절에 관계없이 사시사철 피는 꽃은?

3 소의 다리가 두 개이면?

4 부모님이 사랑하는 알파벳은?

5 왕이 넘어져서 되는 것은?

정답 | 1. 지우개 2. 웃음꽃 3. 이륜차 4. 아이 5. 킹콩

4

소수의 곱셈

| 이전에 배운 내용 | 이번에 배울 내용 | 이후에 배울 내용 |

이전에 배운 내용

3-1 분수와 소수
분수와 소수의 관계

4-2 소수의 덧셈과 뺄셈
· 소수의 덧셈
· 소수의 뺄셈

5-2 분수의 곱셈
· (분수) × (자연수)
· (자연수) × (분수)
· (분수) × (분수)

이번에 배울 내용

1 (1보다 작은 소수) × (자연수)

2 (1보다 큰 소수) × (자연수)

3 (자연수) × (1보다 작은 소수)

4 (자연수) × (1보다 큰 소수)

5 1보다 작은 소수끼리의 곱셈

6 1보다 큰 소수끼리의 곱셈

7 곱의 소수점 위치

이후에 배울 내용

6-1 소수의 나눗셈
· (소수) ÷ (자연수)
· (자연수) ÷ (자연수)

6-2 소수의 나눗셈
· (자연수) ÷ (소수)
· (소수) ÷ (소수)

준비 학습

1 소수를 분수로 나타내려고 합니다. ☐ 안에 알맞은 수를 써넣으시오.

(1) $7.2 = \dfrac{\boxed{}}{10}$

(2) $0.38 = \dfrac{\boxed{}}{100}$

2 계산해 보시오.

(1) $\dfrac{3}{8} \times 2$

(2) $4 \times \dfrac{2}{5}$

(3) $\dfrac{2}{9} \times \dfrac{1}{4}$

(4) $1\dfrac{3}{10} \times 1\dfrac{1}{6}$

1 (1보다 작은 소수)×(자연수)

🔵 **0.8×3의 계산**

방법1 소수를 분수로 바꾸어 분수의 곱셈으로 계산하기

$$0.8 \times 3 = \frac{8}{10} \times 3 = \frac{8 \times 3}{10} = \frac{24}{10} = 2.4$$

방법2 자연수의 곱셈을 이용하여 계산하기

> 곱해지는 수가 $\frac{1}{10}$배, $\frac{1}{100}$배가 되면
>
> 계산 결과도 $\frac{1}{10}$배, $\frac{1}{100}$배가 됩니다.

0.8×3의 계산 결과를 어림하기

❶ 0.8을 1로 어림합니다.
❷ $0.8 \times 3 \Rightarrow 1 \times 3 = 3$
❸ 0.8×3의 계산 결과는 3보다 작을 것입니다.

$$8 \times 3 = 24$$
$\frac{1}{10}$배 $\frac{1}{10}$배
$$0.8 \times 3 = 2.4$$

세로로 계산하기

$$\begin{array}{r} 8 \\ \times\ 3 \\ \hline 2\ 4 \end{array}$$
$8 \xrightarrow{\frac{1}{10}배} 0.8$
$2\ 4 \xrightarrow{\frac{1}{10}배}$

$$\begin{array}{r} 0.8 \\ \times\ \ 3 \\ \hline 2.4 \end{array}$$

예제 1

수직선을 보고 0.6×4는 얼마인지 알아보시오.

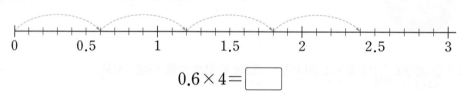

$$0.6 \times 4 = \boxed{}$$

예제 2

0.17×5를 어떻게 계산하는지 두 가지 방법으로 알아보시오.

방법1 소수를 분수로 바꾸어 분수의 곱셈으로 계산하기

$$0.17 \times 5 = \frac{\boxed{}}{100} \times 5 = \frac{\boxed{} \times 5}{100} = \frac{\boxed{}}{100} = \boxed{}$$

방법2 자연수의 곱셈을 이용하여 계산하기

$$17 \times 5 = \boxed{}$$
$$\Rightarrow 0.17 \times 5 = \boxed{}$$

세로로 계산하기

$$\begin{array}{r} 1\ 7 \\ \times\ \ \ 5 \\ \hline \boxed{} \end{array} \Rightarrow \begin{array}{r} 0.1\ 7 \\ \times\ \ \ \ 5 \\ \hline \boxed{} \end{array}$$

4
단원

1 □ 안에 알맞은 수를 써넣으시오.

(1) $0.5 \times 3 = \dfrac{\boxed{}}{10} \times 3 = \dfrac{\boxed{} \times 3}{10} = \dfrac{\boxed{}}{10} = \boxed{}$

(2) $23 \times 8 = \boxed{}$

$\Rightarrow 0.23 \times 8 = \boxed{}$

세로로 계산하기

$$\begin{array}{r} 2\ 3 \\ \times\quad 8 \\ \hline \boxed{} \end{array} \Rightarrow \begin{array}{r} 0\,.\,2\ 3 \\ \times\quad\ \ 8 \\ \hline \boxed{} \end{array}$$

2 계산해 보시오.

(1) 0.4×4 (2) 0.6×7

(3) 0.81×3 (4) 0.29×5

3 빈칸에 알맞은 수를 써넣으시오.

(1)

0.9 $\xrightarrow{\ \times 6\ }$ $\bigcirc$

(2)

0.72 $\xrightarrow{\ \times 4\ }$ $\bigcirc$

4 태수는 매일 공원에서 $0.7 \ \text{km}$씩 달리기를 합니다. 태수가 3일 동안 달리기를 한 거리는 몇 km입니까?

식 |

답 |

2 (1보다 큰 소수)×(자연수)

🔵 **2.1×3의 계산**

2.1×3의 계산 결과를 어림하기

❶ 2.1을 2로 어림합니다.
❷ 2.1×3 ⇨ 2×3=6
❸ 2.1×3의 계산 결과는 6보다 클 것입니다.

방법1 소수를 분수로 바꾸어 분수의 곱셈으로 계산하기

$$2.1 \times 3 = \frac{21}{10} \times 3 = \frac{21 \times 3}{10} = \frac{63}{10} = 6.3$$

방법2 자연수의 곱셈을 이용하여 계산하기

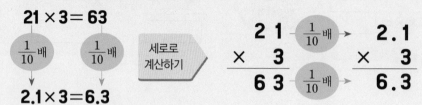

21 × 3 = 63

$\frac{1}{10}$배 $\frac{1}{10}$배   세로로 계산하기

2.1×3=6.3

예제 1

1.7×4를 어떻게 계산하는지 두 가지 방법으로 알아보시오.

방법1 소수를 분수로 바꾸어 분수의 곱셈으로 계산하기

$$1.7 \times 4 = \frac{\boxed{}}{10} \times 4 = \frac{\boxed{} \times 4}{10} = \frac{\boxed{}}{10} = \boxed{}$$

방법2 자연수의 곱셈을 이용하여 계산하기

$17 \times 4 = \boxed{}$

⇨ $1.7 \times 4 = \boxed{}$

세로로 계산하기

$$\begin{array}{r} 1\ 7 \\ \times\quad 4 \\ \hline \boxed{} \end{array} \quad \Rightarrow \quad \begin{array}{r} 1.7 \\ \times\quad 4 \\ \hline \boxed{} \end{array}$$

예제 2

3.94×6의 계산 결과를 어림하려고 합니다. ☐ 안에 알맞은 수를 써넣고, 계산해 보시오.

어림하기

3.94는 3과 4 중 $\boxed{}$에 더 가깝습니다.

3.94×6 ⇨ $\boxed{}$×6으로 어림할 수 있습니다.

3.94×6의 계산 결과는 $\boxed{}$보다 작을 것 같습니다.

계산하기 $394 \times 6 = \boxed{}$ ⇨ $3.94 \times 6 = \boxed{}$

STEP 1 기본유형 익히기

복습책 48쪽 I 정답 23쪽

4 단원

1 ☐ 안에 알맞은 수를 써넣으시오.

(1) $5.2 \times 7 = \dfrac{\boxed{}}{10} \times 7 = \dfrac{\boxed{} \times 7}{10} = \dfrac{\boxed{}}{10} = \boxed{}$

(2) $381 \times 2 = \boxed{}$

$\Rightarrow 3.81 \times 2 = \boxed{}$

세로로 계산하기

$$
\begin{array}{r}
3\ 8\ 1 \\
\times \qquad 2 \\
\hline
\boxed{}
\end{array}
\Rightarrow
\begin{array}{r}
3.8\ 1 \\
\times \qquad 2 \\
\hline
\boxed{}
\end{array}
$$

2 계산해 보시오.

(1) 2.8×3 　　　　　　(2) 5.3×5

(3) 6.53×2 　　　　　　(4) 1.06×7

3 빈칸에 알맞은 수를 써넣으시오.

(1)

　　1.4　　8

(2)

　　2.31　　6

4 상자 한 개를 포장하는 데 끈이 $1.9\ \mathrm{m}$ 필요합니다. 상자 9개를 포장하는 데 필요한 끈은 모두 몇 m입니까?

식 |

답 |

3 (자연수)×(1보다 작은 소수)

⏺ **5×0.7의 계산**

방법1 소수를 분수로 바꾸어 분수의 곱셈으로 계산하기

$$5 \times 0.7 = 5 \times \frac{7}{10} = \frac{5 \times 7}{10} = \frac{35}{10} = 3.5$$

방법2 자연수의 곱셈을 이용하여 계산하기

> 곱하는 수가 $\frac{1}{10}$배, $\frac{1}{100}$배가 되면 계산 결과도 $\frac{1}{10}$배, $\frac{1}{100}$배가 됩니다.

$$5 \times 7 = 35$$

$\frac{1}{10}$배 $\frac{1}{10}$배

세로로 계산하기

$$5 \times 0.7 = 3.5$$

$$\begin{array}{r} 5 \\ \times 7 \\ \hline 3\,5 \end{array}$$ $\frac{1}{10}$배 $\frac{1}{10}$배 $$\begin{array}{r} 5 \\ \times 0.7 \\ \hline 3.5 \end{array}$$

참고 곱해지는 수와 곱하는 수의 순서를 바꾸어 곱해도 계산 결과는 같습니다.
$$5 \times 0.7 = 0.7 \times 5 = 3.5$$

예제 1

그림을 보고 2×0.8은 얼마인지 알아보시오.

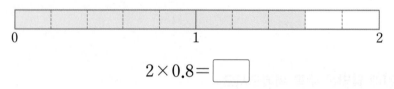

$$2 \times 0.8 = \boxed{}$$

예제 2

4×0.32를 어떻게 계산하는지 두 가지 방법으로 알아보시오.

방법1 소수를 분수로 바꾸어 분수의 곱셈으로 계산하기

$$4 \times 0.32 = 4 \times \frac{\boxed{}}{100} = \frac{4 \times \boxed{}}{100} = \frac{\boxed{}}{100} = \boxed{}$$

방법2 자연수의 곱셈을 이용하여 계산하기

$$4 \times 32 = \boxed{}$$
$$\Rightarrow 4 \times 0.32 = \boxed{}$$

세로로 계산하기

$$\begin{array}{r} 4 \\ \times 3\,2 \\ \hline \boxed{} \end{array} \Rightarrow \begin{array}{r} 4 \\ \times 0.3\,2 \\ \hline \boxed{} \end{array}$$

STEP 1 기본유형 익히기

1 ☐ 안에 알맞은 수를 써넣으시오.

(1) $6 \times 0.3 = 6 \times \dfrac{\boxed{}}{10} = \dfrac{6 \times \boxed{}}{10} = \dfrac{\boxed{}}{10} = \boxed{}$

(2) $8 \times 26 = \boxed{}$

$\Rightarrow 8 \times 0.26 = \boxed{}$

세로로 계산하기

$$\begin{array}{r} 8 \\ \times\ 2\ 6 \\ \hline \boxed{} \end{array} \Rightarrow \begin{array}{r} 8 \\ \times\ 0.2\ 6 \\ \hline \boxed{} \end{array}$$

2 계산해 보시오.

(1) 5×0.9

(2) 17×0.8

(3) 9×0.06

(4) 23×0.45

3 빈칸에 알맞은 수를 써넣으시오.

(1)

7 $\xrightarrow{\times 0.6}$ $\boxed{}$

(2)

24 $\xrightarrow{\times 0.08}$ $\boxed{}$

4 귤 한 개의 무게는 68 g이고, 딸기 한 개의 무게는 귤 한 개의 무게의 0.4배입니다. 딸기 한 개의 무게는 몇 g입니까?

식 | _____

답 | _____

4 (자연수) × (1보다 큰 소수)

🔄 **4 × 1.2의 계산**

방법1 소수를 분수로 바꾸어 분수의 곱셈으로 계산하기

$$4 \times 1.2 = 4 \times \frac{12}{10} = \frac{4 \times 12}{10} = \frac{48}{10} = 4.8$$

방법2 자연수의 곱셈을 이용하여 계산하기

4 × 12 = 48

$\frac{1}{10}$ 배 $\frac{1}{10}$ 배

세로로 계산하기

4 × 1.2 = 4.8

$$\begin{array}{r} 4 \\ \times\ 1\ 2 \\ \hline 4\ 8 \end{array}$$ — $\frac{1}{10}$배 → $$\begin{array}{r} 4 \\ \times\ 1.2 \\ \hline 4.8 \end{array}$$

참고 (자연수) × (소수)의 크기 비교

■가 자연수일 때 ⇨ ┌ ■ × (1보다 작은 소수) < ■
　　　　　　　　　　└ ■ × (1보다 큰 소수) > ■

예제 1

5 × 2.3을 어떻게 계산하는지 두 가지 방법으로 알아보시오.

방법1 소수를 분수로 바꾸어 분수의 곱셈으로 계산하기

$$5 \times 2.3 = 5 \times \frac{\boxed{}}{10} = \frac{5 \times \boxed{}}{10} = \frac{\boxed{}}{10} = \boxed{}$$

방법2 자연수의 곱셈을 이용하여 계산하기

$5 \times 23 = \boxed{}$

⇨ $5 \times 2.3 = \boxed{}$

세로로 계산하기

$$\begin{array}{r} 5 \\ \times\ 2\ 3 \\ \hline \boxed{} \end{array}$$ ⇨ $$\begin{array}{r} 5 \\ \times\ 2.3 \\ \hline \boxed{} \end{array}$$

예제 2

8 × 2.04의 계산 결과를 어림하려고 합니다. ☐ 안에 알맞은 수를 써넣고, 계산해 보시오.

어림하기

2.04는 2와 3 중 ☐에 더 가깝습니다.

8 × 2.04 ⇨ 8 × ☐(으)로 어림할 수 있습니다.

8 × 2.04의 계산 결과는 ☐보다 클 것 같습니다.

계산하기 8 × 204 = ☐ ⇨ 8 × 2.04 = ☐

STEP II 기본유형 익히기

복습책 49쪽 | 정답 24쪽

1 ☐ 안에 알맞은 수를 써넣으시오.

(1) $9 \times 1.5 = 9 \times \dfrac{\boxed{}}{10} = \dfrac{9 \times \boxed{}}{10} = \dfrac{\boxed{}}{10} = \boxed{}$

(2) $3 \times 316 = \boxed{}$

$\Rightarrow 3 \times 3.16 = \boxed{}$

세로로
계산하기

$$\begin{array}{r} \overset{3}{} \\ \times\ 3\ 1\ 6 \\ \hline \boxed{} \end{array} \Rightarrow \begin{array}{r} \overset{3}{} \\ \times\ 3.1\ 6 \\ \hline \boxed{} \end{array}$$

2 계산해 보시오.

(1) 2×1.8

(2) 16×1.7

(3) 7×2.15

(4) 22×4.01

3 빈칸에 알맞은 수를 써넣으시오.

(1)

| 9 | 3.7 | |

(2)

| 20 | 1.05 | |

4 준성이의 몸무게는 45 kg입니다. 형의 몸무게가 준성이의 몸무게의 1.3배일 때, 형의 몸무게는 몇 kg입니까?

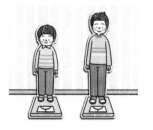

식 |

답 |

1
$$\begin{array}{r} 0.2 \\ \times \quad 8 \\ \hline \end{array}$$

2
$$\begin{array}{r} 1.4 \\ \times \quad 6 \\ \hline \end{array}$$

3
$$\begin{array}{r} 6 \\ \times \ 0.3 \\ \hline \end{array}$$

4
$$\begin{array}{r} 2 \\ \times \ 1.9 \\ \hline \end{array}$$

5
$$\begin{array}{r} 5 \\ \times \ 0.5 \\ \hline \end{array}$$

6
$$\begin{array}{r} 0.7 \\ \times \quad 4 \\ \hline \end{array}$$

7
$$\begin{array}{r} 2.5 \\ \times \quad 3 \\ \hline \end{array}$$

8
$$\begin{array}{r} 4 \\ \times \ 2.2 \\ \hline \end{array}$$

9
$$\begin{array}{r} 1.8 \\ \times \quad 9 \\ \hline \end{array}$$

10
$$\begin{array}{r} 7 \\ \times \ 0.8 \\ \hline \end{array}$$

11
$$\begin{array}{r} 0.3 \\ \times \quad 4 \\ \hline \end{array}$$

12
$$\begin{array}{r} 9 \\ \times \ 3.1 \\ \hline \end{array}$$

13
$$
\begin{array}{r}
0.9 \\
\times \quad 5 \\
\hline
\end{array}
$$

14
$$
\begin{array}{r}
5 \\
\times \ 2.7 \\
\hline
\end{array}
$$

15
$$
\begin{array}{r}
9 \\
\times \ 0.4 \\
\hline
\end{array}
$$

16
$$
\begin{array}{r}
2.9 \\
\times \quad 7 \\
\hline
\end{array}
$$

17
$$
\begin{array}{r}
3 \\
\times \ 0.2\ 1 \\
\hline
\end{array}
$$

18
$$
\begin{array}{r}
0.1\ 6 \\
\times \quad 9 \\
\hline
\end{array}
$$

19
$$
\begin{array}{r}
1.5 \\
\times \ 1\ 1 \\
\hline
\end{array}
$$

20
$$
\begin{array}{r}
1\ 4 \\
\times \ 2.4 \\
\hline
\end{array}
$$

21
$$
\begin{array}{r}
0.1\ 7 \\
\times \quad 1\ 5 \\
\hline
\end{array}
$$

22
$$
\begin{array}{r}
1\ 8 \\
\times \ 0.4\ 6 \\
\hline
\end{array}
$$

23
$$
\begin{array}{r}
2.0\ 3 \\
\times \quad 7 \\
\hline
\end{array}
$$

24
$$
\begin{array}{r}
8 \\
\times \ 3.0\ 4 \\
\hline
\end{array}
$$

1 계산해 보시오.

(1) 0.8×2

(2) 3×0.09

2 계산 결과가 <u>다른</u> 것을 찾아 기호를 써 보시오.

> ㉠ $0.37 + 0.37$ ㉡ 0.37×2
>
> ㉢ $\dfrac{37 \times 2}{100}$ ㉣ $\dfrac{37}{10} \times 2$

( )

3 <u>잘못</u> 계산한 곳을 찾아 바르게 계산해 보시오.

> $4.2 \times 3 = \dfrac{42}{100} \times 3 = \dfrac{42 \times 3}{100}$
>
> $= \dfrac{126}{100} = 1.26$

4.2×3 _____

_____

4 빈칸에 알맞은 수를 써넣으시오.

1.4 → $\times 5$ → ☐ → $\times 0.28$ → ☐

5 계산 결과가 45보다 작은 것을 찾아 ○표 하시오.

| 45×1.3 | 45×0.8 | 45×2.07 |

( ) ( ) ( )

6 계산 결과의 크기를 비교하여 ○ 안에 $>$, $=$, $<$를 알맞게 써넣으시오.

$$8.46 \times 5 \;\bigcirc\; 15 \times 2.69$$

7 계산 결과가 가장 큰 것을 찾아 기호를 써 보시오.

> ㉠ 74×0.18 ㉡ 0.34×56
>
> ㉢ 68×0.21 ㉣ 0.36×45

( )

교과 역량 의사소통, 정보 처리   개념 확인 **서술형**

8 계산 결과를 <u>잘못</u> 어림한 사람의 이름을 쓰고, <u>잘못</u> 어림한 부분을 바르게 고쳐 보시오.

0.61×8은 0.6과 8의 곱으로 어림할 수 있으니까 계산 결과는 4.8 정도가 돼.

진우

54와 4의 곱은 약 200이니까 0.54와 4의 곱은 20 정도가 돼.

나리

답 | _____

_____

_____

9 한 변의 길이가 3.7 cm인 정사각형의 둘레는 몇 cm입니까?

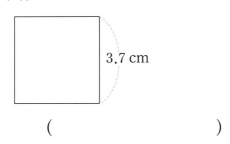

3.7 cm

(   )

교과 역량 추론

└─● 우리나라 돈과 외국 돈의 교환 비율을 환율이라고 합니다.

10 어느 날 스웨덴의 환율이 다음과 같을 때, 우리나라 돈 5000원을 스웨덴 돈으로 바꾸면 얼마입니까?

대한민국		스웨덴
1000원	=	7.83크로나

(   )

11 집에서 학교까지의 거리는 2 km입니다. 집에서 우체국까지의 거리는 집에서 학교까지의 거리의 0.85배일 때, 집에서 우체국까지의 거리는 몇 km입니까?

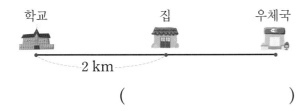

학교   집   우체국

2 km

(   )

12 효주는 매일 공원에서 0.9 km씩 걷기 운동을 합니다. 효주가 일주일 동안 걷기 운동을 한 거리는 몇 km입니까?

(   )

13 그림과 같은 사다리꼴 모양의 텃밭이 있습니다. 이 텃밭의 넓이는 몇 m²입니까?

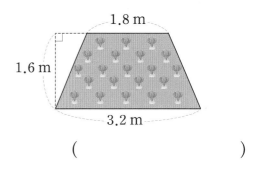

1.8 m

1.6 m

3.2 m

(   )

교과서 pick

14 음료수를 가영이는 3 L의 0.25배만큼 마셨고, 찬우는 2 L의 0.46배만큼 마셨습니다. 음료수를 누가 몇 L 더 많이 마셨습니까?

(,   )

5 1보다 작은 소수끼리의 곱셈

● **0.4×0.7의 계산**

방법1 소수를 분수로 바꾸어 분수의 곱셈으로 계산하기

$$0.4 \times 0.7 = \frac{4}{10} \times \frac{7}{10} = \frac{4 \times 7}{100} = \frac{28}{100} = 0.28$$

방법2 자연수의 곱셈을 이용하여 계산하기

$$4 \times 7 = 28$$

$\frac{1}{10}$배 $\frac{1}{10}$배 $\frac{1}{100}$배

$$0.4 \times 0.7 = 0.28$$

세로로 계산하기

$$
\begin{array}{r}
4 \xrightarrow{\frac{1}{10}배} 0.4 \\
\times 7 \xrightarrow{\frac{1}{10}배} \times 0.7 \\
\hline
2\,8 \xrightarrow{\frac{1}{100}배} 0.2\,8
\end{array}
$$

예제 1

모눈을 보고 0.6×0.8은 얼마인지 알아보시오.

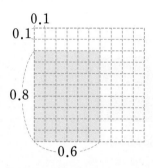

0.1
0.1
0.8
0.6

색칠한 부분은 모눈 ☐ 칸입니다.

모눈 한 칸의 크기가 0.01이므로 $0.6 \times 0.8 =$ ☐ 입니다.

예제 2

0.43×0.2를 어떻게 계산하는지 두 가지 방법으로 알아보시오.

방법1 소수를 분수로 바꾸어 분수의 곱셈으로 계산하기

$$0.43 \times 0.2 = \frac{43}{100} \times \frac{\boxed{}}{10} = \frac{43 \times \boxed{}}{1000} = \frac{\boxed{}}{1000} = \boxed{}$$

방법2 자연수의 곱셈을 이용하여 계산하기

$$43 \times 2 = \boxed{}$$

$$\Rightarrow 0.43 \times 0.2 = \boxed{}$$

세로로 계산하기

$$
\begin{array}{r}
4\,3 \\
\times\ \ 2 \\
\hline
\boxed{}
\end{array}
\Rightarrow
\begin{array}{r}
0.4\,3 \\
\times\ \ 0.2 \\
\hline
\boxed{}
\end{array}
$$

STEP 기본유형 익히기

복습책 52쪽 | 정답 25쪽

1 ☐ 안에 알맞은 수를 써넣으시오.

(1) $0.7 \times 0.5 = \dfrac{7}{10} \times \dfrac{\boxed{}}{10} = \dfrac{7 \times \boxed{}}{100} = \dfrac{\boxed{}}{100} = \boxed{}$

(2) $21 \times 9 = \boxed{}$

$\Rightarrow 0.21 \times 0.9 = \boxed{}$

세로로 계산하기

$\begin{array}{r} 2\ 1 \\ \times\quad 9 \\ \hline \boxed{} \end{array}$ $\Rightarrow$ $\begin{array}{r} 0.2\ 1 \\ \times\quad 0.9 \\ \hline \boxed{} \end{array}$

2 계산해 보시오.

(1) 0.4×0.8

(2) 0.15×0.6

(3) 0.9×0.34

(4) 0.57×0.25

3 빈칸에 두 수의 곱을 써넣으시오.

(1)

0.3	0.7

(2)

0.05	0.4

4 세미가 설탕 0.9 kg의 0.8배만큼을 사용하여 딸기잼을 만들었습니다. 딸기잼을 만드는 데 사용한 설탕은 몇 kg입니까?

식 |

답 |

6 1보다 큰 소수끼리의 곱셈

1.2×2.3의 계산

방법1 소수를 분수로 바꾸어 분수의 곱셈으로 계산하기

$$1.2 \times 2.3 = \frac{12}{10} \times \frac{23}{10} = \frac{12 \times 23}{100} = \frac{276}{100} = 2.76$$

방법2 자연수의 곱셈을 이용하여 계산하기

$$12 \times 23 = 276$$

$\frac{1}{10}$배 $\frac{1}{10}$배 $\frac{1}{100}$배

$$1.2 \times 2.3 = 2.76$$

세로로 계산하기

$$\begin{array}{r} 1\,2 \\ \times\ 2\,3 \\ \hline 2\,7\,6 \end{array}$$

$1\,2 \xrightarrow{\frac{1}{10}배} 1.2$

$\times\,2\,3 \xrightarrow{\frac{1}{10}배} \times\,2.3$

$2\,7\,6 \xrightarrow{\frac{1}{100}배} 2.7\,6$

예제 **1**

1.9×4.2를 어떻게 계산하는지 두 가지 방법으로 알아보시오.

방법1 소수를 분수로 바꾸어 분수의 곱셈으로 계산하기

$$1.9 \times 4.2 = \frac{19}{10} \times \frac{\boxed{}}{10} = \frac{19 \times \boxed{}}{100} = \frac{\boxed{}}{100} = \boxed{}$$

방법2 자연수의 곱셈을 이용하여 계산하기

$$19 \times 42 = \boxed{}$$

$$\Rightarrow 1.9 \times 4.2 = \boxed{}$$

세로로 계산하기

$$\begin{array}{r} 1\,9 \\ \times\ 4\,2 \\ \hline \boxed{} \end{array} \Rightarrow \begin{array}{r} 1.9 \\ \times\ 4.2 \\ \hline \boxed{} \end{array}$$

예제 **2**

1.96×1.4의 계산 결과를 어림하려고 합니다. ☐ 안에 알맞은 수를 써넣고, 계산해 보시오.

어림하기

1.96은 1과 2 중 ☐에 더 가깝습니다.

1.96×1.4 ⇨ ☐×1.4로 어림할 수 있습니다.

1.96×1.4의 계산 결과는 ☐보다 작을 것 같습니다.

계산하기 196×14= ☐ ⇨ 1.96×1.4= ☐

STEP 기본유형 익히기

복습책 52쪽 | 정답 25쪽

1 □ 안에 알맞은 수를 써넣으시오.

(1) $1.2 \times 1.8 = \dfrac{12}{10} \times \dfrac{\boxed{}}{10} = \dfrac{12 \times \boxed{}}{100} = \dfrac{\boxed{}}{100} = \boxed{}$

(2) $361 \times 17 = \boxed{}$

$\Rightarrow 3.61 \times 1.7 = \boxed{}$

세로로
계산하기

$$\begin{array}{r} 3\ 6\ 1 \\ \times\quad 1\ 7 \\ \hline \boxed{} \end{array} \Rightarrow \begin{array}{r} 3.6\ 1 \\ \times\quad 1.7 \\ \hline \boxed{} \end{array}$$

2 계산해 보시오.

(1) 1.3×2.6

(2) 6.94×3.8

(3) 8.7×12.5

(4) 4.02×2.56

3 빈칸에 알맞은 수를 써넣으시오.

(1) $1.3 \Rightarrow \times 1.9 \Rightarrow \boxed{}$

(2) $1.25 \Rightarrow \times 2.4 \Rightarrow \boxed{}$

4 수호의 키는 1.6 m입니다. 삼촌의 키가 수호의 키의 1.15배일 때, 삼촌의 키는 몇 m입니까?

식 |

답 |

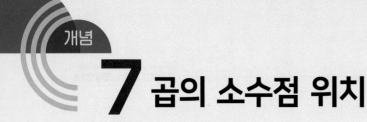

개념

7 곱의 소수점 위치

◑ **자연수와 소수의 곱셈에서 곱의 소수점 위치**

• 소수에 곱하는 수가 10, 100, 1000으로 10배씩 될 때, 곱의 소수점 위치

> **곱하는 수가 10배 될 때마다
> 곱의 소수점 위치가
> 오른쪽으로 한 자리씩 옮겨집니다.**

$4.15 \times 1 = 4.15$
$4.15 \times 10 = 4\,1.5$ → 소수점이 오른쪽으로 **한** 자리 이동
$4.15 \times 100 = 4\,1\,5$ → 소수점이 오른쪽으로 **두** 자리 이동
$4.15 \times 1000 = 4\,1\,5\,0$ → 소수점이 오른쪽으로 **세** 자리 이동

• 자연수에 곱하는 수가 0.1, 0.01, 0.001로 $\frac{1}{10}$배씩 될 때, 곱의 소수점 위치

> **곱하는 수가 $\frac{1}{10}$배 될 때마다
> 곱의 소수점 위치가
> 왼쪽으로 한 자리씩 옮겨집니다.**

$486 \times 1 = 486$
$486 \times 0.1 = 48.6$ → 소수점이 왼쪽으로 **한** 자리 이동
$486 \times 0.01 = 4.86$ → 소수점이 왼쪽으로 **두** 자리 이동
$486 \times 0.001 = 0.486$ → 소수점이 왼쪽으로 **세** 자리 이동

◑ **소수끼리의 곱셈에서 곱의 소수점 위치**

> 곱하는 두 수의 **소수점 아래 자리 수를 더한** 것은 **곱의 소수점 아래 자리 수**와 같습니다.

$0.3 \times 0.7 = 0.21$ → (소수 **한** 자리 수)×(소수 **한** 자리 수)=(소수 **두** 자리 수)
$0.3 \times 0.07 = 0.021$ → (소수 **한** 자리 수)×(소수 **두** 자리 수)=(소수 **세** 자리 수)
$0.03 \times 0.07 = 0.0021$ → (소수 **두** 자리 수)×(소수 **두** 자리 수)=(소수 **네** 자리 수)

예제
1 곱의 소수점 위치를 알아보려고 합니다. ☐ 안에 알맞은 수를 써넣고, 알맞은 말에 ◯표 하시오.

(1)
$2.85 \times 1 = 2.85$
$2.85 \times 10 = $ ☐
$2.85 \times 100 = $ ☐
$2.85 \times 1000 = $ ☐

곱하는 수가 10배 될 때마다
곱의 소수점 위치가 (왼쪽 , 오른쪽)으로
한 자리씩 옮겨집니다.

(2)
$390 \times 1 = 390$
$390 \times 0.1 = $ ☐
$390 \times 0.01 = $ ☐
$390 \times 0.001 = $ ☐

곱하는 수가 $\frac{1}{10}$배 될 때마다
곱의 소수점 위치가 (왼쪽 , 오른쪽)으로
한 자리씩 옮겨집니다.

STEP 기본유형 익히기

복습책 53쪽 | 정답 26쪽

1 계산 결과에 맞게 소수점을 찍어야 할 곳을 찾아 기호를 써 보시오.

$$674 \times 0.01 = 6\ 7\ 4$$

ㄱ ㄴ ㄷ ㄹ

( )

2 계산 결과를 찾아 선으로 이어 보시오.

1.46×0.39 ·   · 56.94

14.6×3.9 ·   · 5.694

1.46×3.9 ·   · 0.5694

3 〈보기〉를 이용하여 ☐ 안에 알맞은 수를 써넣으시오.

〈보기〉
$$213 \times 16 = 3408$$

(1) $21.3 \times 1.6 = $ ☐   (2) $2.13 \times 0.16 = $ ☐

4 음료수 한 병의 무게는 0.795 kg입니다. 음료수 100병의 무게는 몇 kg입니까?

식 |

답 |

1
  0.2
× 0.6
___

2
  1.3
× 1.2
___

3
  1.8
× 1.6
___

4
  0.4
× 0.9
___

5
  0.6
× 0.7
___

6
  1.2
× 2.4
___

7
  2.7
× 1.5
___

8
  3.4
× 2.9
___

9
  0.5
× 0.3
___

10
  4.1
× 2.8
___

11
  0.0 3
× 0.8
___

12
  0.1 2
× 0.5
___

13
```
   0.3 5
×    0.9
```

14
```
   1.0 9
×    3.2
```

15
```
     0.7
× 0.1 4
```

16
```
   2.1 6
×    4.5
```

17
```
     0.8
× 0.2 3
```

18
```
     5.1
× 1.1 3
```

19
```
     2.2
× 2.0 7
```

20
```
     0.2
× 0.4 8
```

21
```
   0.1 3
× 0.1 7
```

22
```
   0.1 8
× 0.2 5
```

23
```
   3.0 4
× 1.2 6
```

24
```
   4.2 3
× 2.1 4
```

1 〈보기〉를 이용하여 ☐ 안에 알맞게 소수점을 찍어 보시오.

┌─〈보기〉─┐
$1.62 \times 7.8 = 12.636$
└────┘

(1) $1.62 \times 0.78 = 1\square2\square6\square3\square6$

(2) $16.2 \times 0.78 = 1\square2\square6\square3\square6$

2 계산해 보시오.

(1) 0.7×0.8

(2) 3.54×2.05

3 계산 결과가 같은 것끼리 선으로 이어 보시오.

| 3.7×2.6 • | • 3.7×0.26 |
| 0.37×2.6 • | • 37×0.26 |

4 어림하여 0.6×0.52의 계산 결과를 찾아 ○표 하시오.

| 3.12 | 0.312 | 0.0312 |

( ) ( ) ( )

5 어림하여 계산 결과가 4보다 작은 것을 찾아 기호를 써 보시오.

┌──────┐
㉠ 2.9×1.3
㉡ 2.3의 2.5배
㉢ 5.2의 0.8배
└──────┘

( )

6 계산 결과의 크기를 비교하여 ○ 안에 >, =, <를 알맞게 써넣으시오.

$0.6 \times 0.68 \bigcirc 0.93 \times 0.4$

개념 확인 **서술형**

7 다음 계산이 <u>잘못된</u> 이유를 써 보시오.

┌──────┐
$0.14 \times 0.9 = 1.26$
└──────┘

이유 |

_____

_____

교과 역량 문제 해결, 의사소통

8 계산 결과가 다른 사람을 찾아 이름을 써 보시오.

> • 연지: 10과 7.4의 곱이야.
> • 승환: 740의 0.001배야.
> • 혜주: 0.074의 10배야.

(   )

교과서 pick

9 〈보기〉를 이용하여 식을 완성해 보시오.

> 〈보기〉
> $197 \times 35 = 6895$

(1) $1.97 \times \boxed{} = 6.895$

(2) $\boxed{} \times 350 = 68.95$

10 어떤 밀가루 한 봉지의 무게는 0.5 kg이고, 한 봉지의 0.75배만큼이 탄수화물 성분입니다. 이 밀가루의 탄수화물 성분은 몇 kg입니까?

(   )

11 평행사변형의 넓이는 몇 cm²입니까?

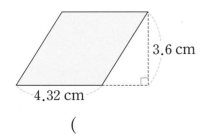

3.6 cm

4.32 cm

(   )

12 ☐ 안에 들어갈 수 있는 가장 작은 자연수는 얼마입니까?

> $6.4 \times 2.1 < \boxed{}$

(   )

13 태하가 계산기로 0.25×0.2를 계산하려고 두 수를 눌렀는데 수 하나의 소수점 위치를 잘못 눌러서 계산 결과가 0.5가 나왔습니다. 태하가 계산기에 누른 두 수를 써 보시오.

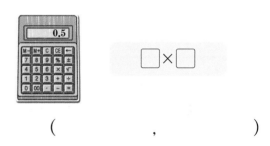

$\boxed{} \times \boxed{}$

(,   )

교과 역량 문제 해결

14 태우는 1시간에 4.2 km씩 일정한 빠르기로 걸었습니다. 태우가 같은 빠르기로 1시간 30분 동안 걸은 거리는 몇 km입니까?

(   )

STEP 3 응용유형 다잡기

교과서 **pick**

예제 1

수 카드 4장 중 2장을 한 번씩만 사용하여 소수 한 자리 수인 ☐.☐를 만들려고 합니다. 만들 수 있는 소수 한 자리 수 중에서 가장 큰 수와 가장 작은 수의 곱을 구해 보시오.

1 4 6 8

❶ 만들 수 있는 가장 큰 소수 한 자리 수

→ ☐

❷ 만들 수 있는 가장 작은 소수 한 자리 수

→ ☐

❸ 위 ❶, ❷에서 만든 두 소수의 곱

→ ☐

유제 1

수 카드 4장 중 2장을 한 번씩만 사용하여 소수 한 자리 수인 ☐.☐를 만들려고 합니다. 만들 수 있는 소수 한 자리 수 중에서 가장 큰 수와 가장 작은 수의 곱을 구해 보시오.

2 5 7 9

(   )

예제 2

가로가 5 m, 세로가 8 m인 직사각형이 있습니다. 이 직사각형의 가로를 1.7배, 세로를 1.3배 하여 새로운 직사각형을 만들려고 합니다. 새로운 직사각형의 넓이는 몇 m²인지 구해 보시오.

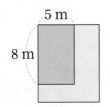

5 m
8 m

❶ 새로운 직사각형의 가로 → ☐ m

❷ 새로운 직사각형의 세로 → ☐ m

❸ 새로운 직사각형의 넓이 → ☐ m²

유제 2

가로가 7 m, 세로가 4 m인 직사각형이 있습니다. 이 직사각형의 가로를 2.4배, 세로를 0.95배 하여 새로운 직사각형을 만들려고 합니다. 새로운 직사각형의 넓이는 몇 m²인지 구해 보시오.

7 m
4 m

(   )

교과서 pick

예제 3 어떤 소수에 0.16을 곱해야 할 것을 잘못하여 더했더니 0.96이 되었습니다. 바르게 계산한 값은 얼마인지 구해 보시오.

❶ 어떤 소수를 ■라 할 때, 잘못 계산한 식

→ ■ + 0.16 = ☐

❷ 어떤 소수(■)   → ☐

❸ 바르게 계산한 값   → ☐

유제 3 어떤 소수에 0.5를 곱해야 할 것을 잘못하여 뺐더니 0.13이 되었습니다. 바르게 계산한 값은 얼마인지 구해 보시오.

( )

예제 4 수 카드 3장을 한 번씩만 사용하여 곱이 가장 큰 (두 자리 수)×(소수 한 자리 수)를 만들고, 계산해 보시오.

[1] [3] [6]

☐☐ × 0.☐

❶ 알맞은 말에 ◯표 하기

> 곱이 가장 크려면 곱하는 수인 소수 한 자리 수는 가장 (작아야 , 커야) 합니다.

❷ 곱이 가장 큰 곱셈식이 되도록 위 ☐ 안에 알맞은 수를 써넣기

❸ 위 ❷에서 구한 곱셈식의 곱 → ☐

유제 4 수 카드 3장을 한 번씩만 사용하여 곱이 가장 작은 (두 자리 수)×(소수 한 자리 수)를 만들고, 계산해 보시오.

[2] [4] [7]

☐☐ × 0.☐

( )

4. 소수의 곱셈 **111**

단원 마무리

1 □ 안에 알맞은 수를 써넣으시오.

$$0.9 \times 6 = \frac{\boxed{}}{10} \times 6 = \frac{\boxed{} \times 6}{10}$$

$$= \frac{\boxed{}}{10} = \boxed{}$$

2 □ 안에 알맞은 수를 써넣으시오.

$$24 \times 7 = \boxed{}$$

$$\Rightarrow 2.4 \times 7 = \boxed{}$$

3 계산해 보시오.

$$16 \times 0.8$$

4 빈칸에 알맞은 수를 써넣으시오.

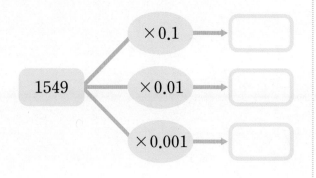

5 빈칸에 두 수의 곱을 써넣으시오.

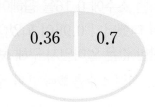

교과서에 꼭 나오는 문제

6 $27 \times 49 = 1323$입니다. 관계있는 것끼리 선으로 이어 보시오.

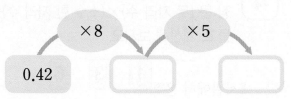

2.7×4.9 ·	· 132.3
	· 13.23
0.27×4.9 ·	· 1.323

7 빈칸에 알맞은 수를 써넣으시오.

0.42 →(×8)→ □ →(×5)→ □

8 어림하여 계산 결과가 2보다 큰 것을 찾아 기호를 써 보시오.

㉠ 4의 0.48배
㉡ 5의 0.5배
㉢ 2×0.95

(   )

9 계산 결과의 크기를 비교하여 ◯ 안에 >, =, <를 알맞게 써넣으시오.

$$4.8 \times 3.2 \bigcirc 1.6 \times 9.5$$

교과서에 꼭 나오는 문제

10 계산 결과가 작은 것부터 차례대로 기호를 써 보시오.

> ㉠ 48×1.7
> ㉡ 1.6×53
> ㉢ 55×1.5

(   )

11 도서관에서 은행까지의 거리는 4 km입니다. 도서관에서 병원까지의 거리는 도서관에서 은행까지의 거리의 1.3배일 때, 도서관에서 병원까지의 거리는 몇 km입니까?

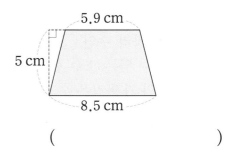

(   )

12 준성이의 몸무게는 30 kg입니다. 아버지의 몸무게가 준성이의 몸무게의 2.5배일 때, 아버지의 몸무게는 몇 kg입니까?

(   )

13 1 m의 무게가 0.56 kg인 철근이 있습니다. 이 철근 0.8 m의 무게는 몇 kg입니까?

(   )

잘 틀리는 문제

14 사다리꼴의 넓이는 몇 cm^2입니까?

5.9 cm
5 cm
8.5 cm

(   )

15 1분에 4.5 L의 물이 일정하게 나오는 수도가 있습니다. 이 수도로 2분 30초 동안 물을 받는다면 물을 모두 몇 L 받을 수 있습니까?

( )

잘 틀리는 문제

16 우유를 은지는 180 mL의 0.6배만큼 마셨고, 동욱이는 200 mL의 0.53배만큼 마셨습니다. 우유를 누가 몇 mL 더 많이 마셨습니까?

(,)

17 수 카드 4장 중 2장을 한 번씩만 사용하여 소수 한 자리 수인 ☐.☐를 만들려고 합니다. 만들 수 있는 소수 한 자리 수 중에서 가장 큰 수와 가장 작은 수의 곱을 구해 보시오.

| 1 | 2 | 4 | 7 |

( )

◀ 서술형 문제

18 2.53×3.1의 계산 결과를 어림하여 ☐ 안에 소수점을 찍고, 그 이유를 써 보시오.

2.53×3.1＝7☐8☐4☐3

이유 |

19 서희는 길이가 54.7 m인 철사의 0.3배만큼 사용하여 장난감을 만들었습니다. 서희가 사용하고 남은 철사는 몇 m인지 풀이 과정을 쓰고 답을 구해 보시오.

풀이 |

답 |

20 어떤 소수에 0.6을 곱해야 할 것을 잘못하여 더했더니 0.87이 되었습니다. 바르게 계산한 값은 얼마인지 풀이 과정을 쓰고 답을 구해 보시오.

풀이 |

답 |

길을 찾아라!

⤷ 영하는 인라인스케이트를 타고 민지네 집에 가려고 합니다.
인라인스케이트는 모퉁이가 둥근 곳에서만 돌 수 있다고 합니다.
영하가 민지네 집에 갈 수 있는 가장 가까운 길을 찾아보세요.

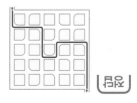

5

직육면체

이전에 배운 내용 > 이번에 배울 내용 > 이후에 배울 내용

3-1 평면도형
• 직사각형
• 정사각형

4-2 사각형
• 수직
• 평행

① 직육면체
② 정육면체
③ 직육면체의 성질
④ 직육면체의 겨냥도
⑤ 직육면체의 전개도
⑥ 직육면체의 전개도 그리기

6-1 각기둥과 각뿔
• 각기둥
• 각뿔

6-1 직육면체의 부피와 겉넓이
• 직육면체의 부피
• 직육면체의 겉넓이

준비 학습

1 직사각형을 모두 찾아 써 보시오.

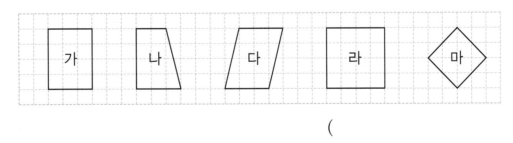

(   )

2 그림을 보고 물음에 답하시오.

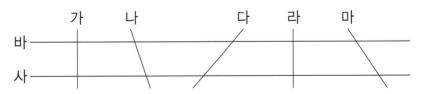

(1) 직선 바와 수직인 직선을 모두 찾아 써 보시오. (   )

(2) 서로 평행한 직선을 모두 찾아 써 보시오. (   )

개념

1 직육면체

|도형 길잡이|

↻ **직육면체** → 直六面體(곧을 직, 여섯 육, 낯 면, 몸 체)

직사각형 6개로 둘러싸인 도형 → 직육면체

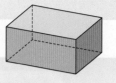

↻ **직육면체의 구성 요소**

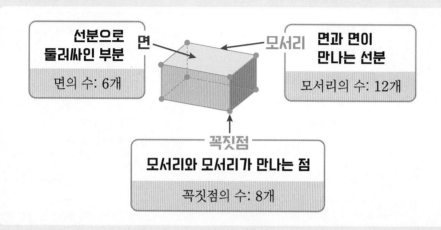

직육면체의 면을 읽는 방법

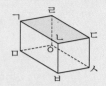

직육면체의 면은 한 꼭짓점에서 부터 한 방향으로 읽습니다.
⇨ 면 ㄱㄴㄷㄹ, 면 ㄱㄹㄷㄴ,
   면 ㄴㄷㄹㄱ……

예제 1

도형을 보고 물음에 답하시오.

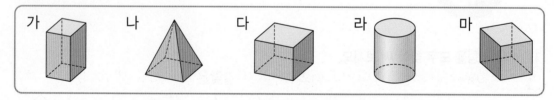

가 나 다 라 마

(1) 직사각형 6개로 둘러싸인 도형과 그렇지 않은 도형으로 분류해 보시오.

직사각형 6개로 둘러싸인 도형	그렇지 않은 도형

(2) 위 (1)에서 직사각형 6개로 둘러싸인 도형을 무엇이라고 합니까?

( )

예제 2

직육면체를 보고 ☐ 안에 각 부분의 이름을 써넣으시오.

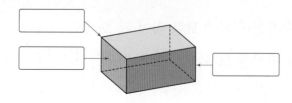

1 직육면체를 모두 찾아 써 보시오.

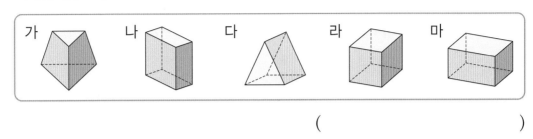

가　　　나　　　다　　　라　　　마

(　　　　　　　　　　　　)

5 단원

2 직육면체를 보고 빈칸에 알맞은 수를 써넣으시오.

면의 수(개)	
모서리의 수(개)	
꼭짓점의 수(개)	

3 직육면체의 한 면을 본떴을 때의 도형으로 알맞은 것은 어느 것입니까? (　　　)

①　②　③　④　⑤

4 직육면체에 대한 설명입니다. 옳은 것에 ○표, 틀린 것에 ×표 하시오.

(1) 직사각형 6개로 둘러싸여 있습니다. ⋯⋯⋯⋯⋯⋯⋯⋯ (　　　)

(2) 모서리의 길이가 모두 같습니다. ⋯⋯⋯⋯⋯⋯⋯⋯⋯ (　　　)

(3) 모서리와 모서리가 만나는 점은 꼭짓점입니다. ⋯⋯⋯⋯ (　　　)

(4) 면의 크기가 모두 같습니다. ⋯⋯⋯⋯⋯⋯⋯⋯⋯⋯ (　　　)

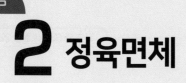

2 정육면체

🔵 **정육면체** ──• 正六面體(바를 정, 여섯 육, 낯 면, 몸 체)

> **정사각형 6개로 둘러싸인 도형 → 정육면체**

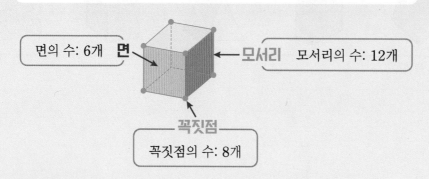

면의 수: 6개 **면**

모서리 모서리의 수: 12개

꼭짓점

꼭짓점의 수: 8개

🔵 **직육면체와 정육면체의 비교**

같은 점	다른 점		
직육면체와 정육면체는 면, 모서리, 꼭짓점의 수가 각각 서로 같습니다.		면의 모양	모서리의 길이
	직육면체	직사각형	다를 수 있습니다. ┌• 길이가 같은 모서리가 4개씩 3쌍 있습니다.
	정육면체	정사각형	모두 같습니다.

참고 **직육면체와 정육면체의 관계**
- 정육면체는 직육면체라고 할 수 있습니다. ──• 정사각형은 직사각형이라고 할 수 있기 때문입니다.
- 직육면체는 정육면체라고 할 수 없습니다. ──• 직사각형은 정사각형이라고 할 수 없기 때문입니다.

예제 **1**

도형을 보고 물음에 답하시오.

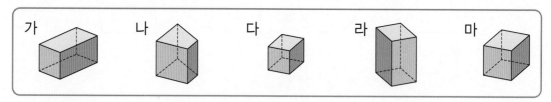

가　　나　　다　　라　　마

(1) 정사각형 6개로 둘러싸인 도형과 그렇지 않은 도형으로 분류해 보시오.

정사각형 6개로 둘러싸인 도형	그렇지 않은 도형

(2) 위 (1)에서 정사각형 6개로 둘러싸인 도형을 무엇이라고 합니까?

(　　　　　　　　　　　)

STEP 기본유형 익히기

복습책 62쪽 | 정답 29쪽

1 정육면체를 모두 찾아 써 보시오.

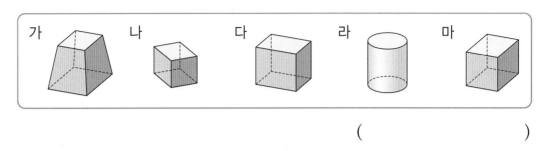

가   나   다   라   마

(   )

2 정육면체를 보고 빈칸에 알맞은 수를 써넣으시오.

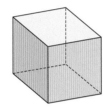

면의 수(개)	
모서리의 수(개)	
꼭짓점의 수(개)	

3 정육면체를 보고 ☐ 안에 알맞은 수를 써넣으시오.

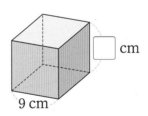

☐ cm

9 cm

4 직육면체와 정육면체에 대한 설명입니다. 옳은 것에 ○표, 틀린 것에 ✕표 하시오.

(1) 직육면체의 면의 모양은 직사각형이고, 정육면체의 면의 모양은 정사각형입니다. ……………………………………………………………… (   )

(2) 직육면체와 정육면체의 면, 모서리, 꼭짓점의 수는 각각 같습니다.
……………………………………………………………… (   )

(3) 정육면체는 직육면체라고 할 수 없습니다. ……………… (   )

3 직육면체의 성질

● **직육면체의 밑면**

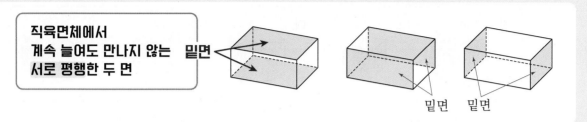

> 직육면체에서
> 계속 늘여도 만나지 않는 **밑면**
> 서로 평행한 두 면

밑면 밑면

⇨ 직육면체에는 평행한 면이 모두 3쌍 있고, 이 평행한 면은 각각 밑면이 될 수 있습니다.

● **직육면체의 옆면**

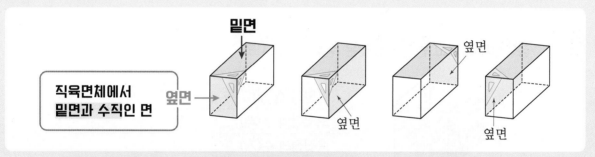

밑면

> 직육면체에서
> **밑면과 수직인 면** 옆면

옆면

옆면

옆면

⇨ 직육면체에서 한 면과 수직인 면은 모두 4개입니다.

예제

1 직육면체에서 색칠한 면과 평행한 면을 찾아 색칠해 보시오.

(1)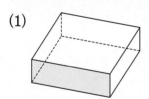

(2)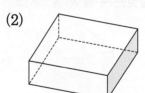

(3)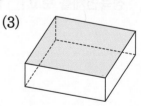

예제

2 (보기)의 직육면체에서 색칠한 면과 수직인 면을 <u>잘못</u> 색칠한 것을 찾아 ○표 하시오.

(보기)

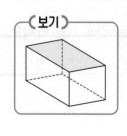

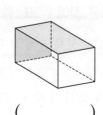

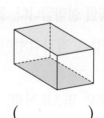

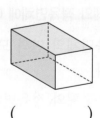

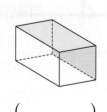

(   ) (   ) (   ) (   )

STEP 기본유형 익히기

1 직육면체에서 색칠한 면과 평행한 면을 찾아 써 보시오.

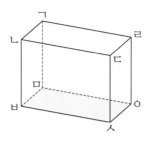

(   )

2 직육면체에서 서로 평행한 면은 모두 몇 쌍입니까?

(   )

3 직육면체에서 면 ㄱㄴㄷㄹ과 면 ㄷㅅㅇㄹ이 만나 이루는 각의 크기는 몇 도입니까?

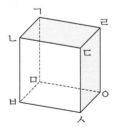

(   )

4 직육면체에서 색칠한 면과 수직인 면을 모두 찾아 써 보시오.

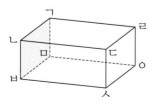

(   )

5. 직육면체 **123**

교과서 **pick** 교과서에 자주 나오는 문제
교과 역량 생각하는 힘을 키우는 문제

(1~2) 도형을 보고 물음에 답하시오.

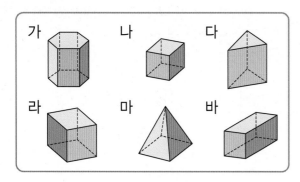

1 직육면체가 <u>아닌</u> 것을 모두 찾아 써 보시오.

( )

2 정육면체를 모두 찾아 써 보시오.

( )

3 직육면체에서 색칠한 면을 본뜬 모양으로 알맞은 것은 어느 것입니까? ( )

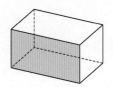

① 원 ② 마름모
③ 정삼각형 ④ 직사각형
⑤ 오각형

4 직육면체에서 면 ㅁㅂㅅㅇ과 수직인 면은 모두 몇 개입니까?

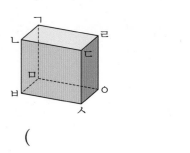

( )

5 직육면체의 성질에 대해 <u>잘못</u> 설명한 사람을 찾아 이름을 써 보시오.

- 영아: 면의 모양은 직사각형이야.
- 세호: 서로 평행한 면은 모두 3쌍이야.
- 지수: 한 면과 수직인 면은 모두 6개야.

( )

교과 역량 창의·융합, 의사소통 개념 확인 **서술형**
6 민규는 상자 모양의 물건을 관찰하여 다음과 같이 그림을 그렸습니다. 민규가 그린 그림이 정육면체인지 아닌지 쓰고, 그 이유를 써 보시오.

답 |

7 직육면체에서 색칠한 두 면에 동시에 수직인 면을 모두 찾아 써 보시오.

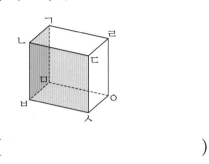

( )

8 바르게 말한 사람은 누구입니까?

정육면체는 직육면체라고 할 수 있어.

직육면체는 정육면체라고 할 수 있어.

용화   민서

( )

9 직육면체의 면, 모서리, 꼭짓점의 수의 합은 모두 몇 개입니까?

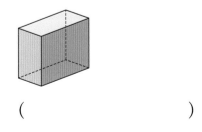

( )

교과 역량 문제 해결, 추론

10 한 모서리의 길이가 5 cm인 정육면체 모양의 주사위가 있습니다. 이 주사위의 모든 모서리의 길이의 합은 몇 cm입니까?

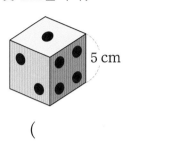

5 cm

( )

11 오른쪽 직육면체에서 두 면 사이의 관계가 다른 것을 찾아 기호를 써 보시오.

ㄱ 면 ㄱㄴㄷㄹ과 면 ㄷㅅㅇㄹ
ㄴ 면 ㄴㅂㅁㄱ과 면 ㄴㅂㅅㄷ
ㄷ 면 ㄴㅂㅅㄷ과 면 ㄱㅁㅇㄹ
ㄹ 면 ㅁㅂㅅㅇ과 면 ㄴㅂㅁㄱ

( )

교과서 pick

12 직육면체에서 면 ㄱㅁㅇㄹ과 평행한 면의 모든 모서리의 길이의 합은 몇 cm입니까?

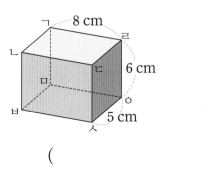

8 cm

6 cm

5 cm

( )

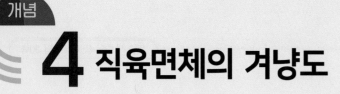

4 직육면체의 겨냥도

🔵 **직육면체의 겨냥도**

직육면체 모양을 잘 알 수 있도록 나타낸 그림 → 직육면체의 겨냥도

겨냥도에서 보이는 모서리는 실선으로, 보이지 않는 모서리는 점선으로 그립니다.

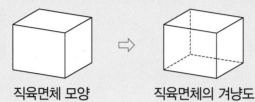

직육면체 모양   직육면체의 겨냥도

🔵 **직육면체의 겨냥도에서 구성 요소의 수**

보이는 부분			보이지 않는 부분		
면의 수(개)	모서리의 수(개)	꼭짓점의 수(개)	면의 수(개)	모서리의 수(개)	꼭짓점의 수(개)
3	9	7	3	3	1

예제 1

직육면체의 모양을 잘 알 수 있도록 그리는 방법을 알아보려고 합니다. 물음에 답하시오.

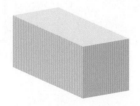

(1) 위의 직육면체에 보이는 모서리는 실선으로, 보이지 않는 모서리는 점선으로 그려 보시오.

(2) 위와 같이 그린 그림을 직육면체의 [   ](이)라고 합니다.

예제 2

직육면체의 겨냥도를 보고 빈칸에 알맞은 수를 써넣으시오.

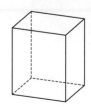

면의 수(개)		모서리의 수(개)		꼭짓점의 수(개)	
보이는 부분	보이지 않는 부분	보이는 부분	보이지 않는 부분	보이는 부분	보이지 않는 부분

1 직육면체의 겨냥도를 바르게 그린 것을 찾아 기호를 써 보시오.

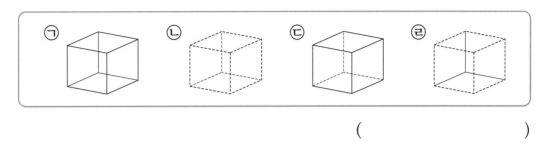

( )

2 직육면체의 겨냥도에서 <u>잘못</u> 그린 모서리를 모두 찾아 써 보시오.

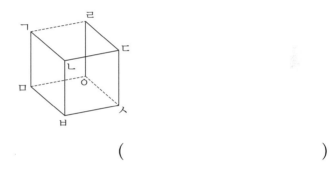

( )

3 빠진 부분을 그려 넣어 직육면체의 겨냥도를 완성해 보시오.

(1)

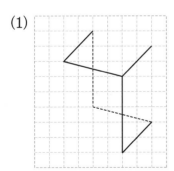

(2)

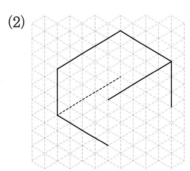

4 직육면체의 겨냥도를 보고 ☐ 안에 알맞은 수를 써넣으시오.

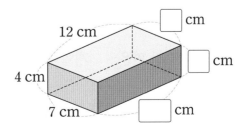

☐ cm

☐ cm

☐ cm

12 cm
4 cm
7 cm

5 직육면체의 전개도

직육면체의 전개도 → 展開圖(펼 전, 열 개, 그림 도)

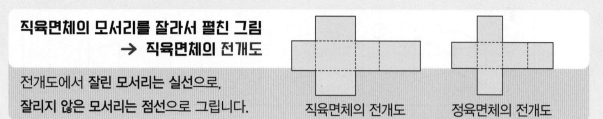

**직육면체의 모서리를 잘라서 펼친 그림
→ 직육면체의 전개도**

전개도에서 잘린 모서리는 실선으로,
잘리지 않은 모서리는 점선으로 그립니다.

직육면체의 전개도   정육면체의 전개도

직육면체의 전개도 알아보기

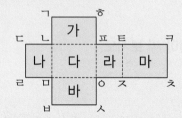

전개도를 접었을 때
• 점 ㄱ과 만나는 점: 점 ㄷ, 점 ㅋ
• 선분 ㄹㅁ과 맞닿는 선분: 선분 ㅂㅁ
• 면 가와 평행한 면: 면 바
   └→ 모양과 크기가 같고, 전개도를 접었을 때
      겹치는 모서리와 꼭짓점이 없습니다.

정육면체의 전개도 알아보기

전개도를 접었을 때
• 점 ㅈ과 만나는 점: 점 ㅅ
• 선분 ㄷㄹ과 맞닿는 선분: 선분 ㅋㅊ
• 면 나와 평행한 면: 면 라

예제 1

직육면체의 전개도를 보고 ☐ 안에 알맞은 수나 말을 써넣으시오.

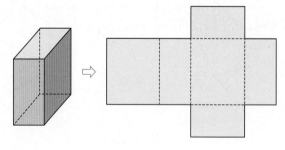

(1) 직육면체의 전개도에서 잘린 모서리는 ☐(으)로 그립니다.

(2) 직육면체의 전개도에서 잘리지 않은 모서리는 ☐(으)로 그립니다.

(3) 직육면체의 전개도에 그려진 면은 ☐개입니다.

(4) 직육면체의 전개도에서 모양과 크기가 같은 면은 ☐쌍입니다.

STEP 기본유형 익히기

1 정육면체의 전개도에 ◯표 하시오. 활동지

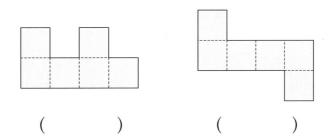

(   )   (   )

2 전개도를 보고 물음에 답하시오.

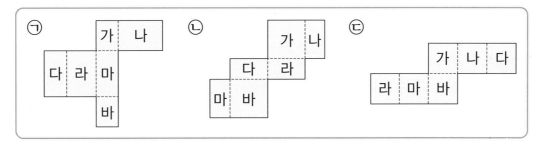

(1) 전개도를 접었을 때 면 나와 면 다가 서로 평행한 전개도를 찾아 기호를 써 보시오.

(   )

(2) 전개도를 접었을 때 면 가와 면 바가 서로 수직인 전개도를 찾아 기호를 써 보시오.

(   )

3 전개도를 접어서 직육면체를 만들었을 때 물음에 답하시오.

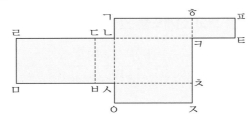

(1) 점 ㄱ과 만나는 점을 찾아 써 보시오.

(   )

(2) 선분 ㄹㅁ과 맞닿는 선분을 찾아 써 보시오.

(   )

6 직육면체의 전개도 그리기

⟳ 직육면체의 전개도 그리기

- 전개도에서 잘린 모서리는 실선으로, 잘리지 않은 모서리는 점선으로 그립니다.
- 접었을 때, 맞닿는 모서리의 길이가 같고, 마주 보는 3쌍의 면끼리 모양과 크기가 같게 그립니다.
- 접었을 때, 겹치는 면이 없게 그립니다.

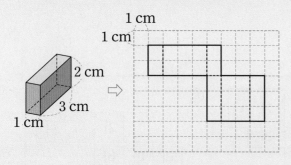

⟳ 정육면체의 전개도 그리기

- 전개도에서 잘린 모서리는 실선으로, 잘리지 않은 모서리는 점선으로 그립니다.
- 정사각형 모양의 면 6개를 서로 겹치는 면이 없게 그립니다.
- 모든 모서리의 길이를 같게 그립니다.

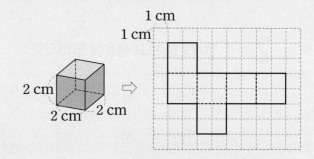

예제 1

직육면체의 겨냥도를 보고 전개도를 완성해 보시오.

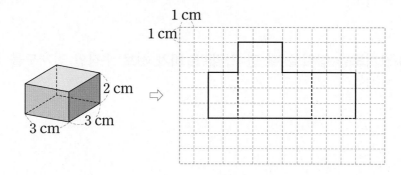

예제 2

정육면체의 겨냥도를 보고 전개도를 완성해 보시오.

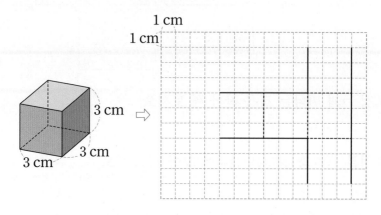

1 직육면체의 겨냥도를 보고 전개도를 그려 보시오.

(1)

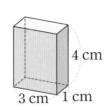

4 cm
3 cm 1 cm

⇩

1 cm
1 cm

(2)

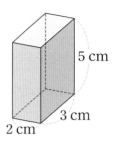

5 cm
3 cm
2 cm

⇩

1 cm
1 cm

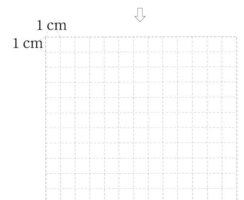

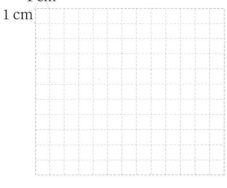

2 정육면체의 겨냥도를 보고 전개도를 그려 보시오.

1 cm
1 cm

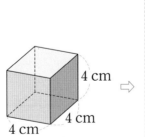

4 cm
4 cm
4 cm

⇨

교과서 pick 교과서에 자주 나오는 문제
교과 역량 생각하는 힘을 키우는 문제

1 빠진 부분을 그려 넣어 직육면체의 겨냥도를 완성해 보시오.

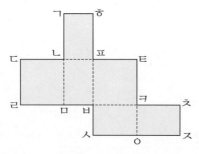

(2~3) 전개도를 접어서 직육면체를 만들었을 때 물음에 답하시오.

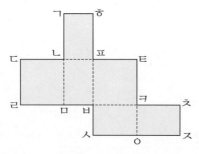

2 점 ㅌ과 만나는 점을 모두 찾아 써 보시오.

( )

3 주어진 선분과 맞닿는 선분을 찾아 빈칸에 써넣으시오.

선분 ㄱㅎ	선분 ㄹㅁ

교과서 pick

4 직육면체의 전개도를 보고 ☐ 안에 알맞은 수를 써넣으시오.

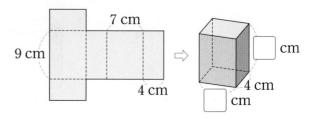

교과 역량 추론, 정보 처리

5 전개도를 접어서 만들 수 있는 직육면체의 기호를 써 보시오.

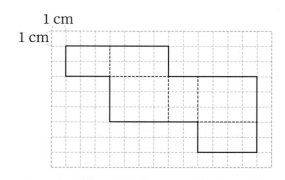

( )

6 직육면체의 겨냥도를 보고 ㉠과 ㉡의 합을 구해 보시오.

보이지 않는 면은 ㉠개이고,
보이는 꼭짓점은 ㉡개입니다.

( )

7 직육면체에서 보이지 않는 모서리의 길이의 합은 몇 cm입니까?

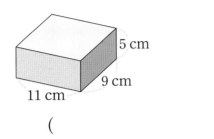

(   )

8 정육면체의 모서리를 잘라서 정육면체의 전개도를 만들었습니다. ☐ 안에 알맞은 기호를 써넣으시오.

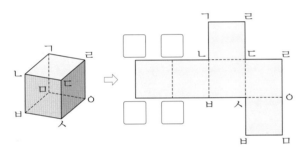

교과 역량 문제 해결, 정보 처리　개념 확인 서술형

9 그림은 잘못 그려진 정육면체의 전개도입니다. 잘못된 이유를 쓰고, 면 1개를 옮겨 올바른 전개도를 그려 보시오.

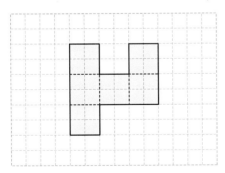

이유 |

_____

_____

_____

10 직육면체의 전개도를 두 가지 방법으로 그려 보시오.

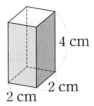

1 cm
1 cm

11 정육면체의 전개도에서 색칠한 부분의 넓이는 몇 cm²입니까?

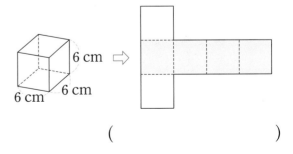

(   )

STEP 3 응용유형 다잡기

교과서 pick

예제 1

주사위의 마주 보는 면에 있는 눈의 수의 합은 7입니다. 주사위 전개도의 빈칸에 주사위의 눈을 알맞게 그려 넣으시오.

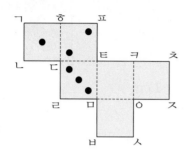

❶ 주사위의 각 면과 마주 보는 면 써넣기

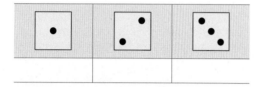

❷ 주사위의 눈 알맞게 그려 넣기

유제 1

주사위의 마주 보는 면에 있는 눈의 수의 합은 7입니다. 주사위 전개도의 빈칸에 주사위의 눈을 알맞게 그려 넣으시오.

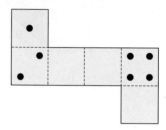

예제 2

정육면체에서 보이지 않는 모서리의 길이의 합이 24 cm일 때, 정육면체의 모든 모서리의 길이의 합은 몇 cm인지 구해 보시오.

❶ 정육면체의 한 모서리의 길이

→ ☐ cm

❷ 정육면체의 모든 모서리의 길이의 합

→ ☐ cm

유제 2

정육면체에서 보이지 않는 모서리의 길이의 합이 30 cm일 때, 정육면체의 모든 모서리의 길이의 합은 몇 cm인지 구해 보시오.

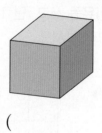

(   )

예제 **3** 오른쪽과 같이 직육면체의 면에 선을 그었습니다. 직육면체의 전개도가 다음과 같을 때 선이 지나가는 자리를 바르게 그려 넣으시오.

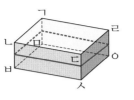

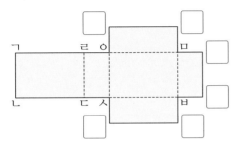

❶ ☐ 안에 알맞은 기호 써넣기

❷ 선이 지나가는 자리 바르게 그려 넣기

유제 **3** 오른쪽과 같이 직육면체의 면에 선을 그었습니다. 직육면체의 전개도가 다음과 같을 때 선이 지나가는 자리를 바르게 그려 넣으시오.

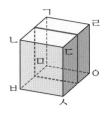

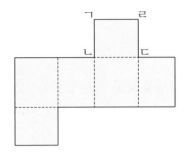

교과서 pick

예제 **4** 그림과 같이 직육면체 모양의 상자를 끈으로 둘러 묶었습니다. 매듭으로 사용한 끈이 25 cm라면 사용한 끈의 길이는 모두 몇 cm인지 구해 보시오.

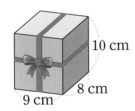

10 cm

8 cm

9 cm

❶ 모서리의 길이가 다음과 같은 부분을 끈으로 둘러 묶은 횟수

9 cm	8 cm	10 cm

❷ 사용한 끈의 전체 길이 → ☐ cm

유제 **4** 그림과 같이 직육면체 모양의 상자를 끈으로 둘러 묶었습니다. 매듭으로 사용한 끈이 30 cm라면 사용한 끈의 길이는 모두 몇 cm인지 구해 보시오.

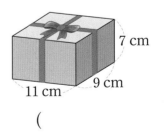

7 cm

9 cm

11 cm

(   )

1 직육면체를 보고 □ 안에 각 부분의 이름을 써넣으시오.

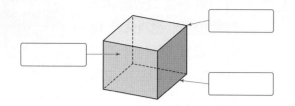

(2~3) 도형을 보고 물음에 답하시오.

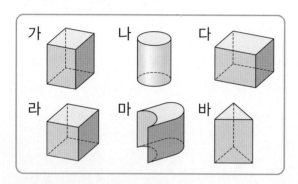

가 나 다

라 마 바

2 직육면체를 모두 찾아 써 보시오.

( )

교과서에 꼭 나오는 문제

3 정육면체를 찾아 써 보시오.

( )

4 빈칸에 알맞은 수를 써넣으시오.

	직육면체	정육면체
면의 수(개)		
모서리의 수(개)		
꼭짓점의 수(개)		

5 직육면체의 겨냥도에서 잘못된 부분을 모두 찾아 바르게 그려 보시오.

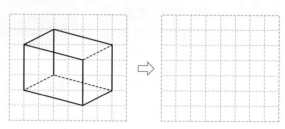

(6~7) 직육면체를 보고 물음에 답하시오.

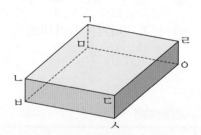

6 면 ㄷㅅㅇㄹ과 평행한 면을 찾아 써 보시오.

( )

7 면 ㄷㅅㅇㄹ과 수직인 면을 모두 찾아 써 보시오.

( )

(8~9) 전개도를 접어서 정육면체를 만들었을 때 물음에 답하시오.

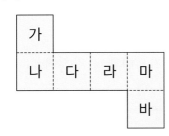

8 면 나와 평행한 면을 찾아 써 보시오.

( )

9 면 가와 면 마에 동시에 수직인 면을 모두 찾아 써 보시오.

( )

(10~11) 전개도를 접어서 직육면체를 만들었을 때 물음에 답하시오.

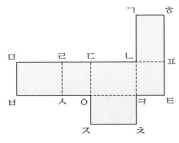

10 점 ㅅ과 만나는 점을 찾아 써 보시오.

( )

11 선분 ㅁㅂ과 맞닿는 선분을 찾아 써 보시오.

( )

12 그림은 잘못 그려진 직육면체의 전개도입니다. 면 1개를 옮겨 올바른 전개도를 그려 보시오.

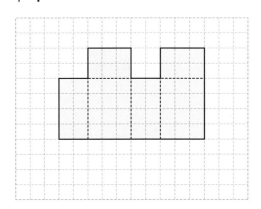

13 다음은 오른쪽 직육면체의 전개도를 그린 것입니다. ☐ 안에 알맞은 수를 써넣으시오.

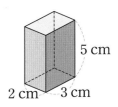

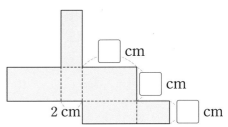

교과서에 꼭 나오는 문제

14 오른쪽 직육면체의 겨냥도를 보고 전개도를 그려 보시오.

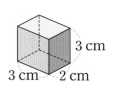

1 cm
1 cm

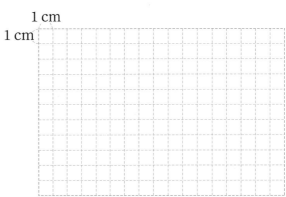

잘 틀리는 문제

15 직육면체에서 면 ㅁㅂㅅㅇ과 평행한 면의 모든 모서리의 길이의 합은 몇 cm입니까?

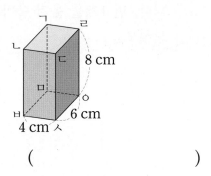

(   )

16 정육면체에서 모든 모서리의 길이의 합이 84 cm입니다. 한 모서리의 길이는 몇 cm 입니까?

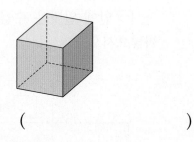

(   )

잘 틀리는 문제

17 주사위의 마주 보는 면에 있는 눈의 수의 합은 7입니다. 주사위 전개도의 빈칸에 주사위의 눈을 알맞게 그려 넣으시오.

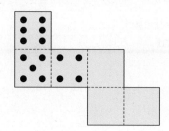

◀ 서술형 **문제**

18 직육면체와 정육면체의 관계를 잘못 설명한 것의 기호를 쓰고, 그 이유를 써 보시오.

> ㉠ 정육면체는 직육면체라고 할 수 있습니다.
>
> ㉡ 직육면체는 정육면체라고 할 수 있습니다.

답 | _____

19 직육면체에서 보이지 않는 모서리의 길이의 합은 몇 cm인지 풀이 과정을 쓰고 답을 구해 보시오.

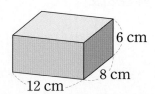

풀이 |

답 | _____

20 직육면체 모양의 상자에 색 테이프를 겹치지 않게 한 바퀴 둘러 붙였습니다. 붙인 색 테이프의 길이는 모두 몇 cm인지 풀이 과정을 쓰고 답을 구해 보시오.

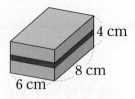

풀이 |

답 | _____

퍼즐 속 단어를 맞혀라!

⟳ 가로 힌트와 세로 힌트를 보고 퍼즐 속 단어를 맞혀 보세요.

➡ 가로 힌트

1 사는 곳을 다른 데로 옮김

3 길이나 자리, 물건 따위를 사양하여 남에게 미루어 줌

6 겨우내 먹기 위하여 김치를 한꺼번에 많이 담그는 일

8 승려를 높여 이르는 말

⟳ 세로 힌트

2 4개의 선분으로 둘러싸인 평면도형

4 우리나라 고유의 글자

5 운동 경기, 놀이를 할 수 있도록 여러 가지 기구나 설비를 갖춘 넓은 마당

7 부모를 높여 이르는 말

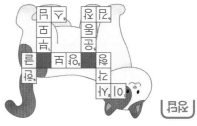

6

평균과
가능성

| 이전에 배운 내용 | > | 이번에 **배울** 내용 | > | 이후에 배울 내용 |

3-2 자료의 정리
그림그래프

4-1 막대그래프
막대그래프

4-2 꺾은선그래프
꺾은선그래프

1 평균
2 평균 구하기
3 평균을 이용하여 문제 해결하기
4 일이 일어날 가능성을 말로 표현하기
5 일이 일어날 가능성을 비교하기
6 일이 일어날 가능성을 수로 표현하기

6-1 비와 비율
비, 비율

6-1 여러 가지 그래프
띠그래프, 원그래프

준비 학습

(1~2) 지우네 반 학생들이 좋아하는 색깔을 조사하여 나타낸 막대그래프입니다. 물음에 답하시오.

좋아하는 색깔별 학생 수

1 가장 많은 학생이 좋아하는 색깔은 무엇입니까?

( )

2 가장 적은 학생이 좋아하는 색깔은 무엇입니까?

( )

각 자료의 값을 고르게 하여 나타낼 때, 그 자료를 대표하는 값 → 평균

┗ 크기 차이가 나지 않고 같게 만듭니다.　　　　　┗ 平均(평평할 평, 고를 균)

예 사과 수를 고르게 하여 접시에 놓인 사과 수의 평균 구하기

접시에 놓인 사과 수

접시	가	나	다	라
사과 수(개)	4	5	4	3

나 접시에 놓인 사과에서 라 접시로 1개를 옮기면 사과가 모두 4개로 고르게 됩니다.

⇨ 접시에 놓인 사과 수의 평균: 4개

예제 1

상자 5개에 각각 클립이 들어 있습니다. 한 상자당 들어 있는 클립의 수를 대표하는 값을 어떻게 정하면 좋을지 알맞은 말에 ○표 하시오.

한 상자당 들어 있는 클립의 수는
각 상자에 들어 있는 클립의 수를 대표할 수 있는 수이므로
(가장 큰 수 , 가장 작은 수 , 고르게 한 수)로 정할 수 있습니다.

예제 2

학생들이 가지고 있는 구슬 수를 나타낸 표입니다. 구슬 수를 고르게 하여 학생들이 가지고 있는 구슬 수의 평균을 알아보시오.

학생들이 가지고 있는 구슬 수

이름	은수	민서	지훈	현우
구슬 수(개)	9	8	10	9

(1) 지훈이가 가지고 있는 구슬에서 민서에게 1개를 옮기면 구슬이 모두 ☐개로 고르게 됩니다.

(2) 학생들이 가지고 있는 구슬 수의 평균은 ☐개입니다.

STEP 기본유형 익히기

1 현호네 학교 5학년 반별 학생 수를 나타낸 표입니다. 물음에 답하시오.

반별 학생 수

반	1반	2반	3반	4반	5반
학생 수(명)	24	23	21	24	23

(1) 한 반당 학생 수를 대표하는 값을 정하는 올바른 방법에 ○표 하시오.

방법	○표
각 반의 학생 수 24, 23, 21, 24, 23 중 가장 큰 수인 24로 정합니다.	
각 반의 학생 수 24, 23, 21, 24, 23 중 가장 작은 수인 21로 정합니다.	
각 반의 학생 수 24, 23, 21, 24, 23을 고르게 하면 23, 23, 23, 23, 23이 되므로 23으로 정합니다.	

(2) 현호네 학교 5학년 반별 학생 수의 평균은 몇 명입니까?

( )

2 윤아가 피아노 연습을 한 횟수를 나타낸 표입니다. 연습 횟수를 요일별로 고르게 하여 구한 수를 가장 적절하게 말한 친구는 누구입니까?

피아노 연습을 한 횟수

요일	월	화	수	목	금
연습 횟수(회)	14	16	17	13	15

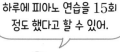

매일 피아노 연습을 16회 했다고 할 수 있어.

피아노 연습을 한 횟수를 고르게 하여 구하면 13회야.

하루에 피아노 연습을 15회 정도 했다고 할 수 있어.

시우   다현   지효

( )

2 평균 구하기

$$(평균) = (자료의 값을 모두 더한 수) \div (자료의 수)$$

평균을 구하는 방법 이해하기

방법1 자료의 값이 고르게 되도록 모형 옮기기

⇨ 평균: 4개

방법2 자료의 값을 모두 더해 자료의 수로 나누기

└─ 색깔의 종류: 4

⇨ 평균: 4개

예 고리 던지기 기록의 평균 구하기

고리 던지기 기록

이름	혜정	수호	민아	준수
걸린 고리 수(개)	5	4	3	4

방법1 평균을 예상하고 자료의 값을 고르게 하여 구하기

❶ 고리 던지기 기록의 평균을 4개로 예상합니다.

❷ 고리 수를 옮기고 짝 지어 자료의 값을 고르게 합니다.

(4, 4), (5, 3)

5−1=4   3+1=4

⇨ 고리 던지기 기록의 평균: 4개

방법2 자료의 값을 모두 더해 자료의 수로 나누어 구하기

(고리 던지기 기록의 평균)=(5+4+3+4)÷4=16÷4=4(개)

예제

1 재호의 과녁 맞히기 점수를 나타낸 표입니다. 과녁 맞히기 점수의 평균을 두 가지 방법으로 알아보시오.

과녁 맞히기 점수

회	1회	2회	3회	4회	5회
점수(점)	3	1	5	2	4

방법1 평균을 예상하고 자료의 값을 고르게 하여 구하기

• 과녁 맞히기 점수의 평균을 예상하면 ☐점입니다.

• 과녁 맞히기 점수만큼 ○를 그려 나타낸 것입니다. ○의 수가 고르게 되도록 ○를 옮기고 평균을 구해 보시오.

		○		
		○		○
○		○		○
○		○	○	○
○	○	○	○	○
1회	2회	3회	4회	5회

⇨ 과녁 맞히기 점수의 평균은 ☐점입니다.

방법2 자료의 값을 모두 더해 자료의 수로 나누어 구하기

(과녁 맞히기 점수의 평균)=(3+1+5+☐+☐)÷5

=☐÷5=☐(점)

1 지난주 월요일부터 금요일까지 최저 기온을 나타낸 표입니다. 지난주 요일별 최저 기온의 평균을 두 가지 방법으로 구해 보시오.

요일별 최저 기온

요일	월	화	수	목	금
기온(℃)	7	3	6	5	4

(1) 왼쪽 그래프는 지난주 요일별 최저 기온을 막대그래프로 나타낸 것입니다. 막대를 옮겨 높이를 고르게 하고 평균을 구해 보시오.

⇨ 지난주 요일별 최저 기온의 평균은 □ ℃입니다.

(2) 자료의 값을 모두 더해 자료의 수로 나누어 평균을 구해 보시오.

$$(7+3+□+5+□)÷5=□÷5=□(℃)$$

2 유미네 모둠의 멀리 던지기 기록을 나타낸 표입니다. 유미네 모둠의 멀리 던지기 기록의 평균을 두 가지 방법으로 구해 보시오.

멀리 던지기 기록

이름	유미	진수	세희	호준
기록(m)	34	33	31	34

(1) 평균을 예상하고 자료의 값을 고르게 하여 평균을 구해 보시오.

평균을 33 m로 예상한 후 33, (34, 31, □)로 수를 옮기고 짝 지어 자료의 값을 고르게 하여 구한 멀리 던지기 기록의 평균은 □ m입니다.

(2) 자료의 값을 모두 더해 자료의 수로 나누어 평균을 구해 보시오.

$$(□+□+□+□)÷4=□÷4=□(m)$$

3 평균을 이용하여 문제 해결하기

◑ 평균 비교하기

예 1인당 가지고 있는 구슬이 더 많은 모둠 찾기

모둠 학생 수와 구슬 수

모둠	가	나
모둠 학생 수(명)	4	6
구슬 수(개)	20	24

- (가 모둠의 구슬 수의 평균)=20÷4=5(개)
- (나 모둠의 구슬 수의 평균)=24÷6=4(개)

➪ 1인당 가지고 있는 구슬이 더 많은 모둠은 가 모둠입니다.

◑ 평균을 이용하여 자료의 값 구하기

예 주아네 모둠이 읽은 책 수의 평균이 5권일 때, 민기가 읽은 책 수 구하기

읽은 책 수

이름	주아	세형	민기	연호
읽은 책 수(권)	3	6		5

(읽은 책 수의 합)=5×4=20(권)
평균 ●┘ └● 자료의 수

➪ (민기가 읽은 책 수)
=20-(3+6+5)=6(권)

예제 1

가, 나, 다 세 제과점 중에서 하루에 사용한 달걀 수의 평균이 가장 많은 제과점을 알아보시오.

사용한 날수와 달걀 수

제과점	가	나	다
사용한 날수(일)	5	6	5
달걀 수(개)	40	42	45

(1) 하루에 사용한 달걀 수의 평균을 구해 봅니다.

가: ☐÷5=☐(개), 나: ☐÷6=☐(개), 다: ☐÷5=☐(개)

(2) 하루에 사용한 달걀 수의 평균이 가장 많은 제과점은 (가 , 나 , 다)입니다.

예제 2

현우네 모둠의 윗몸 말아 올리기 기록의 평균이 15회일 때, 수지의 기록을 알아보시오.

윗몸 말아 올리기 기록

이름	현우	미영	수지	재민
기록(회)	21	12		14

(1) 현우네 모둠은 윗몸 말아 올리기를 모두 15×☐=☐(회) 했습니다.

(2) 수지의 기록은 ☐-(21+12+☐)=☐(회)입니다.

1 준서네 반의 모둠별 턱걸이 기록을 나타낸 표입니다. 물음에 답하시오.

모둠 학생 수와 턱걸이 기록

모둠	모둠 1	모둠 2	모둠 3	모둠 4
모둠 학생 수(명)	4	5	5	6
기록(회)	36	40	60	66
기록의 평균(회)				

(1) 모둠별 턱걸이 기록의 평균을 구해 위의 표를 완성해 보시오.

(2) 턱걸이 기록이 가장 좋은 모둠은 어느 모둠입니까?

( )

2 민재네 학교 5학년 학생 중 동생이 있는 학생 수를 나타낸 표입니다. 반별 동생이 있는 학생 수의 평균이 9명일 때, 4반 학생 중 동생이 있는 학생은 몇 명입니까?

반별 동생이 있는 학생 수

반	1반	2반	3반	4반	5반
학생 수(명)	8	10	11		7

( )

3 영화가 재미있는 정도를 별 점수로 나타낼 수 있습니다. 지우네 모둠 학생이 어떤 영화를 보고 준 별 점수를 조사하였습니다. 지우네 모둠 학생이 이 영화에 준 별 점수의 평균이 별 3개라면 예준이가 준 별 점수는 별 몇 개입니까?

영화에 준 별 점수

지우	★★★★★	하윤	★★★★
지혜	★★	서연	★
민준	★★★	예준	

( )

1 지난주 선아네 집의 실내 온도를 나타낸 표를 보고 지난주 선아네 집의 실내 온도의 평균을 구하려고 합니다. 물음에 답하시오.

실내 온도

요일	월	화	수	목	금
온도(℃)	21	23	20	24	22

(1) 21, 23, 20, 24, 22를 어떤 수로 고르게 할 수 있습니까?

( )

(2) 지난주 선아네 집의 실내 온도의 평균은 몇 ℃입니까?

( )

2 초등학교 5학년 학생의 하루 동영상 시청 시간의 평균은 2시간 28분이라고 합니다. 하루 동영상 시청 시간의 평균에 대해 바르게 말한 친구는 누구입니까?

초등학교 5학년 학생의 하루 동영상 시청 시간을 고르게 하면 2시간 28분이라는 뜻이야.

초등학교 5학년 학생 중에서 하루에 2시간 28분 동안 동영상을 시청하는 학생이 가장 많다는 말이야.

윤서

수호

( )

3 강희네 학교의 월별 도서관을 이용한 학생 수를 나타낸 표입니다. 3월부터 7월까지 월별 도서관을 이용한 학생 수의 평균은 몇 명입니까?

도서관을 이용한 학생 수

월	3월	4월	5월	6월	7월
학생 수(명)	126	135	162	110	97

( )

4 진성이가 6월 한 달 동안 텔레비전을 시청한 시간을 조사하였더니 하루에 평균 35분을 시청했습니다. 진성이가 30일 동안 텔레비전을 시청한 시간은 모두 몇 분입니까?

( )

교과 역량 문제 해결, 의사소통 **서술형**

5 명진이네 모둠 남학생이 1분 동안 한 팔 굽혀 펴기 기록을 나타낸 표입니다. 명진이네 모둠 남학생의 팔 굽혀 펴기 기록의 평균을 두 가지 방법으로 구해 보시오.

팔 굽혀 펴기 기록

이름	명진	종우	한결	우빈
기록(회)	34	35	36	39

❶ 평균을 예상하고 자료의 값을 고르게 하여 구하기

방법 1 |

❷ 자료의 값을 모두 더해 자료의 수로 나누어 구하기

방법 2 |

(6~8) 경서와 가현이의 농구공 넣기 기록을 나타낸 표입니다. 물음에 답하시오.

경서의 농구공 넣기 기록

회	1회	2회	3회	4회	5회
기록(개)	7	9	8	5	6

가현이의 농구공 넣기 기록

회	1회	2회	3회	4회
기록(개)	9	4	10	9

6 경서와 가현이의 농구공 넣기 기록의 평균은 각각 몇 개입니까?

경서 (   )

가현 (   )

교과 역량   추론, 창의 · 융합, 의사소통

7 경서와 가현이의 농구공 넣기 기록에 대해 잘못 말한 친구는 누구입니까?

- 혜리: 경서와 가현이의 최고 기록이나 최저 기록만으로는 누구의 기록이 더 좋은지 판단하기 어려워.
- 은수: 농구공 넣기 기록의 합이 경서는 35개, 가현이는 32개이므로 경서의 기록이 더 좋아.
- 지한: 경서와 가현이의 농구공 넣기 기록의 평균을 비교해 보면 누구의 기록이 더 좋은지 알 수 있어.

(   )

8 누구의 기록이 더 좋다고 할 수 있습니까?

(   )

9 소라네 모둠의 멀리뛰기 기록을 나타낸 표입니다. 평균보다 기록이 높은 학생은 모두 몇 명입니까?

멀리뛰기 기록

이름	소라	선호	진주	명옥	규동
기록(cm)	99	115	121	103	132

(   )

10 지민이네 모둠 학생의 키를 나타낸 표입니다. 전학생 1명이 지민이네 모둠이 되었습니다. 이 전학생의 키가 142 cm일 때, 전학생을 포함한 지민이네 모둠 학생의 키의 평균은 몇 cm입니까?

학생의 키

이름	지민	상우	효주	혜성
키(cm)	145	151	149	143

(   )

교과서 **pick**

11 민호네 학교에서 수학 경시대회를 열었습니다. 수학 시험 점수의 평균이 90점 이상이 되어야 예선을 통과할 수 있습니다. 민호가 예선을 통과하려면 5회에 적어도 몇 점을 받아야 합니까?

민호의 수학 시험 점수

회	1회	2회	3회	4회	5회
점수(점)	88	92	84	96	

(   )

4 일이 일어날 가능성을 말로 표현하기

어떠한 상황에서 특정한 일이 일어나길 기대할 수 있는 정도 → **가능성**

가능성의 정도는 **불가능하다, ~아닐 것 같다, 반반이다, ~일 것 같다, 확실하다** 등으로 표현할 수 있습니다.

예

일	가능성
살아 움직이는 공룡을 만날 것입니다.	불가능하다
겨울에는 반소매를 입은 사람이 많을 것입니다.	~아닐 것 같다
한 명의 아이가 태어나면 남자 아이일 것입니다.	반반이다
등교 시간에 학교 앞 문구점이 열려 있을 것입니다.	~일 것 같다
토요일 다음 날은 일요일일 것입니다.	확실하다

예제 1

일기 예보를 보고 눈이 올 가능성을 이야기해 보려고 합니다. 알맞은 말에 ○표 하시오.

때	오늘		내일		모레	
	오전	오후	오전	오후	오전	오후
날씨	☀️	☁️	☁️	⛅	☁️	⛄❄️

└▸ 맑고 화창 └▸ 구름이 많음 └▸ 구름이 있지만 해가 보임 └▸ 눈이 옴

(1) 내일 오전에는 눈이 (올 것 같습니다 , 오지 않을 것 같습니다).

(2) 모레 오후에는 눈이 (올 것 같습니다 , 오지 않을 것 같습니다).

예제 2

일이 일어날 가능성을 생각해 보고, 알맞게 표현한 곳에 ○표 하시오.

일＼가능성	불가능하다	반반이다	확실하다
내일 아침에 해가 서쪽에서 뜰 것입니다.			
100원짜리 동전 1개를 던지면 그림 면이 나올 것입니다.			
계산기에서 '1＋1＝'을 누르면 2가 나올 것입니다.			

기본유형 익히기

복습책 80쪽 | 정답 36쪽

1 □ 안에 일이 일어날 가능성을 알맞게 써넣으시오.

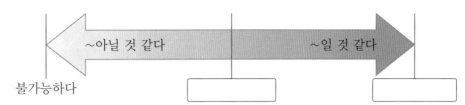

~아닐 것 같다 | ~일 것 같다

불가능하다

2 일이 일어날 가능성을 생각해 보고, 알맞게 표현한 곳에 ○표 하시오.

일 \ 가능성	불가능하다	~아닐 것 같다	반반이다	~일 것 같다	확실하다
내년에는 3월이 5월보다 빨리 올 것입니다.					
500원짜리 동전 1개를 던지면 숫자 면이 나올 것입니다.					
강아지가 날개를 달고 하늘을 날 것입니다.					
주사위 1개를 굴리면 주사위 눈의 수가 2 이상으로 나올 것입니다.					
10원짜리 동전 1개를 네 번 던지면 네 번 모두 그림 면이 나올 것입니다.					

3 상자 안에서 구슬 1개를 꺼낼 때 노란색 구슬을 꺼낼 가능성을 말로 표현해 보시오.

( )

5 일이 일어날 가능성을 비교하기

예 회전판을 돌릴 때 화살이 빨간색에 멈출 가능성 비교하기

회전판	가	나	다	라	마
가능성	불가능하다	~아닐 것 같다	반반이다	~일 것 같다	확실하다

⇨ 화살이 빨간색에 멈출 가능성이 높은 회전판부터 순서대로 쓰면 마, 라, 다, 나, 가입니다.

예제 1

5학년인 민지네 모둠 친구들이 말한 일이 일어날 가능성을 비교해 보시오.

민지	지금이 오후 2시니까 1시간 후에는 4시가 될 거야.
성우	내년 1월에는 11월보다 눈이 자주 올 거야.
해찬	내일은 오늘보다 기온이 더 높을 거야.
영서	내일 우리 반에 결석하는 친구가 있을 거야.
주헌	내년 3월에는 6학년이 될 거야.

(1) 친구들이 말한 일이 일어날 가능성을 판단하여 해당하는 □ 안에 친구의 이름을 써넣으시오.

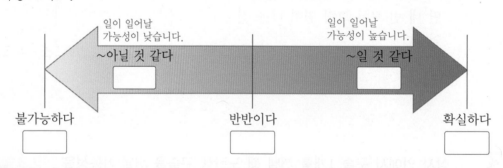

(2) 일이 일어날 가능성이 낮은 순서대로 친구의 이름을 써 보시오.

(,   ,   ,   ,   )

STEP 기본유형 익히기

1 미정이와 친구들이 학교 쉬는 시간에 말한 일이 일어날 가능성을 비교하려고 합니다. 물음에 답하시오.

오늘이 월요일 이니까 내일은 화요일이야.

내일 전학생이 온다면 남학생일 거야.

주사위 1개를 굴리면 주사위 눈의 수가 1이 나올 거야.

공룡이 우리 교실에 나타날 거야.

옆 교실에 친구들이 있을 거야.

미정   연서   찬우   영훈   세호

(1) 일이 일어날 가능성이 '확실하다'인 경우를 말한 친구는 누구입니까?

(   )

(2) 일이 일어날 가능성이 '불가능하다'인 경우를 말한 친구는 누구입니까?

(   )

(3) 일이 일어날 가능성이 높은 순서대로 친구의 이름을 써 보시오.

(   )

2 주머니에서 크레파스 1개를 꺼낼 때, 노란색 크레파스가 나올 가능성이 높은 주머니 부터 순서대로 기호를 써 보시오.

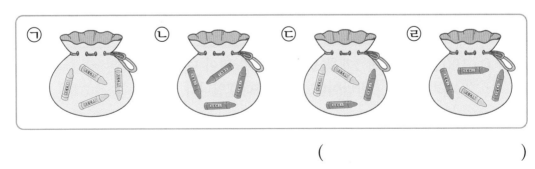

(   )

6 일이 일어날 가능성을 수로 표현하기

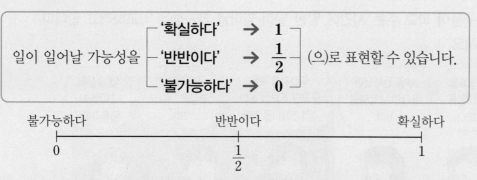

일이 일어날 가능성을 ┌ **'확실하다'** → **1** ┐
                        ├ **'반반이다'** → $\dfrac{1}{2}$ ┤ (으)로 표현할 수 있습니다.
                        └ **'불가능하다'** → **0** ┘

불가능하다	반반이다	확실하다
0	$\dfrac{1}{2}$	1

일이 일어날 가능성을 수로 표현하기

• '~아닐 것 같다'
  ⇨ 0보다 크고 $\dfrac{1}{2}$보다 작은 수로 표현

• '~일 것 같다'
  ⇨ $\dfrac{1}{2}$보다 크고 1보다 작은 수로 표현

예 회전판을 돌릴 때 화살이 빨간색에 멈출 가능성을 0부터 1까지의 수로 표현하기

회전판	가	나	다
가능성	불가능하다	반반이다	확실하다
수	0	$\dfrac{1}{2}$	1

예제 1

흰색 바둑돌 4개가 들어 있는 주머니에서 바둑돌 1개를 꺼낼 때 꺼낸 바둑돌이 흰색일 가능성을 0부터 1까지의 수로 표현하려고 합니다. 알맞은 말이나 수에 ○표 하시오.

> 꺼낸 바둑돌이 흰색일 가능성은 '(불가능하다 , 반반이다 , 확실하다)'이므로 수로 표현하면 (0 , $\dfrac{1}{2}$, 1)입니다.

예제 2

100원짜리 동전 1개를 던질 때 숫자 면이 나올 가능성을 나타내려고 합니다. 물음에 답하시오.

(1) 100원짜리 동전 1개를 던질 때 숫자 면이 나올 가능성은 '(불가능하다 , 반반이다 , 확실하다)'입니다.

(2) 숫자 면이 나올 가능성을 ↓로 나타내어 보시오.

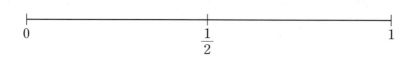

1 준성이가 회전판 돌리기를 하고 있습니다. 일이 일어날 가능성이 '불가능하다'이면 0, '반반이다'이면 $\frac{1}{2}$, '확실하다'이면 1로 표현할 때, 물음에 답하시오.

가 　　　나

(1) 회전판 가를 돌릴 때 화살이 빨간색에 멈출 가능성을 ↓로 나타내어 보시오.

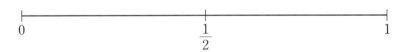

(2) 회전판 나를 돌릴 때 화살이 초록색에 멈출 가능성을 ↓로 나타내어 보시오.

2 딸기 맛 사탕 1개와 포도 맛 사탕 1개가 들어 있는 봉지에서 사탕 1개를 꺼냈습니다. 물음에 답하시오.

(1) 꺼낸 사탕이 딸기 맛일 가능성을 수로 표현해 보시오.

(　　　　　　　　　)

(2) 꺼낸 사탕이 포도 맛일 가능성을 수로 표현해 보시오.

(　　　　　　　　　)

3 1부터 5까지의 수가 쓰인 수 카드 5장 중에서 1장을 뽑으려고 합니다. 물음에 답하시오.

(1) 뽑은 수 카드에 쓰인 수가 0일 가능성을 말로 표현해 보시오.

말 |_____

(2) 뽑은 수 카드에 쓰인 수가 0일 가능성을 수로 표현해 보시오.

수 |_____

1 일이 일어날 가능성이 '확실하다'인 경우를 찾아 기호를 써 보시오.

> ㉠ 2023년 다음은 2022년일 것입니다.
> ㉡ 주사위 1개를 굴리면 주사위 눈의 수가 0이 나올 것입니다.
> ㉢ 내일 아침에 동쪽에서 해가 뜰 것입니다.

(　　　　　)

2 주머니에서 공 1개를 꺼낼 때, 꺼낸 공이 초록색일 가능성을 나타낸 말을 찾아 선으로 이어 보시오.

- 불가능하다
- ~아닐 것 같다
- 반반이다
- ~일 것 같다
- 확실하다

3 회전판을 돌릴 때 화살이 파란색에 멈출 가능성을 ↓로 나타내어 보시오.

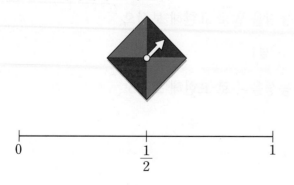

0　　　　　$\frac{1}{2}$　　　　　1

(4~6) 친구들이 말한 일이 일어날 가능성을 비교하려고 합니다. 물음에 답하시오.

> - 지수: 11월 달력에는 날짜가 31일까지 있을 거야.
> - 민재: 1부터 4까지의 수 카드 4장 중에서 1장을 뽑을 때 2가 나올 거야.
> - 석호: 달에서 몸무게를 재면 지구에서 잰 것보다 가벼울 거야.

4 일이 일어날 가능성이 '불가능하다'인 경우를 말한 친구는 누구입니까?

(　　　　　)

5 위 **4**와 같은 상황에서 일이 일어날 가능성이 '확실하다'가 되도록 친구의 말을 바꿔 보시오.

(　　　　　　　　　　)

6 일이 일어날 가능성이 높은 순서대로 친구의 이름을 써 보시오.

(　　　　　)

교과 역량　창의·융합, 의사소통　　　서술형
7 일이 일어날 가능성이 '불가능하다'를 나타낼 수 있는 상황을 주변에서 찾아 써 보시오.

답 | _____

_____

_____

8 승우가 ○× 문제를 풀고 있습니다. ×라고 답했을 때, 정답을 맞혔을 가능성을 말과 수로 표현해 보시오.

말 |

수 |

9 카드 중 1장을 뽑을 때 ★ 카드를 뽑을 가능성을 수로 표현해 보시오.

( )

교과 역량 창의·융합

10 〔조건〕에 알맞은 회전판이 되도록 색칠해 보시오.

┌─〔조건〕─────────────────
• 화살이 노란색에 멈출 가능성이 가장 높습니다.
• 화살이 파란색에 멈출 가능성과 빨간색에 멈출 가능성은 같습니다.
└──────────────────────

11 수 카드 중에서 1장을 뽑을 때 일이 일어날 가능성이 낮은 순서대로 기호를 써 보시오.

┌─┐ ┌─┐ ┌─┐ ┌─┐
│1│ │5│ │2│ │8│
└─┘ └─┘ └─┘ └─┘

┌──────────────────────
⊙ 홀수가 나올 가능성
⊙ 6이 나올 가능성
⊙ 5의 배수가 나올 가능성
⊙ 1보다 큰 수가 나올 가능성
└──────────────────────

( )

(12~13) 1부터 12까지의 수가 쓰인 수 카드 12장 중에서 1장을 뽑으려고 합니다. 물음에 답하시오.

12 뽑은 수 카드에 쓰인 수가 7 이상일 가능성을 말과 수로 표현해 보시오.

말 |

수 |

교과서 pick

13 뽑은 수 카드에 쓰인 수가 2의 배수일 가능성과 회전판을 돌릴 때 화살이 분홍색에 멈출 가능성이 같도록 회전판을 색칠해 보시오.

교과서 **pick**

예제 1
민수네 모둠 남녀 학생의 몸무게의 평균을 나타낸 표입니다. 민수네 반 전체 학생의 몸무게의 평균은 몇 kg인지 구해 보시오.

남학생 6명	38 kg
여학생 4명	33 kg

❶ 남학생의 몸무게의 합 → ☐ kg

❷ 여학생의 몸무게의 합 → ☐ kg

❸ 전체 학생의 몸무게의 평균

→ ☐ kg

유제 1
은주네 모둠 남녀 학생의 하루 컴퓨터 사용 시간의 평균을 나타낸 표입니다. 은주네 반 전체 학생의 하루 컴퓨터 사용 시간의 평균은 몇 분인지 구해 보시오.

남학생 5명	40분
여학생 6명	45.5분

(   )

예제 2
선우네 모둠 학생의 줄넘기 기록을 나타낸 표입니다. 줄넘기 기록의 평균이 89회일 때, 기록이 가장 좋은 친구는 누구인지 이름을 써 보시오.

줄넘기 기록

이름	선우	윤수	민호	지아
기록(회)	82	87		94

❶ 선우네 모둠의 기록의 합 → ☐ 회

❷ 민호의 기록 → ☐ 회

❸ 기록이 가장 좋은 친구 → ☐

유제 2
유라가 1분씩 4회 동안 기록한 타자 수를 나타낸 표입니다. 타자 수의 평균이 292타일 때, 유라의 기록이 가장 좋았을 때는 몇 회인지 구해 보시오.

회별 타자 수

회	1회	2회	3회	4회
타자 수(타)	265		283	306

(   )

예제 **3** 주사위 1개를 굴릴 때 일이 일어날 가능성이 높은 순서대로 기호를 써 보시오.

> ㉠ 눈의 수가 짝수로 나올 가능성
> ㉡ 눈의 수가 7이 나올 가능성
> ㉢ 눈의 수가 6 이하로 나올 가능성

❶ 일이 일어날 가능성을 알맞게 표현한 곳에 기호 쓰기

불가능 하다	~아닐 것 같다	반반 이다	~일 것 같다	확실 하다

❷ 일이 일어날 가능성이 높은 순서대로 기호 쓰기 → ☐, ☐, ☐

유제 **3** 주사위 1개를 굴릴 때 일이 일어날 가능성이 낮은 순서대로 기호를 써 보시오.

> ㉠ 눈의 수가 9보다 큰 수로 나올 가능성
> ㉡ 눈의 수가 4의 약수로 나올 가능성
> ㉢ 눈의 수가 1 이상으로 나올 가능성
> ㉢ 눈의 수가 5의 배수로 나올 가능성

( )

6 단원

교과서 pick

예제 **4** 시우와 현우의 50 m 달리기 기록의 평균이 같을 때, 현우의 1회 50 m 달리기 기록은 몇 초인지 구해 보시오.

시우의 기록

회	기록(초)
1회	13
2회	9
3회	11

현우의 기록

회	기록(초)
1회	
2회	10
3회	8
4회	14

❶ 현우의 50 m 달리기 기록의 평균

→ ☐ 초

❷ 현우의 50 m 달리기 기록의 합

→ ☐ 초

❸ 현우의 1회 50 m 달리기 기록

→ ☐ 초

유제 **4** 민서와 지혜의 국어 점수의 평균이 같을 때, 지혜의 4회 국어 점수는 몇 점인지 구해 보시오.

민서의 국어 점수

회	점수(점)
1회	80
2회	88
3회	96

지혜의 국어 점수

회	점수(점)
1회	92
2회	72
3회	100
4회	

( )

(1~2) 성훈이의 공 던지기 기록을 나타낸 표입니다. 물음에 답하시오.

공 던지기 기록

회	1회	2회	3회	4회	5회
기록(m)	27	16	28	32	27

1 1회부터 5회까지 성훈이의 공 던지기 기록을 더하면 모두 몇 m입니까?

( )

2 성훈이의 공 던지기 기록의 평균은 몇 m입니까?

( )

(3~4) 일이 일어날 가능성을 알맞게 표현한 곳에 ○표 하시오.

3

> 주사위 1개를 2번 굴리면 주사위 눈의 수가 모두 0이 나올 것입니다.

불가능 하다	~아닐 것 같다	반반 이다	~일 것 같다	확실 하다

4

> 일 년 중 광복절이 있을 것입니다.

불가능 하다	~아닐 것 같다	반반 이다	~일 것 같다	확실 하다

5 준성이가 3월부터 6월까지 받은 칭찬 도장 수를 나타낸 표입니다. 칭찬 도장 수의 평균은 몇 개입니까?

칭찬 도장 수

월	3월	4월	5월	6월
도장 수(개)	9	15	11	13

( )

6 일이 일어날 가능성이 '반반이다'인 경우를 말한 친구는 누구입니까?

> • 윤하: 주사위 1개를 굴리면 주사위 눈의 수가 8이 나올 거야.
> • 명수: 500원짜리 동전 1개를 던지면 그림 면이 나올 거야.

( )

교과서에 꼭 나오는 문제

7 회전판을 돌릴 때 화살이 빨간색에 멈출 가능성을 ↓로 나타내어 보시오.

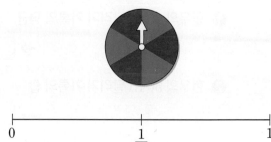

8 경호의 4월 한 달 동안 팔 굽혀 펴기 기록을 조사한 결과 하루에 평균 32회를 했습니다. 경호가 30일 동안 한 팔 굽혀 펴기 기록의 합은 모두 몇 회입니까?

(   )

9 당첨 구슬만 5개 들어 있는 상자에서 구슬 1개를 꺼낼 때 꺼낸 구슬이 당첨 구슬이 아닐 가능성을 말과 수로 표현해 보시오.

말 |

수 |

잘 틀리는 문제

10 1부터 6까지의 수가 쓰인 수 카드 6장 중에서 1장을 뽑으려고 합니다. 뽑은 수 카드에 쓰인 수가 짝수일 가능성을 수로 표현해 보시오.

(   )

11 진우의 과학 점수를 나타낸 표입니다. 진우의 과학 점수의 평균이 86점일 때, 4회의 점수는 몇 점입니까?

과학 점수

회	1회	2회	3회	4회
점수(점)	81	88	92	

(   )

12 일이 일어날 가능성이 높은 순서대로 기호를 써 보시오.

> ⊙ 오늘이 화요일이면 내일은 목요일일 것입니다.
> ⓒ 내 짝은 여자일 것입니다.
> ⓒ 12월에는 크리스마스가 있을 것입니다.

(   )

13 (조건)에 알맞은 회전판이 되도록 색칠해 보시오.

(조건)
• 화살이 파란색에 멈출 가능성이 가장 높습니다.
• 화살이 빨간색에 멈출 가능성은 노란색에 멈출 가능성의 2배입니다.

교과서에 꼭 나오는 문제

14 아라네 모둠과 수호네 모둠의 볼링 핀 쓰러뜨리기 기록을 나타낸 표입니다. 어느 모둠의 기록이 더 좋다고 할 수 있습니까?

아라네 모둠

이름	핀의 수(개)
아라	4
현우	6
승기	3
미하	2
해리	5

수호네 모둠

이름	핀의 수(개)
수호	5
은별	8
상아	7
연우	4

(   )

6
단원

15 회전판에서 화살이 빨간색에 멈출 가능성이 높은 순서대로 기호를 써 보시오.

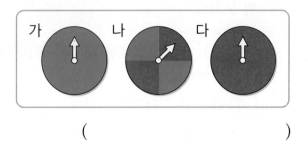

( )

잘 틀리는 문제

16 승혁이네 학교 남녀 선생님의 나이의 평균을 나타낸 표입니다. 승혁이네 학교 전체 선생님의 나이의 평균은 몇 살입니까?

남자 선생님 4명	35살
여자 선생님 6명	30살

( )

17 진영이의 훌라후프 돌리기 기록을 나타낸 표입니다. 훌라후프 돌리기 기록의 평균이 77회일 때, 기록이 가장 좋았을 때는 무슨 요일입니까?

훌라후프 돌리기 기록

요일	월	화	수	목	금
기록(회)	60	84	70	90	

( )

◀ 서술형 **문제**

18 평균을 예상하고 자료의 값을 고르게 하여 평균을 구해 보시오.

40 55 45 60 50

답 |

19 일이 일어날 가능성이 '불가능하다'인 경우의 기호를 쓰고 가능성이 '확실하다'가 되도록 바꿔 보시오.

> ㉠ 검은색 공 4개가 들어 있는 주머니에서 꺼낸 공은 흰색일 것입니다.
>
> ㉡ 흰색 공 2개, 검은색 공 2개가 들어 있는 주머니에서 꺼낸 공은 흰색일 것입니다.

답 |

20 5학년의 반별 학급문고 수를 나타낸 표입니다. 반별 학급문고 수의 평균보다 학급문고 수가 더 많은 반을 모두 찾으려고 합니다. 풀이 과정을 쓰고 답을 구해 보시오.

학급문고 수

반	1반	2반	3반	4반
학급문고 수(권)	120	155	134	91

풀이 |

답 |

엉킨 선을 풀어라!

↪ 강아지 줄이 서로 엉켜 있습니다. 각 줄의 끝을 찾아보세요.

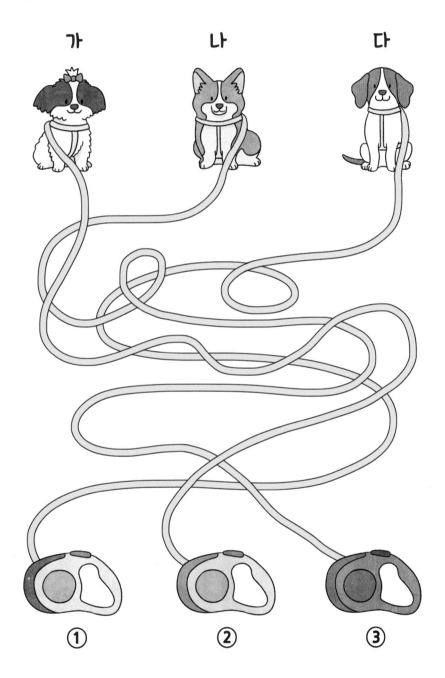

가   나   다

①   ②   ③

가-②, 나-③, 다-① **정답**

개념﹢유형

라이트 정답과 풀이

초등 수학

5·2

visang

ABOVE IMAGINATION

우리는 남다른 상상과 혁신으로
교육 문화의 새로운 전형을 만들어
모든 이의 행복한 경험과 성장에 기여한다

우리는 남다른 상상과 혁신으로
교육 문화의 새로운 전형을 만들어
모든 이의 행복한 경험과 성장에 기여한다

개념╋유형

라이트

정답과 풀이

초등 수학 ──

5·2

1. 수의 범위와 어림하기

예제 1 (1) 20, 23, 31 / 이상
　　　 (2) 6, 10 / 이하
예제 2 이상

예제 2 30을 점 ●을 이용하여 나타내고 오른쪽으로 선을 그었으므로 30 이상인 수입니다.

1 (1) 50, 57, 63
　(2) 36, 40
2 15, 16, 17, 18에 ○표 / 12, 13, 14에 △표
3 (1)

| | | | | | | |
|14|15|16|17|18|19|20|21|

　(2)

| | | | | | | |
|9|10|11|12|13|14|15|16|

4 (1) 민호, 나영, 현준
　(2) 유리, 재희, 정훈

1 (1) 50 이상인 수는 50과 같거나 큰 수이므로 50, 57, 63입니다.
　(2) 40 이하인 수는 40과 같거나 작은 수이므로 36, 40입니다.

2 •15 이상인 수는 15와 같거나 큰 수이므로 15, 16, 17, 18입니다.
　•14 이하인 수는 14와 같거나 작은 수이므로 12, 13, 14입니다.

3 (1) 17 이상인 수는 수직선에 17을 점 ●을 사용하여 나타내고 오른쪽으로 선을 긋습니다.
　(2) 13 이하인 수는 수직선에 13을 점 ●을 사용하여 나타내고 왼쪽으로 선을 긋습니다.

4 (1) 143 이상인 수는 143과 같거나 큰 수이므로 키가 143 cm와 같거나 큰 학생은 민호, 나영, 현준입니다.
　(2) 141 이하인 수는 141과 같거나 작은 수이므로 키가 141 cm와 같거나 작은 학생은 유리, 재희, 정훈입니다.

예제 1 (1) 26, 29 / 초과
　　　 (2) 1, 8, 13 / 미만
예제 2 미만

예제 2 40을 점 ○을 이용하여 나타내고 왼쪽으로 선을 그었으므로 40 미만인 수입니다.

1 (1) 31, 34, 40
　(2) 15, 19
2 29, 30, 31에 ○표 / 25, 26, 27에 △표
3 (1)

| | | | | | | |
|6|7|8|9|10|11|12|13|

　(2)

| | | | | | | |
|18|19|20|21|22|23|24|25|

4 (1) 소희, 종현
　(2) 민우, 재영

1 (1) 30 초과인 수는 30보다 큰 수이므로 31, 34, 40입니다.
　(2) 20 미만인 수는 20보다 작은 수이므로 15, 19입니다.

2 •28 초과인 수는 28보다 큰 수이므로 29, 30, 31입니다.
　•28 미만인 수는 28보다 작은 수이므로 25, 26, 27입니다.

3 (1) 9 초과인 수는 수직선에 9를 점 ○을 사용하여 나타내고 오른쪽으로 선을 긋습니다.
　(2) 22 미만인 수는 수직선에 22를 점 ○을 사용하여 나타내고 왼쪽으로 선을 긋습니다.

4 (1) 11 초과인 수는 11보다 큰 수이므로 50 m를 달리는 데 걸린 시간이 11초보다 긴 학생은 소희, 종현입니다.
　(2) 10 미만인 수는 10보다 작은 수이므로 50 m를 달리는 데 걸린 시간이 10초보다 짧은 학생은 민우, 재영입니다.

개념책 12쪽 개념 ❸

예제 1 초과, 이하

예제 2 (1) 5, 13

(2) 2000원

예제 1 18을 점 ○을 사용하여 나타냈고, 25를 점 ●을 사용하여 나타냈으므로 18 초과 25 이하인 수입니다.

예제 2 (2) 태민이의 나이는 5세 이상 13세 미만에 속하므로 입장료는 2000원입니다.

개념책 13쪽 기본유형 익히기

1 32, 33, 34, 35

2 (1)

```
├──┼──●━━━━━━━━━━●──┼──┤
  10  11  12  13  14  15  16  17
```

(2)

```
├──●━━━━━━━━━━○──┼──┤
  19  20  21  22  23  24  25  26
```

3 (1) 인성, 수환

(2)

```
├──┼──●━━━━━●──┼──┼──┼──┼──┼──┤
 32  33  34  35  36  37  38  39  40  41  42
```

1 32 이상 36 미만인 수는 32와 같거나 크고 36보다 작은 수이므로 32, 33, 34, 35입니다.

2 (1) 11 초과 16 이하인 수는 수직선에 11을 점 ○을 사용하여 나타내고, 16을 점 ●을 사용하여 나타낸 후 두 점 사이를 선으로 긋습니다.

(2) 20 이상 24 미만인 수는 수직선에 20을 점 ●을 사용하여 나타내고, 24를 점 ○을 사용하여 나타낸 후 두 점 사이를 선으로 긋습니다.

3 (1) 영우의 몸무게는 36.8 kg이므로 체급으로 보면 페더급에 속합니다.

페더급의 몸무게 범위는 36 kg 초과 39 kg 이하이므로 영우와 같은 체급에 속하는 학생은 인성, 수환입니다.

(2) 창서의 몸무게는 36.0 kg이므로 체급으로 보면 밴텀급에 속합니다.

밴텀급의 몸무게 범위는 34 kg 초과 36 kg 이하이므로 수직선에 34를 점 ○을 사용하여 나타내고, 36을 점 ●을 사용하여 나타낸 후 두 점 사이를 선으로 긋습니다.

개념책 14~15쪽 실전유형 다지기

✎ 서술형 문제는 풀이를 꼭 확인하세요.

1 37.9, 50, 55   **2** ②, ③

3 23, 26.1, $24\frac{3}{5}$

4

```
├──┼──┼──○━━━━━━━━●──┼──┤ /
 43  44  45  46  47  48  49  50  51  52
```

46, 47, 48, 49

5 하민   **6** 아버지, 언니, 어머니

7 호준, 은후   ✎**8** 30

9 ⓒ, ⓓ   **10** ㉮, ㉳

11 철원 / 서울, 대전, 광주 / 부산, 제주

12 11   **13** 6개

1 55 이하인 수는 55와 같거나 작은 수이므로 37.9, 50, 55입니다.

2 24 이상인 수는 24와 같거나 큰 수이므로 ② 24, ③ 35.6입니다.

3 수직선에 나타낸 수의 범위는 23 이상 28 미만인 수입니다. 23과 같거나 크고 28보다 작은 수는 23, 26.1, $24\frac{3}{5}$입니다.

4 45 초과 49 이하인 수는 수직선에 45를 점 ○을 사용하여 나타내고, 49를 점 ●을 사용하여 나타낸 후 두 점 사이를 선으로 긋습니다.

45 초과 49 이하인 자연수는 46, 47, 48, 49입니다.

5 • 담율: 90 미만인 수는 90보다 작은 수이므로 90은 90 미만인 수에 포함되지 않습니다.

• 하민: 37 초과인 수는 37보다 큰 수이므로 36, 37, 38 중에서 37 초과인 수는 38뿐입니다.

6 18 이상인 수는 18과 같거나 큰 수이므로 나이가 18세와 같거나 많은 사람은 아버지, 언니, 어머니입니다.

7 130 이상인 수는 130과 같거나 큰 수이므로 이 놀이기구를 탈 수 있는 사람은 키가 130 cm와 같거나 큰 호준, 은후입니다.

✎**8** **예** 29 초과인 자연수는 29보다 큰 수이므로 30, 31, 32……입니다. ❶

30, 31, 32…… 중 가장 작은 자연수는 30입니다. ❷

채점 기준
❶ 29 초과인 자연수 구하기
❷ ❶의 수 중 가장 작은 자연수 구하기

9 ㉠ 68보다 크고 71과 같거나 작은 수의 범위이므로
68이 포함되지 않습니다.

㉡ 67과 같거나 크고 70보다 작은 수의 범위이므로
68이 포함됩니다.

㉢ 65와 같거나 크고 68과 같거나 작은 수의 범위이
므로 68이 포함됩니다.

㉣ 65보다 크고 68보다 작은 수의 범위이므로 68이
포함되지 않습니다.

10 주차 시간이 30분 이하인 차량은 주차 요금을 내지
않아도 됩니다.

주차 시간이 30분과 같거나 짧은 시간은 10분, 30분
이므로 주차 요금을 내지 않아도 되는 차량은 ㉮, ㉱
입니다.

11 • 13 이하인 수는 13과 같거나 작은 수이므로 철원이
속합니다.

• 13 초과 16 이하인 수는 13보다 크고 16과 같거나
작은 수이므로 서울, 대전, 광주가 속합니다.

• 16 초과 19 이하인 수는 16보다 크고 19와 같거나
작은 수이므로 부산, 제주가 속합니다.

12 □보다 작은 자연수는 10개이므로 □보다 작은 자연
수는 1, 2, 3, 4, 5, 6, 7, 8, 9, 10입니다.
따라서 □ 안에 알맞은 자연수는 11입니다.

13 • 90 이상인 자연수: 90, 91, 92, 93, 94, 95, 96……
• 96 미만인 자연수: 95, 94, 93, 92, 91, 90, 89……
따라서 두 조건을 모두 만족하는 자연수는 90, 91,
92, 93, 94, 95로 6개입니다.

개념책 16쪽   개념 ④

예제 1   (1) 5 7 ② / 580
(2) 1 0 ⑥ ④ / 1100

예제 2   (1) 4.7   (2) 3.73

예제 1   (1) 십의 자리 아래 수를 올려서 나타냅니다.
572 ⇨ 580
(2) 백의 자리 아래 수를 올려서 나타냅니다.
1064 ⇨ 1100

예제 2   (1) 소수 첫째 자리 아래 수를 올려서 나타냅니다.
4.68 ⇨ 4.7
(2) 소수 둘째 자리 아래 수를 올려서 나타냅니다.
3.725 ⇨ 3.73

개념책 17쪽   기본유형 익히기

1 (1) 200 (2) 500 (3) 2800 (4) 6900
2 (위에서부터) 370, 400 / 620, 700
3 1998
4 2701, 2799

1 (1) 159 ⇨ 200
(2) 406 ⇨ 500
(3) 2740 ⇨ 2800
(4) 6900 ⇨ 6900

2 • 362 ⇨ 370, 362 ⇨ 400
• 614 ⇨ 620, 614 ⇨ 700

3 3000 ⇨ 3000, 2043 ⇨ 3000,
1998 ⇨ 2000, 2500 ⇨ 3000

4 2700 ⇨ 2700, 2815 ⇨ 2900, 2701 ⇨ 2800,
2643 ⇨ 2700, 2799 ⇨ 2800

개념책 18쪽   개념 ⑤

예제 1   (1) 4 1 ⑦ / 410
(2) 2 5 ③ ⑧ / 2500

예제 2   (1) 2.7   (2) 6.18

예제 1   (1) 십의 자리 아래 수를 버려서 나타냅니다.
417 ⇨ 410
(2) 백의 자리 아래 수를 버려서 나타냅니다.
2538 ⇨ 2500

예제 2   (1) 소수 첫째 자리 아래 수를 버려서 나타냅니다.
2.74 ⇨ 2.7
(2) 소수 둘째 자리 아래 수를 버려서 나타냅니다.
6.189 ⇨ 6.18

개념책 19쪽   기본유형 익히기

1 (1) 100 (2) 600 (3) 3000 (4) 9100
2 (위에서부터) 230, 200 / 480, 400
3 823
4 1630, 1699, 1605

1 (1) $133 \Rightarrow 100$
(2) $670 \Rightarrow 600$
(3) $3072 \Rightarrow 3000$
(4) $9100 \Rightarrow 9100$

2 • $236 \Rightarrow 230$, $236 \Rightarrow 200$
• $482 \Rightarrow 480$, $482 \Rightarrow 400$

3 $823 \Rightarrow 820$, $831 \Rightarrow 830$,
$838 \Rightarrow 830$, $832 \Rightarrow 830$

4 $1579 \Rightarrow 1500$, $1630 \Rightarrow 1600$, $1700 \Rightarrow 1700$,
$1699 \Rightarrow 1600$, $1605 \Rightarrow 1600$

개념책 20쪽 **개념 ⑥**

예제 1 (1) 9 2 ⑤ / 930
(2) 5 6 ④ 8 / 5600
예제 2 (1) 3.6 (2) 8.28

예제 1 (1) 일의 자리 숫자가 5이므로 올림하여 나타냅니다.
$925 \Rightarrow 930$
(2) 십의 자리 숫자가 4이므로 버림하여 나타냅니다.
$5648 \Rightarrow 5600$

예제 2 (1) $3.629 \Rightarrow 3.6$ (2) $8.276 \Rightarrow 8.28$
└• 5보다 작으므로   └• 5보다 크므로
버립니다.   올립니다.

개념책 21쪽 **기본유형 익히기**

1 (1) 500 (2) 800 (3) 2200 (4) 4900
2 (위에서부터) 1880, 1900 / 5360, 5400
3 1793, 2038, 2485
4 4 cm

1 (1) $537 \Rightarrow 500$ (2) $786 \Rightarrow 800$
└• 5보다 작으므로   └• 5보다 크므로
버립니다.   올립니다.
(3) $2160 \Rightarrow 2200$ (4) $4905 \Rightarrow 4900$
└• 5보다 크므로   └• 5보다 작으므로
올립니다.   버립니다.

2 • $1882 \Rightarrow 1880$, $1882 \Rightarrow 1900$
└• 5보다 작으므로   └• 5보다 크므로
버립니다.   올립니다.
• $5359 \Rightarrow 5360$, $5359 \Rightarrow 5400$
└• 5보다 크므로   └• 5이므로
올립니다.   올립니다.

---

3 $1793 \Rightarrow 2000$, $2516 \Rightarrow 3000$,
└• 5보다 크므로   └• 5이므로
올립니다.   올립니다.
$2038 \Rightarrow 2000$, $2485 \Rightarrow 2000$,
└• 5보다 작으므로   └• 5보다 작으므로
버립니다.   버립니다.
$1298 \Rightarrow 1000$
└• 5보다 작으므로
버립니다.

4 머리핀의 실제 길이는 3.6 cm입니다.
3.6의 소수 첫째 자리 숫자가 6이므로 반올림하여 일의
자리까지 나타내면 머리핀의 길이는 4 cm가 됩니다.

개념책 22쪽 **개념 ❼**

예제 1 올림, 150 / 15
예제 2 버림, 800 / 8
예제 3 반올림 / 9500

예제 3 9504의 십의 자리 숫자가 5보다 작으므로 반올
림하여 백의 자리까지 나타내면 9500이므로 오
늘 야구장에 입장한 관람객 수는 약 9500명이라
고 할 수 있습니다.

개념책 23쪽 **기본유형 익히기**

1 7대
2 7700, 5500, 6100
3 17000원, 20000원
4 올림, 버림

1 배를 100상자씩 싣고 남은 95상자도 실어야 하므로
올림을 이용해야 합니다.
695를 올림하여 백의 자리까지 나타내면 700이므로
트럭은 최소 7대 필요합니다.

2 숲속 마을: $7653 \Rightarrow 7700$
└• 5이므로 올립니다.
샛강 마을: $5491 \Rightarrow 5500$
└• 5보다 크므로 올립니다.
동산 마을: $6118 \Rightarrow 6100$
└• 5보다 작으므로 버립니다.

3 책값보다 더 적게 낼 수 없으므로 올림을 이용해야 합니다.
우주: 16500을 올림하여 천의 자리까지 나타내면 17000이므로 최소 17000원을 내야 합니다.
은하: 16500을 올림하여 만의 자리까지 나타내면 20000이므로 최소 20000원을 내야 합니다.

4 • 자판기에서 900원짜리 음료수를 사기 위해 음료수 값을 올림하여 1000원짜리 지폐를 넣었습니다.
• 정육점에서 고기를 살 때 가격에서 10원 아래의 금액은 버림하여 계산하기도 합니다.

✎ 서술형 문제는 풀이를 꼭 확인하세요.

1 (위에서부터) 5.63, 5.7 / 7.77, 7.8
2 가람   **3** ㉡
4 50000, 40000, 50000
5 <   **6** 다은
✎**7** 풀이 참조   **8** 2590
9 100   **10** 5, 6, 7, 8, 9
11 1799   **12** 정호
13 2, 4   **14** 4개

1 주어진 자리 아래 수를 올려서 나타냅니다.
• 5.6<u>28</u> ⇨ 5.63, 5.6<u>28</u> ⇨ 5.7
• 7.7<u>63</u> ⇨ 7.77, 7.7<u>63</u> ⇨ 7.8

2 • 민아: 2<u>7600</u> ⇨ 27000
• 재희: 1<u>4925</u> ⇨ 14000
• 가람: 5<u>3010</u> ⇨ 53000

3 백의 자리 바로 아래 자리의 숫자가 0, 1, 2, 3, 4이면 버리고, 5, 6, 7, 8, 9이면 올려서 나타냅니다.
㉠ 13<u>6</u>9 ⇨ 1400   ㉡ 13<u>0</u>2 ⇨ 1300
㉢ 12<u>3</u>8 ⇨ 1200   ㉣ 13<u>5</u>0 ⇨ 1400

4 • 올림: 4<u>6572</u> ⇨ 50000
• 버림: 4<u>6572</u> ⇨ 40000
• 반올림: 4<u>6</u>572 ⇨ 50000
              ↳ 5보다 크므로 올립니다.

5 • 6053을 버림하여 백의 자리까지 나타낸 수: 6000
• 6032를 올림하여 십의 자리까지 나타낸 수: 6040
⇨ 6000 < 6040

6 • 수아: 18.9 ⇨ 19   • 다은: 19.2 ⇨ 19
      ↳ 5보다 크므로   ↳ 5보다 작으므로
        올립니다.   버립니다.
• 아리: 20.1 ⇨ 20   • 소담: 16.5 ⇨ 17
      ↳ 5보다 작으므로   ↳ 5이므로
        버립니다.   올립니다.

✎**7** 라온」❶
예 내 키는 145.6 cm야. 반올림하여 일의 자리까지 나타내면 146 cm이지.」❷

채점 기준
❶ 반올림을 잘못한 친구의 이름 쓰기
❷ 잘못된 부분을 찾아 바르게 고치기

8 2539를 버림하여 십의 자리까지 나타내면 2530, 백의 자리까지 나타내면 2500, 천의 자리까지 나타내면 2000입니다.
따라서 2539를 버림하여 나타낼 수 없는 수는 2590입니다.

9 • 1925를 올림하여 천의 자리까지 나타낸 수: 2000
• 1925를 버림하여 백의 자리까지 나타낸 수: 1900
⇨ 2000 - 1900 = 100

10 주어진 수의 십의 자리 수가 6인데 반올림하여 십의 자리까지 나타낸 수는 4270으로 십의 자리 수가 7이 되었으므로 일의 자리에서 올림한 것입니다.
따라서 일의 자리에서 반올림한 값과 올림한 값이 같으려면 일의 자리 숫자가 5, 6, 7, 8, 9 중 하나여야 합니다.

11 버림하여 백의 자리까지 나타내면 1700이 되는 자연수는 17□□입니다.
□□에는 00부터 99까지 들어갈 수 있으므로 이 중에서 가장 큰 자연수는 1799입니다.

12 정호는 반올림의 방법으로 어림했고, 연아와 세훈이는 버림의 방법으로 어림했습니다.

13 □□63을 올림하여 백의 자리까지 나타내면 2500이 되므로 □□에는 24가 들어갈 수 있습니다.
따라서 올림하기 전의 수는 2463입니다.

14 86 초과 94 이하인 자연수는 87, 88, 89, 90, 91, 92, 93, 94입니다. 이 중에서 올림하여 십의 자리까지 나타내면 100이 되는 수는 91, 92, 93, 94로 4개입니다.

개념책 26~27쪽 | 응용유형 다잡기

예제 1	❶ 75.32　　❷ 75.4
유제 1	15
예제 2	❶ 3000, 12000, 12000
	❷ 27000
유제 2	49000원
예제 3	❶ 65, 66, 67, 68, 69, 70, 71, 72, 73, 74
	❷ 65, 75
유제 3	245 이상 255 미만인 수
예제 4	❶ 90　　❷ 135　　❸ 91, 135
유제 4	127명 이상 168명 이하

예제 1　**비법**

• 가장 큰 소수 두 자리 수 만들기
높은 자리에 큰 수부터 차례대로 놓아 가장 큰 소수 두 자리 수를 만듭니다.

❶ 7>5>3>2이므로 높은 자리에 큰 수부터 차례대로 놓아 가장 큰 소수 두 자리 수를 만들면 75.32입니다.
❷ 75.32 ⇨ 75.4

유제 1　**비법**

• 가장 작은 소수 두 자리 수 만들기
높은 자리에 작은 수부터 차례대로 놓아 가장 작은 소수 두 자리 수를 만듭니다.

1<5<8<9이므로 높은 자리에 작은 수부터 차례대로 놓아 가장 작은 소수 두 자리 수를 만들면 15.89입니다. 15.89를 버림하여 일의 자리까지 나타내면 15.89 ⇨ 15입니다.

예제 2　❶ 10세는 3세 이상 13세 미만에 속하므로 현민이의 입장료는 3000원입니다.
42세는 19세 이상 65세 미만에 속하므로 엄마의 입장료는 12000원입니다.
44세는 19세 이상 65세 미만에 속하므로 아빠의 입장료는 12000원입니다.
❷ (세 사람의 입장료)
＝3000＋12000＋12000＝27000(원)

유제 2　11세는 3세 이상 13세 미만에 속하므로 지아의 입장료는 9000원입니다.
18세는 13세 이상 19세 미만에 속하므로 언니의 입장료는 15000원입니다.
21세는 19세 이상 65세 미만에 속하므로 오빠의 입장료는 25000원입니다.
(세 사람의 입장료)
＝9000＋15000＋25000＝49000(원)

예제 3　❶ 반올림하여 십의 자리까지 나타낼 때 일의 자리 숫자가 5, 6, 7, 8, 9이면 올려야 하고, 0, 1, 2, 3, 4이면 버려야 하므로 반올림하여 십의 자리까지 나타내면 70이 되는 자연수는 65, 66, 67, 68, 69, 70, 71, 72, 73, 74입니다.
❷ 반올림하여 십의 자리까지 나타내면 70이 되는 자연수는 65부터 74까지의 수이므로 이상과 미만을 이용하여 수의 범위를 나타내면 65 이상 75 미만인 수입니다.

유제 3　반올림하여 십의 자리까지 나타낼 때 일의 자리 숫자가 5, 6, 7, 8, 9이면 올려야 하고, 0, 1, 2, 3, 4이면 버려야 하므로 반올림하여 십의 자리까지 나타내면 250이 되는 자연수는
245, 246……253, 254입니다.
따라서 반올림하여 십의 자리까지 나타내면 250이 되는 자연수는 245부터 254까지의 수이므로 이상과 미만을 이용하여 수의 범위를 나타내면 245 이상 255 미만인 수입니다.

예제 4　❶ 45인승 버스 2대에 탈 수 있는 최대 회원 수는 45×2＝90(명)입니다.
❷ 45인승 버스 3대에 탈 수 있는 최대 회원 수는 45×3＝135(명)입니다.
❸ 45인승 버스가 적어도 3대 필요하므로 설악산에 가는 회원 수는 버스 2대에 탈 수 있는 최대 회원 수보다 많아야 합니다. 따라서 설악산에 가는 회원 수는 91명 이상 135명 이하입니다.

유제 4　• (42인승 버스 3대에 탈 수 있는 최대 사람 수)
＝42×3＝126(명)
• (42인승 버스 4대에 탈 수 있는 최대 사람 수)
＝42×4＝168(명)
42인승 버스가 적어도 4대 필요하므로 봉사활동을 가는 사람 수는 버스 3대에 탈 수 있는 최대 사람 수보다 많아야 합니다.
따라서 봉사활동을 가는 사람 수는 127명 이상 168명 이하입니다.

✎ 서술형 문제는 풀이를 꼭 확인하세요.

1 이상, 미만　　　　**2** 30, 35, 23
3 5200　　　　　　**4** 5600, 6000
5
```
┼──┼──┼──┼──┼◇─┼──┼──┼──┼──┼
33 34 35 36 37 38 39 40 41 42
```
6 59 이상 63 미만인 수
7 ㉠　　　　　　　　**8** ＝
9 올림 / 40000원　　**10** 버림 / 190개
11 두리　　　　　　　**12** 승아
13 가, 나 / 다　　　　**14** ㉣
15 0, 1, 2, 3, 4　　　**16** 2개
17 64.3　　　　　✎**18** 44
✎**19** 840　　　　　✎**20** 12000원

---

7 ㉠ 64253 ⇨ 64000
　　└▸5보다 작으므로
　　　버립니다.

㉡ 65194 ⇨ 65000
└▸5보다 작으므로
　버립니다.

㉢ 64821 ⇨ 65000
　└▸5보다 크므로
　　올립니다.

8 • 130을 올림하여 백의 자리까지 나타낸 수: 200
　• 285를 버림하여 백의 자리까지 나타낸 수: 200

9 신발값보다 더 적게 낼 수 없으므로 올림을 이용해야
합니다. 34800을 올림하여 만의 자리까지 나타내면
40000이므로 적어도 40000원을 내야 합니다.

10 10개가 되지 않는 구슬은 봉지에 담아 포장할 수 없
으므로 버림을 이용해야 합니다. 192를 버림하여 십
의 자리까지 나타내면 190이므로 구슬을 최대 190개
까지 포장할 수 있습니다.

11 • 두리: 58 초과인 수는 58보다 큰 수이므로 58 초과
　　　인 수 중에서 가장 작은 자연수는 59입니다.
　• 채은: 20 이하인 수는 20과 같거나 작은 수이므로
　　　20은 20 이하인 수에 포함됩니다.
　• 다미: 6 이상인 수는 6과 같거나 큰 수이므로 4, 5, 6,
　　　7 중에서 6 이상인 수는 6, 7로 2개입니다.

12 • 승아: 138.2 ⇨ 138　　• 나미: 140.5 ⇨ 141
　　　　└▸5보다 작으므로 버립니다.　└▸5이므로 올립니다.
　• 채린: 135.7 ⇨ 136
　　　　└▸5보다 크므로 올립니다.

13 20 kg 이하는 20 kg과 같거나 가벼운 무게이므로 비
행기에 가지고 탈 수 있는 가방은 가, 나이고, 가지고
탈 수 없는 가방은 다입니다.

14 ㉠ 30과 같거나 크고 33과 같거나 작은 수의 범위이
므로 33이 포함됩니다.
㉡ 32보다 크고 36보다 작은 수의 범위이므로 33이
포함됩니다.
㉢ 33과 같거나 크고 35보다 작은 수의 범위이므로
33이 포함됩니다.
㉣ 33보다 크고 36과 같거나 작은 수의 범위이므로
33이 포함되지 않습니다.

15 주어진 수의 백의 자리 수가 5인데 반올림하여 백의
자리까지 나타낸 수는 2500으로 백의 자리 수가 변하
지 않았으므로 십의 자리 수는 5보다 작은 수입니다.
따라서 ☐ 안에 들어갈 수 있는 수는 0, 1, 2, 3, 4입
니다.

16 77 초과 85 미만인 자연수는 78, 79, 80, 81, 82,
83, 84입니다. 이 중에서 버림하여 십의 자리까지 나
타내면 70이 되는 수는 78, 79로 2개입니다.

17 6＞4＞2＞1이므로 높은 자리에 큰 수부터 차례대로
놓아 가장 큰 소수 두 자리 수를 만들면 64.21입니다.
64.21을 올림하여 소수 첫째 자리까지 나타내면 64.3
이 됩니다.

✎**18** 예 수직선에 나타낸 수의 범위는 44 이상 49 미만인
수입니다. **❶**
따라서 수의 범위에 속하는 자연수는 44, 45, 46, 47,
48이고 이 중에서 가장 작은 수는 44입니다. **❷**

채점 기준	
❶ 수직선에 나타낸 수의 범위 구하기	2점
❷ 수직선에 나타낸 수의 범위에 속하는 자연수 중에서 가장 작은 수 구하기	3점

✎**19** 예 5163을 올림하여 천의 자리까지 나타내면 6000입
니다. **❶**
5163을 버림하여 십의 자리까지 나타내면 5160입니
다. **❷**
따라서 두 수의 차는 6000－5160＝840입니다. **❸**

채점 기준	
❶ 5163을 올림하여 천의 자리까지 나타내기	2점
❷ 5163을 버림하여 십의 자리까지 나타내기	2점
❸ 어림하여 나타낸 두 수의 차 구하기	1점

✎**20** 예 친구에게 보낼 택배의 무게는
4＋6＋0.5＝10.5(kg)입니다. **❶**
무게가 10.5 kg인 택배는 10 kg 초과 20 kg 이하에
속하므로 택배 요금은 12000원입니다. **❷**

채점 기준	
❶ 친구에게 보낼 택배의 무게 구하기	2점
❷ 택배 요금 구하기	3점

2. 분수의 곱셈

개념책 34쪽　　개념 ❶

예제1　2, 6, 1, 1
예제2　(1) 5, 5, 2, 1　(2) 1, 1, 5, 2, 1

개념책 35쪽　　기본유형 익히기

1 (1) 8, 3, $\dfrac{8}{3}$, $2\dfrac{2}{3}$　(2) 2, 3, 3, 2, $\dfrac{3}{2}$, $1\dfrac{1}{2}$

2 (1) $\dfrac{1}{4}$　(2) $3\dfrac{1}{3}$

3 (1) $1\dfrac{4}{5}$　(2) $2\dfrac{1}{2}$

4 $\dfrac{5}{6}\times10=8\dfrac{1}{3}$ / $8\dfrac{1}{3}$ L

2 (1) $\dfrac{1}{\overset{}{\underset{4}{8}}}\times\overset{1}{2}=\dfrac{1}{4}$

(2) $\dfrac{5}{\overset{}{\underset{3}{12}}}\times\overset{2}{8}=\dfrac{10}{3}=3\dfrac{1}{3}$

참고 계산 결과를 대분수 또는 기약분수로 나타내지 않아도 정답으로 인정합니다.

3 (1) $\dfrac{3}{\overset{}{\underset{5}{10}}}\times\overset{3}{6}=\dfrac{9}{5}=1\dfrac{4}{5}$

(2) $\dfrac{5}{\overset{}{\underset{2}{14}}}\times\overset{1}{7}=\dfrac{5}{2}=2\dfrac{1}{2}$

4 (한 통에 들어 있는 우유의 양)×(통의 수)

$=\dfrac{5}{\overset{}{\underset{3}{6}}}\times\overset{5}{10}=\dfrac{25}{3}=8\dfrac{1}{3}$(L)

개념책 36쪽　　개념 ❷

예제1　방법1　$\dfrac{1}{3}$, 2, 2, 2, 2
　　　　방법2　4, 4, 2, 8, 2, 2

개념책 37쪽　　기본유형 익히기

1 (1) 1, $\dfrac{3}{7}$, 2, $\dfrac{6}{7}$, $2\dfrac{6}{7}$

(2) 12, 12, 3, 5, $\dfrac{36}{5}$, $7\dfrac{1}{5}$

2 (1) $4\dfrac{8}{9}$　(2) $18\dfrac{1}{2}$

3 (1) $9\dfrac{3}{5}$　(2) $14\dfrac{1}{4}$

4 $2\dfrac{1}{6}\times9=19\dfrac{1}{2}$ / $19\dfrac{1}{2}$ km

2 (1) $1\dfrac{2}{9}\times4=(1\times4)+\left(\dfrac{2}{9}\times4\right)=4+\dfrac{8}{9}=4\dfrac{8}{9}$

(2) $3\dfrac{7}{10}\times5=\dfrac{37}{\overset{}{\underset{2}{10}}}\times\overset{1}{5}=\dfrac{37}{2}=18\dfrac{1}{2}$

3 (1) $3\dfrac{1}{5}\times3=(3\times3)+\left(\dfrac{1}{5}\times3\right)=9+\dfrac{3}{5}=9\dfrac{3}{5}$

(2) $2\dfrac{3}{8}\times6=\dfrac{19}{\overset{}{\underset{4}{8}}}\times\overset{3}{6}=\dfrac{57}{4}=14\dfrac{1}{4}$

4 (민정이가 매일 달린 거리)×(달린 날수)

$=2\dfrac{1}{6}\times9=\dfrac{13}{\overset{}{\underset{2}{6}}}\times\overset{3}{9}=\dfrac{39}{2}=19\dfrac{1}{2}$(km)

개념책 38쪽　　개념 ❸

예제1　2, 12, 4
예제2　(1) 12, 12, 2, 2　(2) 4, 4, 12, 2, 2

개념책 39쪽　　기본유형 익히기

1 (1) 9, 4, $\dfrac{9}{4}$, $2\dfrac{1}{4}$　(2) 4, 3, 4, 3, $\dfrac{20}{3}$, $6\dfrac{2}{3}$

2 (1) $7\dfrac{1}{2}$　(2) $2\dfrac{4}{5}$

3 (1) $\dfrac{3}{4}$　(2) $4\dfrac{1}{2}$

4 $27\times\dfrac{2}{9}=6$ / 6개

2. 분수의 곱셈　**9**

2 (1) $\overset{3}{\cancel{9}} \times \dfrac{5}{\underset{2}{\cancel{6}}} = \dfrac{15}{2} = 7\dfrac{1}{2}$

(2) $\overset{2}{\cancel{4}} \times \dfrac{7}{\underset{5}{\cancel{10}}} = \dfrac{14}{5} = 2\dfrac{4}{5}$

참고 계산 결과를 대분수 또는 기약분수로 나타내지 않아도 정답으로 인정합니다.

3 (1) $\overset{3}{\cancel{9}} \times \dfrac{1}{\underset{4}{\cancel{12}}} = \dfrac{3}{4}$

(2) $\overset{3}{\cancel{21}} \times \dfrac{3}{\underset{2}{\cancel{14}}} = \dfrac{9}{2} = 4\dfrac{1}{2}$

4 (전체 사탕의 수)$\times \dfrac{2}{9} = \overset{3}{\cancel{27}} \times \dfrac{2}{\underset{1}{\cancel{9}}} = 6$(개)

개념책 40쪽 **개념 ❹**

예제 1 **방법 1** $\dfrac{1}{5}$, 4, 4, 4, 4

방법 2 6, 4, 6, 24, 4, 4

개념책 41쪽 **기본유형 익히기**

1 (1) 1, $\dfrac{2}{5}$, 2, $\dfrac{4}{5}$, $2\dfrac{4}{5}$

(2) $\dfrac{7}{4}$, 3, 7, 4, $\dfrac{21}{4}$, $5\dfrac{1}{4}$

2 (1) $12\dfrac{6}{7}$ (2) $22\dfrac{1}{2}$ **3** (1) $11\dfrac{2}{3}$ (2) $9\dfrac{1}{2}$

4 $28 \times 2\dfrac{2}{7} = 64$ / 64 kg

2 (1) $6 \times 2\dfrac{1}{7} = (6 \times 2) + \left(6 \times \dfrac{1}{7}\right) = 12 + \dfrac{6}{7} = 12\dfrac{6}{7}$

(2) $5 \times 4\dfrac{1}{2} = 5 \times \dfrac{9}{2} = \dfrac{45}{2} = 22\dfrac{1}{2}$

3 (1) $7 \times 1\dfrac{2}{3} = 7 \times \dfrac{5}{3} = \dfrac{35}{3} = 11\dfrac{2}{3}$

(2) $4 \times 2\dfrac{3}{8} = \overset{1}{\cancel{4}} \times \dfrac{19}{\underset{2}{\cancel{8}}} = \dfrac{19}{2} = 9\dfrac{1}{2}$

4 (선미의 몸무게)$\times 2\dfrac{2}{7}$

$= 28 \times 2\dfrac{2}{7} = \overset{4}{\cancel{28}} \times \dfrac{16}{\underset{1}{\cancel{7}}} = 64$(kg)

개념책 42~43쪽 **연산 PLUS**

1 $1\dfrac{1}{2}$ **2** $3\dfrac{1}{3}$ **3** 4

4 $3\dfrac{3}{7}$ **5** $1\dfrac{1}{2}$ **6** $5\dfrac{1}{5}$

7 $9\dfrac{4}{5}$ **8** $2\dfrac{1}{2}$ **9** $\dfrac{4}{5}$

10 $9\dfrac{1}{7}$ **11** $7\dfrac{1}{2}$ **12** $2\dfrac{1}{2}$

13 $2\dfrac{2}{3}$ **14** $3\dfrac{5}{9}$

15 $17\dfrac{1}{2}$ **16** 24 **17** $17\dfrac{5}{7}$

18 $6\dfrac{2}{3}$ **19** $7\dfrac{1}{2}$ **20** $28\dfrac{1}{2}$

21 51 **22** $5\dfrac{1}{3}$ **23** $9\dfrac{1}{3}$

24 $15\dfrac{3}{4}$ **25** $15\dfrac{3}{4}$ **26** $2\dfrac{1}{10}$

27 $4\dfrac{2}{3}$ **28** $28\dfrac{1}{2}$

개념책 44~45쪽 **실전유형 다지기**

✎ 서술형 문제는 풀이를 꼭 확인하세요.

1 (1) $1\dfrac{1}{4}$ (2) $18\dfrac{1}{3}$ **2** 93

3 (선 잇기 그림)

4 10, $8\dfrac{1}{3}$

5 $2\dfrac{1}{2}$

✎**6** 풀이 참조 **7** <

8 $5 \times 1\dfrac{1}{2}$에 ○표, $5 \times \dfrac{1}{3}$, $5 \times \dfrac{7}{9}$에 △표

9 6개 **10** $8\dfrac{3}{4}$ cm

11 $15\dfrac{3}{4}$ cm^2 **12** 민지, 40 cm

13 서하

1 (1) $\dfrac{1}{\underset{4}{\cancel{8}}} \times \overset{5}{\cancel{10}} = \dfrac{5}{4} = 1\dfrac{1}{4}$

(2) $\overset{5}{\cancel{25}} \times \dfrac{11}{\underset{3}{\cancel{15}}} = \dfrac{55}{3} = 18\dfrac{1}{3}$

2 $30 \times 3\frac{1}{10} = \overset{3}{\cancel{30}} \times \frac{31}{\cancel{10}} = 93$

3 · $\frac{3}{7} \times 2$는 분자와 자연수를 곱해야 하므로 $\frac{2}{7} \times 3$과 계산 결과가 같습니다.

· $1\frac{5}{6}$를 가분수로 바꾸면 $\frac{11}{6}$이므로 $1\frac{5}{6} \times 3$과 $\frac{11}{6} \times 3$은 계산 결과가 같습니다.

· $1\frac{3}{10} \times 4$는 $1\frac{3}{10}$을 가분수로 바꾸어 $\frac{13}{10} \times 4$로 계산할 수 있으며, 이 식을 약분하면 $\frac{13}{\underset{5}{\cancel{10}}} \times \overset{2}{\cancel{4}} = \frac{13}{5} \times 2$

가 되므로 $\frac{13}{5} \times 2$와 계산 결과가 같습니다.

4 $\overset{5}{\cancel{15}} \times \frac{2}{\cancel{3}} = 10$, $\overset{5}{\cancel{10}} \times \frac{5}{\cancel{6}} = \frac{25}{3} = 8\frac{1}{3}$

5 가장 큰 수는 20이고, 가장 작은 수는 $\frac{1}{8}$입니다.

$\Rightarrow \overset{5}{\cancel{20}} \times \frac{1}{\cancel{8}} = \frac{5}{2} = 2\frac{1}{2}$

6 우주 ❶

❷ (진분수)×(자연수)에서 자연수는 분자에만 곱합니다. ❷

채점 기준
❶ 바르게 계산한 사람은 누구인지 찾아 이름 쓰기
❷ (진분수)×(자연수)의 계산 방법 쓰기

7 · $2\frac{3}{10} \times 4 = \frac{23}{\underset{5}{\cancel{10}}} \times \overset{2}{\cancel{4}} = \frac{46}{5} = 9\frac{1}{5}$

· $6 \times 1\frac{4}{5} = 6 \times \frac{9}{5} = \frac{54}{5} = 10\frac{4}{5}$

$\Rightarrow 9\frac{1}{5} < 10\frac{4}{5}$

8 비법

· ▥ ×(1보다 큰 수)>▥   · ▥ ×(1보다 작은 수)<▥

· $5 \times \frac{1}{3}$: $\frac{1}{3} < 1 \Rightarrow 5 \times \frac{1}{3} < 5$

· $5 \times 1\frac{1}{2}$: $1\frac{1}{2} > 1 \Rightarrow 5 \times 1\frac{1}{2} > 5$

· $5 \times \frac{7}{9}$: $\frac{7}{9} < 1 \Rightarrow 5 \times \frac{7}{9} < 5$

9 $\frac{5}{\underset{3}{\cancel{6}}} \times \overset{4}{\cancel{8}} = \frac{20}{3} = 6\frac{2}{3}$

$\Rightarrow$ ☐ 안에 들어갈 수 있는 자연수는 $6\frac{2}{3}$보다 작은 자연수이므로 1, 2, 3, 4, 5, 6으로 모두 6개입니다.

10 (정사각형의 둘레)=(한 변의 길이)×4

$= 2\frac{3}{16} \times 4 = \frac{35}{\underset{4}{\cancel{16}}} \times \overset{1}{\cancel{4}}$

$= \frac{35}{4} = 8\frac{3}{4}$(cm)

11 (직사각형의 넓이)=(가로)×(세로)

$= 6 \times 2\frac{5}{8} = \overset{3}{\cancel{6}} \times \frac{21}{\underset{4}{\cancel{8}}}$

$= \frac{63}{4} = 15\frac{3}{4}$(cm²)

12 (혜리가 가진 끈의 길이)=$\overset{8}{\cancel{96}} \times \frac{7}{\underset{1}{\cancel{12}}} = 56$(cm)

따라서 민지가 가진 끈의 길이가 혜리가 가진 끈의 길이보다 $96-56=40$(cm) 더 깁니다.

13 · 현아: 1 m는 100 cm이므로

1 m의 $\frac{1}{2}$은 $\overset{50}{\cancel{100}} \times \frac{1}{\cancel{2}} = 50$(cm)입니다.

· 서하: 1 L는 1000 mL이므로

1 L의 $\frac{1}{5}$은 $\overset{200}{\cancel{1000}} \times \frac{1}{\cancel{5}} = 200$(mL)입니다.

· 동희: 1시간은 60분이므로

1시간의 $\frac{1}{4}$은 $\overset{15}{\cancel{60}} \times \frac{1}{\cancel{4}} = 15$(분)입니다.

개념책 46쪽   개념 ❺

예제 1   6, 3, $\frac{1}{18}$

예제 2   3, 4, $\frac{9}{20}$

개념책 47쪽 기본유형 익히기

1 (1) 8, 3 $\frac{1}{24}$ (2) 2, 1, 2, $\frac{1}{14}$

2 (1) $\frac{1}{10}$ (2) $\frac{1}{12}$ (3) $\frac{3}{10}$ (4) $\frac{4}{15}$

3 (1) $\frac{1}{20}$ (2) $\frac{5}{32}$

4 $\frac{4}{7} \times \frac{5}{8} = \frac{5}{14}$ / $\frac{5}{14}$ m

2 (1) $\frac{1}{5} \times \frac{1}{2} = \frac{1}{5 \times 2} = \frac{1}{10}$ (2) $\frac{\overset{1}{\cancel{3}}}{4} \times \frac{1}{\underset{3}{\cancel{9}}} = \frac{1}{12}$

(3) $\frac{\overset{1}{\cancel{13}}}{\underset{5}{\cancel{15}}} \times \frac{\overset{3}{\cancel{9}}}{\cancel{26}} = \frac{3}{10}$ (4) $\frac{\overset{2}{\cancel{10}}}{\underset{3}{\cancel{21}}} \times \frac{\overset{2}{\cancel{14}}}{\underset{5}{\cancel{25}}} = \frac{4}{15}$

3 (1) $\frac{\overset{1}{\cancel{3}}}{5} \times \frac{1}{\underset{4}{\cancel{12}}} = \frac{1}{20}$ (2) $\frac{\overset{1}{\cancel{3}}}{16} \times \frac{5}{\underset{2}{\cancel{6}}} = \frac{5}{32}$

4 (미주가 가진 끈의 길이) $\times \frac{5}{8} = \frac{\overset{1}{\cancel{4}}}{7} \times \frac{5}{\underset{2}{\cancel{8}}} = \frac{5}{14}$ (m)

개념책 48쪽 개념 **6**

예제 1 방법 1 1, 5, 1, 5, $3\frac{1}{3}$

방법 2 1, 2, $\frac{10}{3}$, $3\frac{1}{3}$

개념책 49쪽 기본유형 익히기

1 (1) 4, 4, 1, 8, 4, $\frac{44}{15}$, $2\frac{14}{15}$

(2) 8, 3, 1, $\frac{24}{7}$, $3\frac{3}{7}$

2 (1) $2\frac{1}{12}$ (2) $7\frac{3}{5}$ **3** (1) $2\frac{3}{4}$ (2) $2\frac{1}{5}$

4 $1\frac{7}{8} \times 2\frac{1}{3} = 4\frac{3}{8}$ / $4\frac{3}{8}$ kg

2 (1) $1\frac{1}{4} \times 1\frac{2}{3} = \frac{5}{4} \times \frac{5}{3} = \frac{25}{12} = 2\frac{1}{12}$

(2) $2\frac{2}{5} \times 3\frac{1}{6} = \frac{\overset{2}{\cancel{12}}}{5} \times \frac{19}{\underset{1}{\cancel{6}}} = \frac{38}{5} = 7\frac{3}{5}$

---

3 (1) $1\frac{5}{6} \times 1\frac{1}{2} = \frac{11}{\underset{2}{\cancel{6}}} \times \frac{\overset{1}{\cancel{3}}}{2} = \frac{11}{4} = 2\frac{3}{4}$

(2) $1\frac{4}{5} \times 1\frac{2}{9} = \frac{\overset{1}{\cancel{9}}}{5} \times \frac{11}{\underset{1}{\cancel{9}}} = \frac{11}{5} = 2\frac{1}{5}$

4 (멜론의 무게) $\times 2\frac{1}{3} = 1\frac{7}{8} \times 2\frac{1}{3}$

$= \frac{\overset{5}{\cancel{15}}}{8} \times \frac{7}{\underset{1}{\cancel{3}}} = \frac{35}{8} = 4\frac{3}{8}$ (kg)

개념책 50쪽 개념 **7**

예제 1 1, 1, $\frac{1}{3}$, $\frac{1}{9}$

예제 2 방법 1 3, 21, $\frac{21}{32}$

방법 2 3, 3, $\frac{21}{32}$

개념책 51쪽 기본유형 익히기

1 (1) 1, 1, 4, $\frac{1}{5}$, $\frac{1}{4}$, $\frac{1}{20}$

(2) 1, 1, 3, 2, $\frac{5}{42}$

2 (1) $\frac{9}{10}$ (2) $\frac{4}{9}$ **3** $\frac{8}{21}$

4 $\frac{3}{5} \times \frac{1}{12} \times \frac{5}{6} = \frac{1}{24}$ / $\frac{1}{24}$ kg

2 (1) $\frac{3}{4} \times 6 \times \frac{1}{5} = \frac{3}{\underset{2}{\cancel{4}}} \times \frac{\overset{3}{\cancel{6}}}{1} \times \frac{1}{5} = \frac{9}{10}$

(2) $\frac{2}{9} \times \frac{1}{6} \times 12 = \frac{\overset{1}{\cancel{2}}}{\underset{3}{\cancel{9}}} \times \frac{1}{\underset{3}{\cancel{6}}} \times \frac{\overset{4}{\cancel{12}}}{1} = \frac{4}{9}$

3 $\frac{2}{5} \times 3\frac{1}{3} \times \frac{2}{7} = \frac{2}{\underset{1}{\cancel{5}}} \times \frac{\overset{2}{\cancel{10}}}{3} \times \frac{2}{7} = \frac{8}{21}$

4 (전체 설탕의 무게) $\times \frac{1}{12} \times \frac{5}{6}$

$= \frac{\overset{1}{\cancel{3}}}{\underset{1}{\cancel{5}}} \times \frac{1}{\underset{4}{\cancel{12}}} \times \frac{\overset{1}{\cancel{5}}}{6} = \frac{1}{24}$ (kg)

개념책 52~53쪽 연산 PLUS

1 $\dfrac{1}{8}$ **2** $\dfrac{3}{20}$ **3** 2

4 $4\dfrac{1}{20}$ **5** $\dfrac{1}{15}$ **6** $2\dfrac{2}{5}$

7 $1\dfrac{3}{7}$ **8** $\dfrac{5}{33}$ **9** $\dfrac{4}{7}$

10 5 **11** $4\dfrac{1}{12}$ **12** $\dfrac{21}{50}$

13 $\dfrac{3}{10}$ **14** $3\dfrac{19}{24}$

15 $\dfrac{2}{15}$ **16** 6 **17** $\dfrac{1}{12}$

18 $\dfrac{5}{24}$ **19** $\dfrac{10}{57}$ **20** $5\dfrac{3}{5}$

21 $1\dfrac{9}{11}$ **22** $\dfrac{1}{21}$ **23** $5\dfrac{1}{7}$

24 $4\dfrac{14}{19}$ **25** $2\dfrac{3}{8}$ **26** $\dfrac{12}{35}$

27 $\dfrac{3}{8}$ **28** $\dfrac{1}{3}$

개념책 54~55쪽 실전유형 다지기

✎ 서술형 문제는 풀이를 꼭 확인하세요.

1 (1) $\dfrac{1}{55}$ (2) $\dfrac{5}{28}$ **2** 15

3 $\dfrac{2}{33}$ **4** (1) $>$ (2) $>$

5 (○) ( ) **6** ㉢

✎**7** 풀이 참조 **8** $\dfrac{1}{18}$

9 $\dfrac{7}{50}$ **10** $5, 8$ (또는 $8, 5$) / $\dfrac{1}{40}$

11 $\dfrac{16}{35}$ m² **12** $\dfrac{2}{45}$

13 $22\dfrac{1}{20}$

4 (1) 어떤 수에 진분수를 곱하면 곱한 결과는 어떤 수보다 작습니다.

(2) 어떤 수에 더 큰 수를 곱할수록 곱한 결과가 더 큽니다. $\dfrac{1}{4}$이 $\dfrac{1}{6}$보다 크므로 $\dfrac{7}{10}$에 $\dfrac{1}{4}$을 곱한 결과가 $\dfrac{7}{10}$에 $\dfrac{1}{6}$을 곱한 결과보다 더 큽니다.

6 ㉠ $1\dfrac{1}{2} \times 2\dfrac{1}{6} = \dfrac{\overset{1}{\cancel{3}}}{2} \times \dfrac{13}{\underset{2}{\cancel{6}}} = \dfrac{13}{4} = 3\dfrac{1}{4}$

㉡ $3\dfrac{3}{4} \times 2\dfrac{3}{5} = \dfrac{\overset{3}{\cancel{15}}}{4} \times \dfrac{13}{\underset{1}{\cancel{5}}} = \dfrac{39}{4} = 9\dfrac{3}{4}$

㉢ $5\dfrac{1}{7} \times 2\dfrac{1}{3} = \dfrac{\overset{12}{\cancel{36}}}{7} \times \dfrac{\overset{1}{\cancel{7}}}{\underset{1}{\cancel{3}}} = 12$

㉣ $1\dfrac{2}{3} \times 1\dfrac{3}{5} = \dfrac{5}{3} \times \dfrac{8}{\underset{1}{\cancel{5}}} = \dfrac{8}{3} = 2\dfrac{2}{3}$

따라서 계산 결과가 자연수인 것은 ㉢입니다.

✎**7** **예** 대분수를 가분수로 바꾸지 않고, 약분하여 계산했습니다.」❶

$2\dfrac{2}{5} \times 2\dfrac{1}{6} = \dfrac{\overset{2}{\cancel{12}}}{5} \times \dfrac{13}{\underset{1}{\cancel{6}}} = \dfrac{26}{5} = 5\dfrac{1}{5}$」❷

채점 기준
❶ 잘못 계산한 곳을 찾아 이유 쓰기
❷ 바르게 계산하기

8 ㉠ $\dfrac{1}{7} \times \dfrac{2}{9} \times 14 = \dfrac{1}{\cancel{7}} \times \dfrac{2}{9} \times \dfrac{\overset{2}{\cancel{14}}}{1} = \dfrac{4}{9}$

㉡ $\dfrac{\overset{1}{\cancel{5}}}{\underset{3}{\cancel{6}}} \times \dfrac{7}{\underset{2}{\cancel{10}}} \times \dfrac{2}{3} = \dfrac{7}{18}$

⇨ ㉠ − ㉡ $= \dfrac{4}{9} - \dfrac{7}{18} = \dfrac{8}{18} - \dfrac{7}{18} = \dfrac{1}{18}$

9 (어떤 수)$= \dfrac{\overset{1}{\cancel{4}}}{5} \times \dfrac{7}{\underset{3}{\cancel{12}}} = \dfrac{7}{15}$

⇨ 어떤 수의 $\dfrac{3}{10}$은 $\dfrac{7}{\underset{5}{\cancel{15}}} \times \dfrac{\overset{1}{\cancel{3}}}{10} = \dfrac{7}{50}$입니다.

10 **비법**

$\dfrac{1}{\square} \times \dfrac{1}{\square}$에서 분모에 큰 수가 들어갈수록 계산 결과가 작아집니다.

$2 < 3 < 4 < 5 < 8$이므로 계산 결과가 가장 작은 분수의 곱셈식은 $\dfrac{1}{5} \times \dfrac{1}{8}$ 또는 $\dfrac{1}{8} \times \dfrac{1}{5}$입니다.

⇨ $\dfrac{1}{5} \times \dfrac{1}{8} = \dfrac{1}{40}$, $\dfrac{1}{8} \times \dfrac{1}{5} = \dfrac{1}{40}$

11 (색칠한 직사각형의 가로)$= 1 - \dfrac{3}{7} = \dfrac{4}{7}$ (m)

⇨ (색칠한 직사각형의 넓이)$= \dfrac{4}{7} \times \dfrac{4}{5} = \dfrac{16}{35}$ (m²)

12 수학을 좋아하는 5학년 남학생은 전체 학생의

$$\dfrac{1}{\underset{3}{\cancel{6}}} \times \dfrac{\overset{2}{\cancel{4}}}{\underset{3}{\cancel{9}}} \times \dfrac{\overset{1}{\cancel{3}}}{5} = \dfrac{2}{45} \text{입니다.}$$

13 • 만들 수 있는 가장 큰 대분수: $8\dfrac{2}{5}$

• 만들 수 있는 가장 작은 대분수: $2\dfrac{5}{8}$

$$\Rightarrow 8\dfrac{2}{5} \times 2\dfrac{5}{8} = \dfrac{\overset{21}{\cancel{42}}}{5} \times \dfrac{21}{\underset{4}{\cancel{8}}} = \dfrac{441}{20} = 22\dfrac{1}{20}$$

개념책 56~57쪽 **응용유형 다잡기**

예제 1 ❶ 30, $4\dfrac{1}{2}$ ❷ 228

유제 1 405 km

예제 2 ❶ $2\dfrac{1}{7}$ ❷ $1\dfrac{5}{7}$ ❸ $\dfrac{36}{49}$

유제 2 $1\dfrac{29}{75}$

예제 3 ❶ 4, 5, 6   ❷ 1, 2, 3   ❸ $\dfrac{1}{20}$

유제 3 $\dfrac{1}{21}$

예제 4 ❶ $\dfrac{1}{2}$ ❷ $\dfrac{3}{4}$ ❸ 90

유제 4 480 mL

예제 1 ❷ $50\dfrac{2}{3} \times 4\dfrac{1}{2} = \dfrac{\overset{76}{\cancel{152}}}{\underset{1}{\cancel{3}}} \times \dfrac{\overset{3}{\cancel{9}}}{\underset{1}{\cancel{2}}} = 228$ (km)

유제 1 2시간 15분 $= 2\dfrac{15}{60}$ 시간 $= 2\dfrac{1}{4}$ 시간

⇨ (열차가 2시간 15분 동안 갈 수 있는 거리)

$= 180 \times 2\dfrac{1}{4} = \overset{45}{\cancel{180}} \times \dfrac{9}{\underset{1}{\cancel{4}}} = 405$ (km)

예제 2 ❷ ▇ $= 2\dfrac{1}{7} - \dfrac{3}{7} = \dfrac{15}{7} - \dfrac{3}{7} = \dfrac{12}{7} = 1\dfrac{5}{7}$

❸ $1\dfrac{5}{7} \times \dfrac{3}{7} = \dfrac{12}{7} \times \dfrac{3}{7} = \dfrac{36}{49}$

유제 2 어떤 수를 ☐라 하면 $☐ + \dfrac{8}{15} = 3\dfrac{2}{15}$,

$☐ = 3\dfrac{2}{15} - \dfrac{8}{15} = \dfrac{47}{15} - \dfrac{8}{15}$

$= \dfrac{39}{15} = \dfrac{13}{5} = 2\dfrac{3}{5}$ 입니다.

따라서 바르게 계산하면

$2\dfrac{3}{5} \times \dfrac{8}{15} = \dfrac{13}{5} \times \dfrac{8}{15} = \dfrac{104}{75} = 1\dfrac{29}{75}$ 입니다.

예제 3 **비법**

> 분수의 곱셈에서 분모가 클수록, 분자가 작을수록 계산 결과가 작아집니다.

❶ 분모가 클수록 곱이 작아지므로 분모로 사용할 수 카드의 수는 4, 5, 6입니다.

❷ 분자가 작을수록 곱이 작아지므로 분자로 사용할 수 카드의 수는 1, 2, 3입니다.

❸ 분모는 4, 5, 6이고 분자는 1, 2, 3이므로 계

산한 값은 $\dfrac{1 \times \overset{1}{\cancel{2}} \times \overset{1}{\cancel{3}}}{\underset{2}{\cancel{4}} \times 5 \times \underset{2}{\cancel{6}}} = \dfrac{1}{20}$ 입니다.

유제 3 분모가 클수록, 분자가 작을수록 곱이 작아지므로 분모로 사용할 수 카드의 수는 7, 8, 9이고 분자로 사용할 수 카드의 수는 2, 3, 4입니다.

⇨ $\dfrac{\overset{1}{\cancel{2}} \times \overset{1}{\cancel{3}} \times \cancel{4}}{7 \times \underset{\underset{1}{\cancel{4}}}{\cancel{8}} \times \underset{3}{\cancel{9}}} = \dfrac{1}{21}$

예제 4 ❶ (어제 읽고 남은 양)$= 1 - \dfrac{1}{4} = \dfrac{3}{4}$

⇨ (오늘 읽은 양)$= \dfrac{\overset{1}{\cancel{3}}}{\underset{2}{\cancel{4}}} \times \dfrac{\overset{1}{\cancel{2}}}{\underset{1}{\cancel{3}}} = \dfrac{1}{2}$

❷ (어제와 오늘 읽은 양)

$= \dfrac{1}{4} + \dfrac{1}{2} = \dfrac{1}{4} + \dfrac{2}{4} = \dfrac{3}{4}$

❸ 어제와 오늘 읽은 책은 모두

$\overset{30}{\cancel{120}} \times \dfrac{3}{\underset{1}{\cancel{4}}} = 90$ (쪽)입니다.

유제 4 (어제 마시고 남은 양)$=1-\dfrac{1}{5}=\dfrac{4}{5}$,

$\qquad$ (오늘 마신 양)$=\dfrac{\overset{2}{\cancel{4}}}{5}\times\dfrac{1}{\underset{1}{\cancel{2}}}=\dfrac{2}{5}$

$\qquad\Rightarrow$ (어제와 오늘 마신 양)$=\dfrac{1}{5}+\dfrac{2}{5}=\dfrac{3}{5}$

$\qquad$ 따라서 어제와 오늘 마신 음료수는 모두

$\qquad\overset{160}{\cancel{800}}\times\dfrac{3}{\underset{1}{\cancel{5}}}=480(\text{mL})$입니다.

---

8 ㉠ $2\times3\dfrac{3}{8}=\overset{1}{\cancel{2}}\times\dfrac{27}{\underset{4}{\cancel{8}}}=\dfrac{27}{4}=6\dfrac{3}{4}$

$\quad$ ㉡ $4\dfrac{1}{2}\times1\dfrac{1}{2}=\dfrac{9}{2}\times\dfrac{3}{2}=\dfrac{27}{4}=6\dfrac{3}{4}$

$\quad$ ㉢ $9\times\dfrac{3}{4}=\dfrac{27}{4}=6\dfrac{3}{4}$

$\quad$ ㉣ $3\dfrac{1}{2}\times1\dfrac{3}{4}=\dfrac{7}{2}\times\dfrac{7}{4}=\dfrac{49}{8}=6\dfrac{1}{8}$

9 (손수건을 만드는 데 사용한 천의 넓이)

$\qquad=\dfrac{\overset{2}{\cancel{4}}}{7}\times\dfrac{5}{\underset{3}{\cancel{6}}}=\dfrac{10}{21}(\text{m}^2)$

10 $\dfrac{4}{9}$에 큰 수를 곱할수록 계산 결과가 더 큽니다.

$\qquad 2\dfrac{2}{3}>1\dfrac{5}{6}>1>\dfrac{7}{8}$

$\qquad\Rightarrow \underset{㉣}{\dfrac{4}{9}\times2\dfrac{2}{3}}>\underset{㉢}{\dfrac{4}{9}\times1\dfrac{5}{6}}>\underset{㉠}{\dfrac{4}{9}\times1}>\underset{㉡}{\dfrac{4}{9}\times\dfrac{7}{8}}$

11 ㉠ $1\dfrac{1}{5}\times2\dfrac{2}{9}=\dfrac{\overset{2}{\cancel{6}}}{\underset{1}{\cancel{5}}}\times\dfrac{\overset{4}{\cancel{20}}}{\underset{3}{\cancel{9}}}=\dfrac{8}{3}=2\dfrac{2}{3}$

$\quad$ ㉡ $3\dfrac{3}{8}\times1\dfrac{5}{9}=\dfrac{\overset{3}{\cancel{27}}}{\underset{4}{\cancel{8}}}\times\dfrac{\overset{7}{\cancel{14}}}{\underset{1}{\cancel{9}}}=\dfrac{21}{4}=5\dfrac{1}{4}$

$\quad\Rightarrow$ ㉡$-$㉠$=5\dfrac{1}{4}-2\dfrac{2}{3}=5\dfrac{3}{12}-2\dfrac{8}{12}$

$\qquad\qquad\qquad\qquad\quad=4\dfrac{15}{12}-2\dfrac{8}{12}=2\dfrac{7}{12}$

12 (어떤 수)$=\dfrac{\overset{1}{\cancel{2}}}{3}\times\dfrac{7}{\underset{5}{\cancel{10}}}=\dfrac{7}{15}$

$\qquad\Rightarrow$ 어떤 수의 $\dfrac{3}{14}$은 $\dfrac{7}{\underset{5}{\cancel{15}}}\times\dfrac{\overset{1}{\cancel{3}}}{\underset{2}{\cancel{14}}}=\dfrac{1}{10}$입니다.

13 (정오각형의 둘레)$=$(한 변의 길이)$\times$(변의 수)

$\qquad\qquad\qquad\qquad=1\dfrac{2}{5}\times5=\dfrac{7}{\cancel{5}}\times\overset{1}{\cancel{5}}=7(\text{m})$

14 (전체 입장료)$=8000\times2=16000$(원)

$\qquad\Rightarrow$ (할인 기간에 입장권 2장을 사려면 내야 하는 금액)

$\qquad\qquad=\overset{3200}{\cancel{16000}}\times\dfrac{3}{\underset{1}{\cancel{5}}}=9600$(원)

15 단편 소설은 학교 도서관에 있는 책 전체의

$\qquad\dfrac{\overset{2}{\cancel{4}}}{\underset{1}{\cancel{5}}}\times\dfrac{1}{3}\times\dfrac{\overset{1}{\cancel{5}}}{\underset{3}{\cancel{6}}}=\dfrac{2}{9}$입니다.

개념책 58~60쪽 단원 마무리

🖋 서술형 문제는 풀이를 꼭 확인하세요.

1 $5, 10, 3\dfrac{1}{3}$

2 $12, 8, 96, 3\dfrac{21}{25}$

3 $1\dfrac{1}{2}$

4 $\dfrac{9}{10}$

5 $\dfrac{48}{77}$

6 ⤬ (선 연결)

7 $<$

8 ㉣

9 $\dfrac{10}{21}\,\text{m}^2$

10 ㉣, ㉢, ㉠, ㉡

11 $2\dfrac{7}{12}$

12 $\dfrac{1}{10}$

13 7 m

14 9600원

15 $\dfrac{2}{9}$

16 9, 8 (또는 8, 9) / $\dfrac{1}{72}$

17 57쪽

18 풀이 참조

🖋 **19** 9 m²

🖋 **20** $8\dfrac{8}{9}$ km

---

6 • $\dfrac{4}{5}\times3$은 분자와 자연수를 곱해야 하므로 $4\times\dfrac{3}{5}$과 계산 결과가 같습니다.

$\quad$ • 곱셈에서는 곱하는 두 수의 순서를 바꾸어도 계산 결과가 같으므로 $3\times2\dfrac{3}{5}=2\dfrac{3}{5}\times3$입니다.

$\quad$ • 7은 $\dfrac{7}{1}$로 바꾸어 계산할 수 있으므로 $\dfrac{5}{6}\times7$과 $\dfrac{5}{6}\times\dfrac{7}{1}$은 계산 결과가 같습니다.

16 (단위분수)×(단위분수)는 분모가 클수록 계산 결과가 작아지므로 □ 안에 수 카드 중 가장 큰 수인 9와 그 다음으로 큰 수인 8을 써넣습니다.

$$\Rightarrow \frac{1}{9} \times \frac{1}{8} = \frac{1}{72}, \ \frac{1}{8} \times \frac{1}{9} = \frac{1}{72}$$

17 (어제 읽고 남은 양)$= 1 - \frac{1}{4} = \frac{3}{4}$,

(오늘 읽은 양)$= \overset{1}{\underset{1}{\cancel{\frac{3}{4}}}} \times \frac{\cancel{4}}{7} = \frac{3}{7}$

$\Rightarrow$ (어제와 오늘 읽은 양)

$$= \frac{1}{4} + \frac{3}{7} = \frac{7}{28} + \frac{12}{28} = \frac{19}{28}$$

따라서 민율이가 어제와 오늘 읽은 책은 모두

$$\overset{3}{\cancel{84}} \times \frac{19}{\underset{1}{\cancel{28}}} = 57(쪽)입니다.$$

18 예 대분수를 가분수로 바꾸지 않고, 약분하여 계산했습니다.」❶

$$4\frac{1}{6} \times 15 = \frac{25}{\underset{2}{\cancel{6}}} \times \overset{5}{\cancel{15}} = \frac{125}{2} = 62\frac{1}{2}$$」❷

채점 기준	
❶ 잘못 계산한 곳을 찾아 이유 쓰기	2점
❷ 바르게 계산하기	3점

19 예 (직사각형의 넓이)=(가로)×(세로)이므로

$3\frac{3}{4} \times 2\frac{2}{5}$를 계산합니다.」❶

따라서 직사각형의 넓이는

$$3\frac{3}{4} \times 2\frac{2}{5} = \frac{\overset{3}{\cancel{15}}}{\underset{1}{\cancel{4}}} \times \frac{\overset{3}{\cancel{12}}}{\underset{1}{\cancel{5}}} = 9(m^2)입니다.$$」❷

채점 기준	
❶ 문제에 알맞은 식 만들기	2점
❷ 직사각형의 넓이 구하기	3점

20 예 2시간 40분이 몇 시간인지 분수로 나타내면

$2\frac{40}{60}$시간$= 2\frac{2}{3}$시간입니다.」❶

따라서 2시간 40분 동안 예지가 걸은 거리는

$$3\frac{1}{3} \times 2\frac{2}{3} = \frac{10}{3} \times \frac{8}{3} = \frac{80}{9} = 8\frac{8}{9}(km)입니다.$$」❷

채점 기준	
❶ 2시간 40분이 몇 시간인지 분수로 나타내기	2점
❷ 2시간 40분 동안 예지가 걸은 거리 구하기	3점

3. 합동과 대칭

개념책 64쪽 개념 ❶

예제 1 (1) 다 (2) 합동

예제 2 ( ) (○) (○)

예제 2 자른 두 도형을 포개었을 때 완전히 겹치는 도형을 찾습니다.

개념책 65쪽 기본유형 익히기

1 합동

2 ( ) ( ) (○)

3 가와 다, 라와 마

4 예

1 모양과 크기가 같아서 포개었을 때 완전히 겹치는 두 도형을 서로 합동이라고 합니다.

2 왼쪽 도형과 포개었을 때 완전히 겹치는 도형을 찾습니다.

3 모양과 크기가 같아서 포개었을 때 완전히 겹치는 두 도형은 가와 다, 라와 마입니다.

참고 가와 다처럼 돌려서 포개었을 때 완전히 겹치는 경우도 서로 합동입니다.

4 주어진 도형과 포개었을 때 완전히 겹치도록 그립니다.

개념책 66쪽 개념 ❷

예제 1 (1) ㅁ, ㅁ (2) ㅁㅂ, ㅁㅂ

(3) ㅁㅂㅅ, ㅁㅂㅅ

예제 2 같습니다 / 같습니다

개념책 67쪽 기본유형 익히기

1 (1) 점 ㅂ, 점 ㅇ (2) 변 ㅁㅂ, 변 ㅅㅇ

(3) 각 ㅁㅂㅅ, 각 ㅁㅇㅅ

2 3 / 3 / 3   **3** (1) 4 (2) 60

1 서로 합동인 두 사각형을 포개었을 때 완전히 겹치는 곳을 각각 찾습니다.

2 비법

서로 합동인 ▨각형의 대응점, 대응변, 대응각은 각각 ▨쌍 있습니다.

두 삼각형은 서로 합동이므로 대응점, 대응변, 대응각이 각각 3쌍 있습니다.

3 (1) 변 ㄹㅂ의 대응변은 변 ㄱㄴ이므로
　　(변 ㄹㅂ)=4 cm입니다.
　(2) 각 ㅁㅂㅅ의 대응각은 각 ㄹㄷㄴ이므로
　　(각 ㅁㅂㅅ)=60°입니다.

개념책 68~69쪽 **실전유형 다지기**

🖊 서술형 문제는 풀이를 꼭 확인하세요.

1 가, 바 / 다, 라
2 점 ㅁ, 변 ㅅㅇ, 각 ㅅㅇㅁ
3 예 　**4** 예
5 (1) (왼쪽에서부터) 100, 6
　(2) (왼쪽에서부터) 9, 120
🖊**6** 풀이 참조　　　**7** 나
8 가와 바, 다와 마　**9** 25 cm
10 21 cm²　　　　**11** 혁재
12 148 cm

1 모양과 크기가 같아서 포개었을 때 완전히 겹치는 두 도형은 가와 바, 다와 라입니다.

2 두 사각형을 포개었을 때 점 ㄱ과 겹치는 점은 점 ㅁ, 변 ㄷㄹ과 겹치는 변은 변 ㅅㅇ, 각 ㄷㄹㄱ과 겹치는 각은 각 ㅅㅇㅁ입니다.

3 주어진 도형과 포개었을 때 완전히 겹치도록 그립니다.

4 모양과 크기가 같아서 포개었을 때 완전히 겹치는 도형이 4개가 되도록 선을 긋습니다.

5 (1)
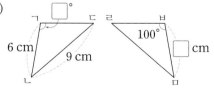

각 ㄴㄱㄷ의 대응각은 각 ㅁㅂㄹ이므로 각 ㄴㄱㄷ은 100°입니다.
변 ㅂㅁ의 대응변은 변 ㄱㄴ이므로 변 ㅂㅁ은 6 cm입니다.

(2)
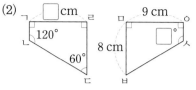

변 ㄱㄹ의 대응변은 변 ㅇㅁ이므로 변 ㄱㄹ은 9 cm입니다.
각 ㅇㅅㅂ의 대응각은 각 ㄱㄴㄷ이므로 각 ㅇㅅㅂ은 120°입니다.

🖊**6** 아라❶
예 두 도형의 모양이 같더라도 크기가 다르면 두 도형은 서로 합동이 아닙니다.❷

채점 기준
❶ 잘못 설명한 사람의 이름 쓰기
❷ 이유 쓰기

7 모양과 크기가 같아서 포개었을 때 완전히 겹치는 모양의 타일을 찾으면 나입니다.

9 변 ㄱㄷ의 대응변은 변 ㄹㅁ이므로 (변 ㄱㄷ)=7 cm입니다.
⇨ (삼각형 ㄱㄴㄷ의 둘레)=10+8+7=25(cm)

10 변 ㄴㄷ의 대응변은 변 ㅂㅅ이므로 (변 ㄴㄷ)=7 cm입니다.
⇨ (직사각형 ㄱㄴㄷㄹ의 넓이)=7×3=21(cm²)

11 •주미: 점 ㅂ의 대응점은 점 ㄷ입니다.
　•혁재: 각 ㅂㅁㅇ의 대응각은 각 ㄷㄹㄱ이므로
　　(각 ㅂㅁㅇ)=85°, 각 ㅅㅇㅁ의 대응각은
　　각 ㄴㄱㄹ이므로 (각 ㅅㅇㅁ)=135°입니다.
　　⇨ 사각형 ㅁㅂㅅㅇ의 네 각의 크기의 합은 360°
　　이므로
　　(각 ㅂㅅㅇ)=360°-85°-75°-135°=65°
　　입니다.
　•인수: 변 ㅅㅇ의 길이는 8 cm입니다.

12 삼각형 ㄱㄴㅁ과 삼각형 ㅁㄷㄹ이 서로 합동이므로
(변 ㄱㄴ)=(변 ㅁㄷ)=14 cm,
(변 ㄷㄹ)=(변 ㄴㅁ)=34 cm입니다.
⇨ (사각형 ㄱㄴㄷㄹ의 둘레)
　=14+34+14+34+52=148(cm)

개념책 70쪽 **개념 ❸**

예제 1 (1) 나, 다　(2) 선대칭도형
예제 2 (1) ㄴ　(2) ㄹㄷ　(3) ㅁㄹㄷ

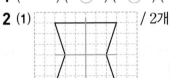

개념책 71쪽 기본유형 익히기

1 ( ) (○) (○) ( ) (○)

2 (1) 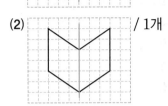 / 2개

(2) / 1개

3 (왼쪽에서부터) 점 ㅅ, 점 ㅂ, 점 ㄷ /
변 ㅅㅂ, 변 ㅁㄹ, 변 ㅇㄱ /
각 ㅇㅅㅂ, 각 ㅂㅁㄹ, 각 ㄷㄹㅇ

1 한 직선을 따라 접었을 때 완전히 겹치는 도형을 모두
찾습니다.

2 한 직선을 따라 접었을 때 도형이 완전히 겹치게 하는
직선을 긋습니다.

> (참고) 선대칭도형에서 대칭축은 여러 개일 수 있습니다.

3 대칭축을 따라 접었을 때 겹치는 점을 대응점, 겹치는
변을 대응변, 겹치는 각을 대응각이라고 합니다.

개념책 72쪽 개념 ❹

(예제 1) (1) ㅁㄹ, 같습니다 (2) ㅁㄹㅂ, 같습니다
(3) 90

(예제 2) (1)~(3)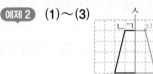

개념책 73쪽 기본유형 익히기

1 (1) 90° (2) 3 cm (3) 9 cm

2 (1) (위에서부터) 6, 35 (2) (위에서부터) 5, 60, 7

3 (1)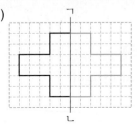

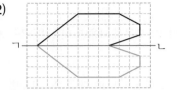
(2)

1 (1) 대응점끼리 이은 선분은 대칭축과 수직으로 만납
니다.

(2) 선분 ㅂㅋ과 선분 ㄴㅋ의 길이가 같으므로
(선분 ㅂㅋ)=3 cm입니다.

(3) 선분 ㅁㅌ과 선분 ㄷㅌ의 길이가 같으므로
(선분 ㅁㅌ)=9 cm입니다.

2 (1)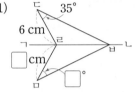

• 변 ㅁㄹ의 대응변은 변 ㄷㄹ이므로
(변 ㅁㄹ)=6 cm입니다.

• 각 ㄹㅁㅂ의 대응각은 각 ㄹㄷㅂ이므로
(각 ㄹㅁㅂ)=35°입니다.

(2)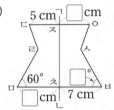

• 변 ㅇㅈ의 대응변은 변 ㄷㅈ이므로
(변 ㅇㅈ)=5 cm입니다.

• 각 ㅅㅂㅊ의 대응각은 각 ㄹㅁㅊ이므로
(각 ㅅㅂㅊ)=60°입니다.

• 변 ㅁㅊ의 대응변은 변 ㅂㅊ이므로
(변 ㅁㅊ)=7 cm입니다.

3 대응점을 찾아 표시한 후 차례대로 이어 선대칭도형을
완성합니다.

개념책 74쪽 개념 ❺

(예제 1) (1) 나, 라 (2) 점대칭도형

(예제 2) (1) ㅅ (2) ㅁㅂ (3) ㅂㅅㅈ

(2)

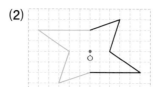

개념책 75쪽 기본유형 익히기

1 (　　) (　　) (○) (　　) (○)

2 (1) (2)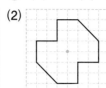

3 (왼쪽에서부터) 점 ㄹ, 점 ㅂ, 점 ㄴ /
　 변 ㄹㅁ, 변 ㅂㄱ, 변 ㄷㄴ /
　 각 ㄹㅁㅂ, 각 ㅁㅂㄱ, 각 ㄴㄱㅂ

1 어떤 점을 중심으로 180° 돌렸을 때 처음 도형과 완전히 겹치는 도형을 모두 찾습니다.

2 대응점끼리 이은 선분들이 만나는 점을 찾아 표시합니다.

(1) (2)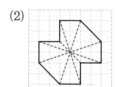

3 대칭의 중심을 중심으로 180° 돌렸을 때 겹치는 점을 대응점, 겹치는 변을 대응변, 겹치는 각을 대응각이라고 합니다.

1 (1) 변 ㄱㄴ의 대응변은 변 ㄹㅁ이므로
　 (변 ㄱㄴ)=9 cm입니다.
(2) 각 ㄷㄹㅁ의 대응각은 각 ㅂㄱㄴ이므로
　 (각 ㄷㄹㅁ)=130°입니다.
(3) 선분 ㅁㅇ과 선분 ㄴㅇ의 길이가 같으므로
　 (선분 ㅁㅇ)=12 cm입니다.

2 (1)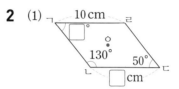

• 각 ㄹㄱㄴ의 대응각은 각 ㄴㄷㄹ이므로
　 (각 ㄹㄱㄴ)=50°입니다.
• 변 ㄴㄷ의 대응변은 변 ㄹㄱ이므로
　 (변 ㄴㄷ)=10 cm입니다.

(2)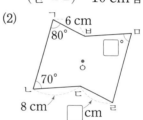

• 각 ㄹㅁㅂ의 대응각은 각 ㄱㄴㄷ이므로
　 (각 ㄹㅁㅂ)=70°입니다.
• 변 ㄷㄹ의 대응변은 변 ㅂㄱ이므로
　 (변 ㄷㄹ)=6 cm입니다.

3 대응점을 찾아 표시한 후 차례대로 이어 점대칭도형을 완성합니다.

개념책 76쪽 개념 ❻

예제1 (1) ㄹㄷ, 같습니다
　 (2) ㅁㅂㅅ, 같습니다
　 (3) 같습니다

예제2 (1)~(3)

개념책 77쪽 기본유형 익히기

1 (1) 9 cm　(2) 130°　(3) 12 cm
2 (위에서부터) (1) 50, 10　(2) 70, 6
3 (1)

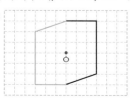

개념책 78~79쪽 실전유형 다지기

✎ 서술형 문제는 풀이를 꼭 확인하세요.

1 ㉠, ㉡, ㉣ /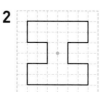

2

3 (왼쪽에서부터) 점 ㄹ, 변 ㅂㅁ, 각 ㅁㄹㅌ /
점 ㄱ, 변 ㄷㄴ, 각 ㄴㄱㅋ

4 ㉠, ㉡, ㉢, ㉣   **5** ㉢, ㉣

6 (위에서부터) 140, 5

7

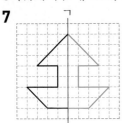

8 ㉠, ㉣   **9** 6 cm / 8 cm

10 풀이 참조   **11** 1개

12 70   **13** 68 cm

1 한 직선을 따라 접었을 때 완전히 겹치는 도형은 ㉠,
㉡, ㉣입니다.

2 대응점끼리 이은 선분들이 만나는
점을 찾아 표시합니다.

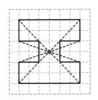

4 한 직선을 따라 접었을 때 완전히 겹치는 글자는 ㉠,
㉡, ㉢, ㉣입니다.

5 • 선대칭도형: ㉠, ㉡, ㉢, ㉣
• 점대칭도형: ㉢, ㉣, ㉤
⇨ 선대칭도형이면서 점대칭도형인 글자는
㉢, ㉣입니다.

6

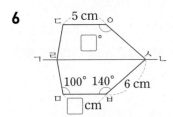

• 변 ㅁㅂ의 대응변은 변 ㄷㅇ입니다.
⇨ (변 ㅁㅂ)=(변 ㄷㅇ)=5 cm
• 각 ㄷㅇㅅ의 대응각은 각 ㅁㅂㅅ입니다.
⇨ (각 ㄷㅇㅅ)=(각 ㅁㅂㅅ)=140°

8 어떤 점을 중심으로 180° 돌렸을 때 처음 국기와 완
전히 겹치는 국기는 ㉠, ㉣입니다.

9 점대칭도형에서 각각의 대응점에서 대칭의 중심까지의
거리는 서로 같습니다.
⇨ (선분 ㄱㅇ)=(선분 ㄹㅇ)=12÷2=6(cm)
(선분 ㅂㄷ)=4×2=8(cm)

10 소미

예 점대칭도형에서 대칭의 중심은 항상 1개입니다.

채점 기준
❶ 잘못 설명한 사람을 찾아 이름 쓰기
❷ 이유 쓰기

11

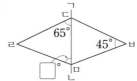

㉮의 대칭축의 수: 3개, ㉯의 대칭축의 수: 2개
⇨ 두 선대칭도형의 대칭축의 수의 차는 3−2=1(개)
입니다.

12

각 ㄷㄹㅁ의 대응각은 각 ㄷㅂㅁ이므로
(각 ㄷㄹㅁ)=45°입니다.
⇨ 삼각형 ㄷㄹㅁ의 세 각의 크기의 합은 180°이므로
(각 ㄹㅁㄷ)=180°−65°−45°=70°입니다.

13 각각의 대응변의 길이는 서로 같으므로
(변 ㄷㄹ)=(변 ㅅㅈ)=4 cm,
(변 ㅁㅂ)=(변 ㄱㄴ)=17 cm,
(변 ㅂㅅ)=(변 ㄴㄷ)=10 cm,
(변 ㅈㄱ)=(변 ㄹㅁ)=3 cm입니다.
⇨ (점대칭도형의 둘레)
=17+10+4+3+17+10+4+3=68(cm)

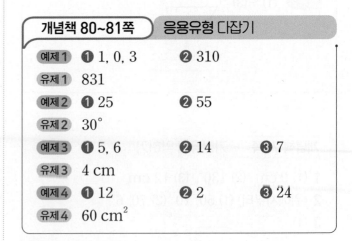

개념책 80~81쪽	응용유형 다잡기

예제 1	❶ 1, 0, 3	❷ 310
유제 1	831	
예제 2	❶ 25	❷ 55
유제 2	30°	
예제 3	❶ 5, 6	❷ 14	❸ 7
유제 3	4 cm	
예제 4	❶ 12	❷ 2	❸ 24
유제 4	60 cm²	

예제 1 ❶ 선대칭도형이 되는 숫자는 1, 0, 3입니다.
❷ ❶의 숫자들의 크기를 비교하면 3>1>0이므
로 만들 수 있는 가장 큰 수는 310입니다.

유제 1 선대칭도형이 되는 숫자는 3, 1, 8입니다.
따라서 선대칭도형인 숫자들의 크기를 비교하면 8>3>1이므로 만들 수 있는 가장 큰 수는 831입니다.

예제 2 ❶ 각 ㄴㄱㄷ의 대응각은 각 ㄷㄹㄴ이므로
(각 ㄴㄱㄷ)=(각 ㄷㄹㄴ)=25°입니다.
❷ 삼각형 ㄱㄴㄷ의 세 각의 크기의 합은 180°이므로 (각 ㄱㄷㄴ)=180°−25°−100°=55°입니다.

유제 2 각 ㄴㄱㄷ의 대응각은 각 ㄷㄹㄴ이므로
(각 ㄴㄱㄷ)=(각 ㄷㄹㄴ)=30°입니다.
따라서 삼각형 ㄱㄴㄷ의 세 각의 크기의 합은 180°이므로 (각 ㄱㄷㄴ)=180°−30°−120°=30°입니다.

예제 3 ❶ 점대칭도형에서 대응변의 길이가 서로 같으므로 변 ㄱㄴ과 변 ㄹㅁ, 변 ㄴㄷ과 변 ㅁㅂ의 길이가 각각 같습니다.
⇨ (변 ㄱㄴ)=5 cm, (변 ㄴㄷ)=6 cm
❷ 변 ㄷㄹ과 변 ㅂㄱ의 길이의 합은
36−(5+6+5+6)=14(cm)입니다.
❸ 변 ㄷㄹ과 변 ㅂㄱ의 길이가 같으므로
(변 ㄷㄹ)=14÷2=7(cm)입니다.

유제 3 점대칭도형에서 대응변의 길이가 서로 같으므로 변 ㄷㄹ과 변 ㅂㄱ, 변 ㅁㅂ과 변 ㄴㄷ의 길이가 각각 같습니다.
(변 ㄷㄹ)=15 cm, (변 ㅁㅂ)=7 cm이므로
변 ㄱㄴ과 변 ㄹㅁ의 길이의 합은
52−(7+15+7+15)=8(cm)입니다.
따라서 변 ㄱㄴ과 변 ㄹㅁ의 길이가 같으므로
(변 ㄱㄴ)=8÷2=4(cm)입니다.

예제 4

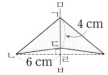

❶ (삼각형 ㄱㄴㄷ의 넓이)
=4×6÷2=12(cm²)
❷ 선대칭도형은 대칭축을 따라 접었을 때 완전히 겹치므로 완성한 선대칭도형의 넓이는 삼각형 ㄱㄴㄷ의 넓이의 2배입니다.
❸ (완성한 선대칭도형의 넓이)
=12×2=24(cm²)

유제 4

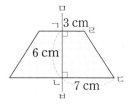

(사다리꼴 ㄱㄴㄷㄹ의 넓이)
=(3+7)×6÷2=30(cm²)
선대칭도형은 대칭축을 따라 접었을 때 완전히 겹치므로 완성한 선대칭도형의 넓이는 사다리꼴 ㄱㄴㄷㄹ의 넓이의 2배입니다.
⇨ (완성한 선대칭도형의 넓이)
=30×2=60(cm²)

개념책 82~84쪽   단원 마무리

✎ 서술형 문제는 풀이를 꼭 확인하세요.

1 다
2 점 ㅂ / 변 ㅇㅅ / 각 ㄹㄱㄴ
3
4 ㉡
5
6 ④
7 ㉡
8 8 cm
9 60°
10 I, N
11 10 cm
12 ㉮
13 (위에서부터) 80, 7
14 35 cm
15 [그림]
16 55°
17 80 cm²
✎**18** 풀이 참조
✎**19** 60°
✎**20** 7 cm

1 가와 포개었을 때 완전히 겹치는 도형은 다입니다.

2 서로 합동인 두 사각형을 포개었을 때 완전히 겹치는 곳을 각각 찾습니다.

3 왼쪽 도형과 포개었을 때 완전히 겹치도록 그립니다.

4 대응점끼리 이은 선분들이 만나는 점은 ㉡입니다.

6

 ① ② ③

④ ⑤

원의 대칭축의 수는 셀 수 없이 많으므로 대칭축의 수가 가장 많은 도형은 ④입니다.

7 ㉡ 변 ㄱㅂ의 대응변은 변 ㄹㄷ입니다.

8 변 ㅁㅂ의 대응변은 변 ㄷㄴ이므로 (변 ㅁㅂ)=8 cm 입니다.

9 각 ㄴㄱㄷ의 대응각은 각 ㅂㄹㅁ이므로 (각 ㄴㄱㄷ)=60°입니다.

10 어떤 점을 중심으로 180° 돌렸을 때 처음 알파벳과 완전히 겹치는 알파벳을 찾습니다.

11 각각의 대응점에서 대칭축까지의 거리는 서로 같으므로 (변 ㄴㅂ)=(변 ㄷㅂ)=5 cm입니다.
➡ (선분 ㄴㄷ)=5×2=10(cm)

12 • 선대칭도형: ㉮, ㉰
• 점대칭도형: ㉮, ㉱
따라서 선대칭도형이면서 점대칭도형인 것은 ㉮입니다.

13

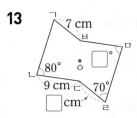

• 각 ㄹㅁㅂ의 대응각은 각 ㄱㄴㄷ이므로
 (각 ㄹㅁㅂ)=80°입니다.
• 변 ㄷㄹ의 대응변은 변 ㅂㄱ이므로
 (변 ㄷㄹ)=7 cm입니다.

14 변 ㄱㄹ의 대응변은 변 ㅇㅁ이고 변 ㄷㄹ의 대응변은 변 ㅂㅁ이므로 (변 ㄱㄹ)=4 cm, (변 ㄷㄹ)=12 cm 입니다.
➡ (사각형 ㄱㄴㄷㄹ의 둘레)
 =8+11+12+4=35(cm)

15 대응점을 찾아 표시한 후 차례대로 이어 점대칭도형을 완성합니다.

16 각 ㄷㄱㄴ의 대응각은 각 ㅁㄹㄴ이므로
(각 ㄷㄱㄴ)=35°입니다.
따라서 삼각형 ㄱㄴㄷ의 세 각의 크기의 합은 180°이므로 (각 ㄱㄷㄴ)=180°−35°−90°=55°입니다.

17

(직사각형 ㄱㄴㄷㄹ의 넓이)=8×5=40(cm²)
선대칭도형은 대칭축을 따라 접었을 때 완전히 겹치므로 완성한 선대칭도형의 넓이는 직사각형 ㄱㄴㄷㄹ의 넓이의 2배입니다.
➡ (완성한 선대칭도형의 넓이)
 =40×2=80(cm²)

✎18 합동이 아닙니다. ❶
예 두 오각형은 크기가 달라서 포개었을 때 완전히 겹치지 않으므로 합동이 아닙니다. ❷

채점 기준	
❶ 두 오각형이 서로 합동인지 아닌지 쓰기	2점
❷ 이유 쓰기	3점

✎19 예 각 ㄱㄴㄷ의 대응각은 각 ㄱㅁㄹ이므로
(각 ㄱㄴㄷ)=120°입니다. ❶
선대칭도형의 대응점끼리 이은 선분은 대칭축과 수직으로 만나므로 (각 ㄱㅂㄷ)=90°입니다. ❷
따라서 사각형 ㄱㄴㄷㅂ의 네 각의 크기의 합은 360°이므로 (각 ㄴㄱㅂ)=360°−120°−90°−90°=60°입니다. ❸

채점 기준	
❶ 각 ㄱㄴㄷ의 크기 구하기	2점
❷ 각 ㄱㅂㄷ의 크기 구하기	2점
❸ 각 ㄴㄱㅂ의 크기 구하기	1점

✎20 예 변 ㄹㅁ의 대응변은 변 ㄱㄴ이므로
(변 ㄹㅁ)=8 cm이고, 변 ㅂㄱ의 대응변은 변 ㄷㄹ이므로 (변 ㅂㄱ)=15 cm입니다. ❶
따라서 (변 ㄴㄷ)+(변 ㅁㅂ)
 =60−(8+15+8+15)=14(cm)이고,
변 ㄴㄷ의 대응변은 변 ㅁㅂ이므로
(변 ㄴㄷ)=(변 ㅁㅂ)=14÷2=7(cm)입니다. ❷

채점 기준	
❶ 변 ㄹㅁ, 변 ㅂㄱ의 길이 각각 구하기	2점
❷ 변 ㄴㄷ의 길이 구하기	3점

4. 소수의 곱셈

개념책 88쪽 개념 ❶

예제 1 2.4

예제 2 방법 1 17, 17, 85, 0.85

방법 2 (위에서부터) 85, 0.85 / 85, 0.85

개념책 89쪽 기본유형 익히기

1 (1) 5, 5, 15, 1.5

(2) (위에서부터) 184, 1.84 / 184, 1.84

2 (1) 1.6 (2) 4.2 (3) 2.43 (4) 1.45

3 (1) 5.4 (2) 2.88

4 $0.7 \times 3 = 2.1$ / 2.1 km

2 (1) $0.4 \times 4 = \dfrac{4}{10} \times 4 = \dfrac{4 \times 4}{10} = \dfrac{16}{10} = 1.6$

(2) $0.6 \times 7 = \dfrac{6}{10} \times 7 = \dfrac{6 \times 7}{10} = \dfrac{42}{10} = 4.2$

(3) $0.81 \times 3 = \dfrac{81}{100} \times 3 = \dfrac{81 \times 3}{100} = \dfrac{243}{100} = 2.43$

(4) $0.29 \times 5 = \dfrac{29}{100} \times 5 = \dfrac{29 \times 5}{100} = \dfrac{145}{100} = 1.45$

3 (1) $0.9 \times 6 = 5.4$

(2) $0.72 \times 4 = 2.88$

4 (하루에 달리기를 한 거리) × (날수)

$= 0.7 \times 3 = 2.1\text{(km)}$

개념책 90쪽 개념 ❷

예제 1 방법 1 17, 17, 68, 6.8

방법 2 (위에서부터) 68, 6.8 / 68, 6.8

예제 2 4, 4, 24 / 2364, 23.64

개념책 91쪽 기본유형 익히기

1 (1) 52, 52, 364, 36.4

(2) (위에서부터) 762, 7.62 / 762, 7.62

2 (1) 8.4 (2) 26.5 (3) 13.06 (4) 7.42

3 (1) 11.2 (2) 13.86

4 $1.9 \times 9 = 17.1$ / 17.1 m

2 (1) $2.8 \times 3 = \dfrac{28}{10} \times 3 = \dfrac{28 \times 3}{10} = \dfrac{84}{10} = 8.4$

(2) $5.3 \times 5 = \dfrac{53}{10} \times 5 = \dfrac{53 \times 5}{10} = \dfrac{265}{10} = 26.5$

(3) $6.53 \times 2 = \dfrac{653}{100} \times 2 = \dfrac{653 \times 2}{100}$

$= \dfrac{1306}{100} = 13.06$

(4) $1.06 \times 7 = \dfrac{106}{100} \times 7 = \dfrac{106 \times 7}{100} = \dfrac{742}{100} = 7.42$

3 (1) $1.4 \times 8 = 11.2$

(2) $2.31 \times 6 = 13.86$

4 (상자 한 개를 포장하는 데 필요한 끈의 길이) × (상자 수)

$= 1.9 \times 9 = 17.1\text{(m)}$

개념책 92쪽 개념 ❸

예제 1 1.6

예제 2 방법 1 32, 32, 128, 1.28

방법 2 (위에서부터) 128, 1.28

/ 128, 1.28

예제 1 2를 10등분 한 다음 8칸을 색칠한 것입니다.

한 칸의 크기는 2의 $\dfrac{1}{10}$배이고 8칸의 크기는 2의

$\dfrac{8}{10}$배이므로 $\dfrac{16}{10}$이 되어 1.6입니다.

개념책 93쪽 기본유형 익히기

1 (1) 3, 3, 18, 1.8

(2) (위에서부터) 208, 2.08 / 208, 2.08

2 (1) 4.5 (2) 13.6 (3) 0.54 (4) 10.35

3 (1) 4.2 (2) 1.92

4 $68 \times 0.4 = 27.2$ / 27.2 g

2 (1) $5 \times 0.9 = 5 \times \dfrac{9}{10} = \dfrac{5 \times 9}{10} = \dfrac{45}{10} = 4.5$

(2) $17 \times 0.8 = 17 \times \dfrac{8}{10} = \dfrac{17 \times 8}{10} = \dfrac{136}{10} = 13.6$

(3) $9 \times 0.06 = 9 \times \dfrac{6}{100} = \dfrac{9 \times 6}{100} = \dfrac{54}{100} = 0.54$

(4) $23 \times 0.45 = 23 \times \dfrac{45}{100} = \dfrac{23 \times 45}{100}$

$= \dfrac{1035}{100} = 10.35$

3 (1) $7 \times 0.6 = 4.2$

(2) $24 \times 0.08 = 1.92$

4 (귤 한 개의 무게)$\times 0.4 = 68 \times 0.4 = 27.2$(g)

개념책 94쪽 개념 ❹

예제 1 **방법 1** 23, 23, 115, 11.5

방법 2 (위에서부터) 115, 11.5

/ 115, 11.5

예제 2 2, 2, 16 / 1632, 16.32

개념책 95쪽 기본유형 익히기

1 (1) 15, 15, 135, 13.5

(2) (위에서부터) 948, 9.48 / 948, 9.48

2 (1) 3.6 (2) 27.2 (3) 15.05 (4) 88.22

3 (1) 33.3 (2) 21

4 $45 \times 1.3 = 58.5$ / 58.5 kg

2 (1) $2 \times 1.8 = 2 \times \dfrac{18}{10} = \dfrac{2 \times 18}{10} = \dfrac{36}{10} = 3.6$

(2) $16 \times 1.7 = 16 \times \dfrac{17}{10} = \dfrac{16 \times 17}{10} = \dfrac{272}{10} = 27.2$

(3) $7 \times 2.15 = 7 \times \dfrac{215}{100} = \dfrac{7 \times 215}{100}$

$= \dfrac{1505}{100} = 15.05$

(4) $22 \times 4.01 = 22 \times \dfrac{401}{100} = \dfrac{22 \times 401}{100}$

$= \dfrac{8822}{100} = 88.22$

3 (1) $9 \times 3.7 = 33.3$

(2) $20 \times 1.05 = 21$

참고 소수점 아래 끝자리에 있는 0은 생략하여 나타낼 수 있습니다. ⇨ $21.00 = 21$

4 (준성이의 몸무게)$\times 1.3 = 45 \times 1.3 = 58.5$(kg)

개념책 96~97쪽 연산 PLUS

1 1.6	**2** 8.4	**3** 1.8
4 3.8	**5** 2.5	**6** 2.8
7 7.5	**8** 8.8	**9** 16.2
10 5.6	**11** 1.2	**12** 27.9

13 4.5	**14** 13.5	**15** 3.6
16 20.3	**17** 0.63	**18** 1.44
19 16.5	**20** 33.6	**21** 2.55
22 8.28	**23** 14.21	**24** 24.32

개념책 98~99쪽 실전유형 다지기

🖋 서술형 문제는 풀이를 꼭 확인하세요.

1 (1) 1.6 (2) 0.27 **2** ㉣

3 $4.2 \times 3 = \dfrac{42}{10} \times 3 = \dfrac{42 \times 3}{10} = \dfrac{126}{10} = 12.6$

4 7, 1.96

5 ( ) (○) ( )

6 > **7** ㉡

🖋**8** 풀이 참조 **9** 14.8 cm

10 39.15크로나 **11** 1.7 km

12 6.3 km **13** 4 m²

14 찬우, 0.17 L

1 (1) $0.8 \times 2 = \dfrac{8}{10} \times 2 = \dfrac{8 \times 2}{10} = \dfrac{16}{10} = 1.6$

(2) $3 \times 0.09 = 3 \times \dfrac{9}{100} = \dfrac{3 \times 9}{100} = \dfrac{27}{100} = 0.27$

2 ㉠ $0.37 + 0.37 = 0.74$

㉡ $0.37 \times 2 = 0.74$

㉢ $\dfrac{37 \times 2}{100} = \dfrac{74}{100} = 0.74$

㉣ $\dfrac{37}{10} \times 2 = \dfrac{37 \times 2}{10} = \dfrac{74}{10} = 7.4$

3 곱해지는 수가 소수 한 자리 수이므로 분모가 10인 분수로 나타내어 계산해야 하는데 분모가 100인 분수로 잘못 나타내었습니다.

4 ・$1.4 \times 5 = 7.0$

・$7 \times 0.28 = 1.96$

5 비법 (자연수)×(소수)의 크기 비교
- ■×(1보다 작은 소수)＜■
- ■×(1보다 큰 소수)＞■

45와 곱하는 소수 1.3, 0.8, 2.07 중에서 1보다 작은 소수는 0.8이므로 계산 결과가 45보다 작은 것은 45×0.8입니다.

6 $8.46×5=42.30$, $15×2.69=40.35$
⇨ $42.3>40.35$

7 ㉠ $74×0.18=13.32$ ㉡ $0.34×56=19.04$
㉢ $68×0.21=14.28$ ㉣ $0.36×45=16.20$
⇨ $\underset{㉡}{19.04}>\underset{㉣}{16.2}>\underset{㉢}{14.28}>\underset{㉠}{13.32}$

8 나리」
예 54와 4의 곱은 약 200이니까 0.54와 4의 곱은 2 정도가 돼.」❷

채점 기준
❶ 계산 결과를 잘못 어림한 사람의 이름 쓰기
❷ 바르게 고치기

9 정사각형은 네 변의 길이가 모두 같습니다.
⇨ (정사각형의 둘레)=$3.7×4=14.8$(cm)

10 (우리나라 돈 1000원)=(스웨덴 돈 7.83크로나)
⇨ (우리나라 돈 5000원)=(스웨덴 돈 7.83크로나)×5
　　　　　　　　　　　　　=$7.83×5=39.15$(크로나)

11 (집에서 우체국까지의 거리)=$2×0.85=1.7$(km)

12 일주일은 7일입니다.
⇨ (일주일 동안 걷기 운동을 한 거리)
　　=$0.9×7=6.3$(km)

13 (텃밭의 넓이)=$(1.8+3.2)×1.6÷2=4$(m²)

14 • (가영이가 마신 음료수의 양)=$3×0.25=0.75$(L)
• (찬우가 마신 음료수의 양)=$2×0.46=0.92$(L)
따라서 $0.75<0.92$이므로
찬우가 $0.92-0.75=0.17$(L) 더 많이 마셨습니다.

개념책 100쪽 개념 ❺

예제 1　48, 0.48

예제 2　방법 1　2, 2, 86, 0.086
　　　　방법 2　(위에서부터) 86, 0.086 / 86, 0.086

개념책 101쪽 기본유형 익히기

1 (1) 5, 5, 35, 0.35
(2) (위에서부터) 189, 0.189 / 189, 0.189

2 (1) 0.32 (2) 0.09 (3) 0.306 (4) 0.1425

3 (1) 0.21 (2) 0.02

4 $0.9×0.8=0.72$ / 0.72 kg

2 (1) $0.4×0.8=\dfrac{4}{10}×\dfrac{8}{10}=\dfrac{4×8}{100}=\dfrac{32}{100}=0.32$

(2) $0.15×0.6=\dfrac{15}{100}×\dfrac{6}{10}=\dfrac{15×6}{1000}$
　　　　　　$=\dfrac{90}{1000}=0.09$

(3) $0.9×0.34=\dfrac{9}{10}×\dfrac{34}{100}=\dfrac{9×34}{1000}$
　　　　　　$=\dfrac{306}{1000}=0.306$

(4) $0.57×0.25=\dfrac{57}{100}×\dfrac{25}{100}=\dfrac{57×25}{10000}$
　　　　　　$=\dfrac{1425}{10000}=0.1425$

3 (1) $0.3×0.7=0.21$
(2) $0.05×0.4=0.020$

4 (전체 설탕의 양)×$0.8=0.9×0.8=0.72$(kg)

개념책 102쪽 개념 ❻

예제 1　방법 1　42, 42, 798, 7.98
　　　　방법 2　(위에서부터) 798, 7.98 / 798, 7.98
예제 2　2, 2, 2.8 / 2744, 2.744

개념책 103쪽 기본유형 익히기

1 (1) 18, 18, 216, 2.16
(2) (위에서부터) 6137, 6.137 / 6137, 6.137

2 (1) 3.38 (2) 26.372 (3) 108.75 (4) 10.2912

3 (1) 2.47 (2) 3

4 $1.6×1.15=1.84$ / 1.84 m

2 (1) $1.3 \times 2.6 = \dfrac{13}{10} \times \dfrac{26}{10} = \dfrac{13 \times 26}{100}$

$= \dfrac{338}{100} = 3.38$

(2) $6.94 \times 3.8 = \dfrac{694}{100} \times \dfrac{38}{10} = \dfrac{694 \times 38}{1000}$

$= \dfrac{26372}{1000} = 26.372$

(3) $8.7 \times 12.5 = \dfrac{87}{10} \times \dfrac{125}{10} = \dfrac{87 \times 125}{100}$

$= \dfrac{10875}{100} = 108.75$

(4) $4.02 \times 2.56 = \dfrac{402}{100} \times \dfrac{256}{100} = \dfrac{402 \times 256}{10000}$

$= \dfrac{102912}{10000} = 10.2912$

3 (1) $1.3 \times 1.9 = 2.47$

(2) $1.25 \times 2.4 = 3.000$

4 (수호의 키) $\times 1.15 = 1.6 \times 1.15 = 1.84$(m)

개념책 104쪽 개념 **7**

예제 1 (1) 28.5, 285, 2850 / 오른쪽

(2) 39, 3.9, 0.39 / 왼쪽

개념책 105쪽 기본유형 익히기

1 ㉡

2

3 (1) 34.08 (2) 0.3408

4 $0.795 \times 100 = 79.5$ / 79.5 kg

1 0.01은 소수 두 자리 수이므로 674에서 소수점이 왼쪽으로 두 자리 옮겨집니다.

$\Rightarrow 674 \times 0.01 = 6.74$

2 $146 \times 39 = 5694$이므로 $1.46 \times 0.39 = 0.5694$, $14.6 \times 3.9 = 56.94$, $1.46 \times 3.9 = 5.694$입니다.

3 (1) 21.3은 소수 한 자리 수, 1.6은 소수 한 자리 수이므로 3408에서 소수점을 왼쪽으로 두 자리 옮긴 34.08이 됩니다.

(2) 2.13은 소수 두 자리 수, 0.16은 소수 두 자리 수이므로 3408에서 소수점을 왼쪽으로 네 자리 옮긴 0.3408이 됩니다.

---

4 (음료수 한 병의 무게) $\times$ (병의 수)

$= 0.795 \times 100 = 79.5$(kg)

개념책 106~107쪽 연산 **PLUS**

1 0.12 **2** 1.56 **3** 2.88

4 0.36 **5** 0.42 **6** 2.88

7 4.05 **8** 9.86 **9** 0.15

10 11.48 **11** 0.024 **12** 0.06

13 0.315 **14** 3.488 **15** 0.098

16 9.72 **17** 0.184 **18** 5.763

19 4.554 **20** 0.096 **21** 0.0221

22 0.045 **23** 3.8304 **24** 9.0522

개념책 108~109쪽 실전유형 다지기

✎ 서술형 문제는 풀이를 꼭 확인하세요.

1 (1) 1⊡2⬚6⬚3⬚6 (2) 1⬚2⊡6⬚3⬚6

2 (1) 0.56 (2) 7.257 **3**

4 (　　　) (　○　) (　　　)

5 ㉠ **6** >

✎**7** 풀이 참조 **8** 연지

9 (1) 3.5 (2) 0.197 **10** 0.375 kg

11 15.552 cm² **12** 14

13 2.5, 0.2 또는 0.25, 2

14 6.3 km

---

2 (1) $0.7 \times 0.8 = \dfrac{7}{10} \times \dfrac{8}{10} = \dfrac{7 \times 8}{100} = \dfrac{56}{100} = 0.56$

(2) $3.54 \times 2.05 = \dfrac{354}{100} \times \dfrac{205}{100} = \dfrac{354 \times 205}{10000}$

$= \dfrac{72570}{10000} = 7.257$

3 $37 \times 26 = 962$이므로

$3.7 \times 2.6 = 9.62$, $0.37 \times 2.6 = 0.962$,

$3.7 \times 0.26 = 0.962$, $37 \times 0.26 = 9.62$입니다.

4 0.6×0.52를 0.6과 0.5의 곱으로 어림하면 0.6의 반은 0.3입니다.

따라서 0.6×0.52의 계산 결과는 0.3에 가까운 0.312입니다.

5 ㉠ 2.9×1.3은 $3 \times 1.3 = 3.9$보다 작으므로 4보다 작습니다.

㉡ 2.3의 2.5배는 2.3의 2배인 4.6보다 크므로 4보다 큽니다.

㉢ 5.2의 0.8배는 5의 0.8배 정도로 어림하면 4보다 큽니다.

∅7 **예** 0.14는 소수 두 자리 수, 0.9는 소수 한 자리 수이므로 0.14×0.9는 $14 \times 9 = 126$에서 소수점을 왼쪽으로 세 자리 옮긴 0.126인데 1.26으로 잘못 구했습니다.」❶

채점 기준
❶ 계산이 잘못된 이유 쓰기

8 • 연지: $10 \times 7.4 = 74$
• 승환: $740 \times 0.001 = 0.74$
• 혜주: $0.074 \times 10 = 0.74$
따라서 계산 결과가 다른 사람은 연지입니다.

9 (1) 1.97은 197의 $\frac{1}{100}$배인데 6.895는 6895의 $\frac{1}{1000}$배이므로 ☐ 안에 알맞은 수는 35의 $\frac{1}{10}$배인 3.5입니다.

(2) 350은 35의 10배인데 68.95는 6895의 $\frac{1}{100}$배이므로 ☐ 안에 알맞은 수는 197의 $\frac{1}{1000}$배인 0.197입니다.

10 (탄수화물 성분의 양)$=0.5 \times 0.75 = 0.375$(kg)

11 (평행사변형의 넓이)$=4.32 \times 3.6 = 15.552$(cm²)

12 $6.4 \times 2.1 = 13.44$
따라서 $13.44 <$☐이므로 ☐ 안에 들어갈 수 있는 가장 작은 자연수는 14입니다.

13 0.25×0.2는 0.05여야 하는데 수 하나의 소수점 위치를 잘못 눌러서 0.5가 나왔으므로 태하가 계산기에 누른 두 수는 2.5와 0.2 또는 0.25와 2입니다.

14 1시간 30분 $=1\frac{30}{60}$시간 $=1\frac{1}{2}$시간 $=1.5$시간
⇨ (태우가 걸은 거리)$=4.2 \times 1.5 = 6.3$(km)

개념책 110~111쪽 응용유형 다잡기

예제1 ❶ 8.6 ❷ 1.4 ❸ 12.04
유제1 24.25

예제2 ❶ 8.5 ❷ 10.4 ❸ 88.4
유제2 63.84 m²
예제3 ❶ 0.96 ❷ 0.8 ❸ 0.128
유제3 0.315
예제4 ❶ 커야 ❷ $3, 1, 6$ ❸ 18.6
유제4 $4, 7, 2 / 9.4$

예제1 **비법**

㉠, ㉡, ㉢, ㉣이 각각 한 자리 수이고
$0 < ㉠ < ㉡ < ㉢ < ㉣$일 때
• 만들 수 있는 가장 큰 소수 한 자리 수 ☐.☐: ㉣.㉢
• 만들 수 있는 가장 작은 소수 한 자리 수 ☐.☐: ㉠.㉡

❶, ❷ $1 < 4 < 6 < 8$이므로
가장 큰 소수 한 자리 수: 8.6
가장 작은 소수 한 자리 수: 1.4
❸ $8.6 \times 1.4 = 12.04$

유제1 $2 < 5 < 7 < 9$이므로
가장 큰 소수 한 자리 수: 9.7
가장 작은 소수 한 자리 수: 2.5
⇨ $9.7 \times 2.5 = 24.25$

예제2 ❶ (새로운 직사각형의 가로)$=5 \times 1.7 = 8.5$(m)
❷ (새로운 직사각형의 세로)$=8 \times 1.3 = 10.4$(m)
❸ (새로운 직사각형의 넓이)
$=8.5 \times 10.4 = 88.4$(m²)

유제2 • (새로운 직사각형의 가로)$=7 \times 2.4 = 16.8$(m)
• (새로운 직사각형의 세로)$=4 \times 0.95 = 3.8$(m)
⇨ (새로운 직사각형의 넓이)
$=16.8 \times 3.8 = 63.84$(m²)

예제3 ❷ ▨ $+0.16 = 0.96$ ⇨ ▨ $=0.96 - 0.16 = 0.8$
❸ $0.8 \times 0.16 = 0.128$

유제3 어떤 소수를 ☐라 하면 ☐ $-0.5 = 0.13$입니다.
⇨ ☐ $=0.13 + 0.5 = 0.63$
따라서 바르게 계산하면 $0.63 \times 0.5 = 0.315$입니다.

예제4 **비법** 곱이 가장 큰 (두 자리 수)×(소수 한 자리 수)

㉠㉡ $\times 0.㉢$의 곱이 가장 크려면 가장 큰 수를 ㉢에 쓰고, 두 번째, 세 번째로 큰 수를 ㉠, ㉡에 차례대로 써야 합니다.

❷ $1 < 3 < 6$이므로 소수 한 자리 수는 0.6, 두 자리 수는 31입니다. ⇨ 31×0.6
❸ $31 \times 0.6 = 18.6$

유제 4

<table>
<tr><td>비법</td><td>곱이 가장 작은 (두 자리 수)×(소수 한 자리 수)</td></tr>
</table>

㉠㉡×0.㉢의 곱이 가장 작으려면 가장 작은 수를 ㉢에 쓰고, 두 번째, 세 번째로 작은 수를 ㉠, ㉡에 차례대로 써야 합니다.

2<4<7이므로 소수 한 자리 수는 0.2, 두 자리 수는 47입니다.
⇨ $47×0.2=9.4$

개념책 112~114쪽 단원 마무리

✎ 서술형 문제는 풀이를 꼭 확인하세요.

1 9, 9, 54, 5.4 **2** 168, 16.8
3 12.8 **4** 154.9, 15.49, 1.549
5 0.252 **6**
7 3.36, 16.8 **8** ㉡
9 > **10** ㉠, ㉢, ㉡
11 5.2 km **12** 75 kg
13 0.448 kg **14** 36 cm²
15 11.25 L **16** 은지, 2 mL
17 8.88 ✎**18** 풀이 참조
✎**19** 38.29 m ✎**20** 0.162

3 $16×0.8=16×\dfrac{8}{10}=\dfrac{16×8}{10}=\dfrac{128}{10}=12.8$

4 곱하는 수가 $\dfrac{1}{10}$배 될 때마다 곱의 소수점이 왼쪽으로 한 자리씩 옮겨집니다.

6 • 2.7은 소수 한 자리 수, 4.9는 소수 한 자리 수이므로 1323에서 소수점을 왼쪽으로 두 자리 옮긴 13.23이 됩니다.
• 0.27은 소수 두 자리 수, 4.9는 소수 한 자리 수이므로 1323에서 소수점을 왼쪽으로 세 자리 옮긴 1.323이 됩니다.

7 $0.42×8=3.36$, $3.36×5=16.80$

8 ㉠ 4의 0.48배는 4의 0.5배인 2보다 작습니다.
㉡ 5의 0.5배는 5의 반이 2.5이므로 2보다 큽니다.
㉢ 2×0.95는 2의 1배인 2보다 작습니다.

9 $4.8×3.2=15.36$, $1.6×9.5=15.20$
⇨ $15.36>15.2$

10 ㉠ $48×1.7=81.6$ ㉡ $1.6×53=84.8$
㉢ $55×1.5=82.5$
⇨ $\underset{㉠}{81.6}<\underset{㉢}{82.5}<\underset{㉡}{84.8}$

11 (도서관에서 병원까지의 거리)$=4×1.3=5.2$(km)

12 (아버지의 몸무게)$=30×2.5=75$(kg)

13 (철근 0.8 m의 무게)$=0.56×0.8=0.448$(kg)

14 (사다리꼴의 넓이)$=(5.9+8.5)×5÷2=36$(cm²)

15 2분 30초$=2\dfrac{30}{60}$분$=2\dfrac{1}{2}$분$=2.5$분
⇨ (받을 수 있는 물의 양)$=4.5×2.5=11.25$(L)

16 • (은지가 마신 우유의 양)$=180×0.6=108$(mL)
• (동욱이가 마신 우유의 양)$=200×0.53=106$(mL)
따라서 108>106이므로
은지가 $108-106=2$(mL) 더 많이 마셨습니다.

17 1<2<4<7이므로
가장 큰 소수 한 자리 수: 7.4
가장 작은 소수 한 자리 수: 1.2
⇨ $7.4×1.2=8.88$

✎**18** $2.53×3.1=7\boxed{·}8\boxed{}4\boxed{}3$ ❶
예 2.53×3.1을 2.5와 3의 곱으로 어림하면
2.53×3.1의 계산 결과는 7.5보다 조금 더 큰 값이기 때문입니다. ❷

채점 기준
❶ 어림하여 □ 안에 소수점 찍기	2점
❷ 이유 쓰기	3점

✎**19** **예** 서희가 장난감을 만드는 데 사용한 철사는
$54.7×0.3=16.41$(m)입니다. ❶
따라서 사용하고 남은 철사는
$54.7-16.41=38.29$(m)입니다. ❷

채점 기준
❶ 장난감을 만드는 데 사용한 철사의 길이 구하기	3점
❷ 사용하고 남은 철사의 길이 구하기	2점

✎**20** **예** 어떤 소수를 □라 하면 □+0.6=0.87에서
□$=0.87-0.6=0.27$입니다. ❶
따라서 바르게 계산하면 $0.27×0.6=0.162$입니다. ❷

채점 기준
❶ 어떤 소수 구하기	2점
❷ 바르게 계산한 값 구하기	3점

5. 직육면체

개념책 118쪽 개념 **1**

예제 1 (1) 가, 다, 마 / 나, 라 (2) 직육면체
예제 2 (위에서부터) 꼭짓점, 면, 모서리

예제 1 (2) 직사각형 6개로 둘러싸인 도형을 직육면체라고
합니다.

개념책 119쪽 기본유형 익히기

1 나, 라, 마
2 6, 12, 8
3 ③
4 (1) ○ (2) × (3) ○ (4) ×

1 직육면체는 직사각형 6개로 둘러싸인 도형이므로 직
육면체를 찾으면 나, 라, 마입니다.

2 • 면: 선분으로 둘러싸인 부분으로 6개입니다.
• 모서리: 면과 면이 만나는 선분으로 12개입니다.
• 꼭짓점: 모서리와 모서리가 만나는 점으로 8개입니다.

3 직육면체의 모든 면의 모양은 직사각형입니다.

4 (2) 직육면체는 길이가 같은 모서리가 4개씩 3쌍입니다.
(4) 직육면체는 면의 크기가 모두 같지는 않습니다.

개념책 120쪽 개념 **2**

예제 1 (1) 다, 마 / 가, 나, 라 (2) 정육면체

예제 1 (2) 정사각형 6개로 둘러싸인 도형을 정육면체라
고 합니다.

개념책 121쪽 기본유형 익히기

1 나, 마
2 6, 12, 8
3 9
4 (1) ○ (2) ○ (3) ×

1 정육면체는 정사각형 6개로 둘러싸인 도형이므로 정
육면체를 찾으면 나, 마입니다.

3 정육면체는 모서리의 길이가 모두 같습니다.

4 (2) 직육면체와 정육면체는 면 6개, 모서리 12개, 꼭
짓점 8개로 각각의 수가 같습니다.
(3) 정사각형은 직사각형이라고 할 수 있으므로 정육
면체는 직육면체라고 할 수 있습니다.

개념책 122쪽 개념 **3**

예제 1 (1)

(2)

(3)

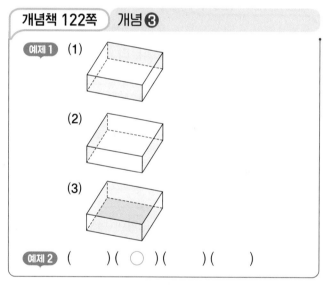

예제 2 (   ) (○) (   ) (   )

예제 1 색칠한 면과 마주 보고 있는 면을 찾아 색칠합니다.

예제 2 색칠한 면과 만나는 면은 수직인 면이고, 만나지
않는 면은 평행한 면입니다.

개념책 123쪽 기본유형 익히기

1 면 ㄱㄴㄷㄹ
2 3쌍
3 90°
4 면 ㄱㄴㄷㄹ, 면 ㄴㅂㅅㄷ, 면 ㅁㅂㅅㅇ,
면 ㄱㅁㅇㄹ

1 색칠한 면과 마주 보고 있는 면을 찾으면 면 ㄱㄴㄷㄹ입니다.

2 직육면체에서 마주 보고 있는 면은 서로 평행하고 모두 3쌍입니다.

3 면 ㄱㄴㄷㄹ과 면 ㄷㅅㅇㄹ은 수직이므로 두 면이 만나 이루는 각의 크기는 90°입니다.

4 면 ㄴㅂㅁㄱ과 수직인 면은 면 ㄴㅂㅁㄱ과 평행한 면 ㄷㅅㅇㄹ을 제외한 나머지 4개의 면입니다.
면의 순서는 바뀌어도 상관없습니다.

개념책 124~125쪽 **실전유형 다지기**

✎ 서술형 문제는 풀이를 꼭 확인하세요.

1 가, 다, 마	**2** 나, 라
3 ④	**4** 4개
5 지수	✎**6** 풀이 참조
7 면 ㄱㄴㄷㄹ, 면 ㅁㅂㅅㅇ	
8 용화	**9** 26개
10 60 cm	**11** ㉢
12 28 cm	

1 직사각형 6개로 둘러싸인 도형이 아닌 것은 가, 다, 마입니다.

2 정육면체는 정사각형 6개로 둘러싸인 도형이므로 정육면체를 찾으면 나, 라입니다.

3 직육면체의 모든 면의 모양은 직사각형입니다.

4 면 ㅁㅂㅅㅇ과 수직인 면은 면 ㄴㅂㅅㄷ, 면 ㄷㅅㅇㄹ, 면 ㄱㅁㅇㄹ, 면 ㄴㅂㅁㄱ으로 모두 4개입니다.

5 지수: 한 면과 수직인 면은 모두 4개입니다.

✎**6** 정육면체가 아닙니다.」❶
예 주어진 그림은 정사각형 6개로 둘러싸인 도형이 아니므로 정육면체가 아닙니다.」❷

채점 기준
❶ 정육면체인지 아닌지 쓰기
❷ 이유 쓰기

7 • 면 ㄴㅂㅅㄷ과 수직인 면:
면 ㄱㄴㄷㄹ, 면 ㄷㅅㅇㄹ, 면 ㅁㅂㅅㅇ, 면 ㄴㅂㅁㄱ
• 면 ㄴㅂㅁㄱ과 수직인 면:
면 ㄱㄴㄷㄹ, 면 ㄴㅂㅅㄷ, 면 ㅁㅂㅅㅇ, 면 ㄱㅁㅇㄹ
따라서 색칠한 두 면에 동시에 수직인 면은
면 ㄱㄴㄷㄹ과 면 ㅁㅂㅅㅇ입니다.

8 정사각형은 직사각형이라고 할 수 있으므로 정사각형으로 이루어진 정육면체는 직사각형으로 이루어진 직육면체라고 할 수 있습니다.
따라서 바르게 말한 사람은 용화입니다.

9 • 직육면체의 면의 수: 6개
• 직육면체의 모서리의 수: 12개
• 직육면체의 꼭짓점의 수: 8개
⇨ (면, 모서리, 꼭짓점의 수의 합)＝6＋12＋8＝26(개)

10 정육면체의 모서리는 12개이고, 모서리의 길이가 모두 같습니다.
⇨ (주사위의 모든 모서리의 길이의 합)
＝5×12＝60(cm)

11 ㉠ 면 ㄱㄴㄷㄹ과 면 ㄷㅅㅇㄹ은 서로 수직입니다.
㉡ 면 ㄴㅂㅁㄱ과 면 ㄴㅂㅅㄷ은 서로 수직입니다.
㉢ 면 ㄴㅂㅅㄷ과 면 ㄱㅁㅇㄹ은 서로 평행합니다.
㉣ 면 ㅁㅂㅅㅇ과 면 ㄴㅂㅁㄱ은 서로 수직입니다.
따라서 두 면 사이의 관계가 다른 것은 ㉢입니다.

12 면 ㄱㅁㅇㄹ과 평행한 면은 면 ㄴㅂㅅㄷ이고,
면 ㄱㅁㅇㄹ과 모서리의 길이가 같습니다.
⇨ (평행한 면의 모든 모서리의 길이의 합)
＝(8＋6)×2＝28(cm)

개념책 126쪽 **개념 ❹**

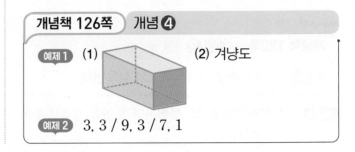

예제1 (1) (2) 겨냥도

예제2 3, 3 / 9, 3 / 7, 1

1 ㉢

2 모서리 ㄱㄹ, 모서리 ㄹㅇ

3 (1)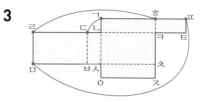

(2)

4 (위에서부터) 7, 4, 12

1 보이는 모서리는 실선으로, 보이지 않는 모서리는 점선으로 그린 것을 찾으면 ㉢입니다.

2 모서리 ㄱㄹ은 보이는 모서리이므로 실선으로 그려야 하고, 모서리 ㄹㅇ은 보이지 않는 모서리이므로 점선으로 그려야 합니다.

3 보이는 모서리는 실선으로, 보이지 않는 모서리는 점선으로 그립니다.

4 직육면체에서 서로 평행한 모서리의 길이는 같습니다.

예제 1 (1) 실선 (2) 점선 (3) 6 (4) 3

1 ( ) (○)

2 (1) ㉡ (2) ㉢

3 (1) 점 ㄷ (2) 선분 ㅎㅍ

1 왼쪽 전개도는 접었을 때 서로 겹치는 면이 있으므로 정육면체의 전개도가 아닙니다.

2 ㉠ 전개도를 접었을 때 면 나와 면 다는 서로 수직이고, 면 가와 면 바는 서로 평행합니다.
　㉡ 전개도를 접었을 때 면 나와 면 다, 면 가와 면 바는 서로 평행합니다.
　㉢ 전개도를 접었을 때 면 나와 면 다, 면 가와 면 바는 서로 수직입니다.

3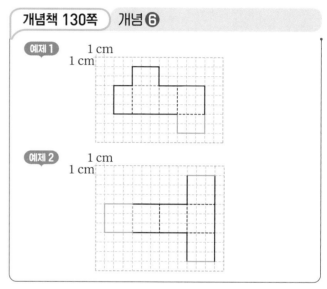

(1) 전개도를 접었을 때 점 ㄱ은 점 ㄷ과 만나 한 꼭짓점이 됩니다.

(2) 전개도를 접었을 때 선분 ㄹㅁ은 선분 ㅎㅍ과 맞닿아 한 모서리가 됩니다.

예제 1　1 cm
　1 cm

예제 2　1 cm
　1 cm

예제 1 잘린 모서리는 실선으로, 잘리지 않은 모서리는 점선으로 그립니다. 이때 접었을 때 맞닿는 모서리의 길이가 같게 그립니다.

1 (1) 예　1 cm
　1 cm

(2) 예　1 cm
　1 cm

2 예
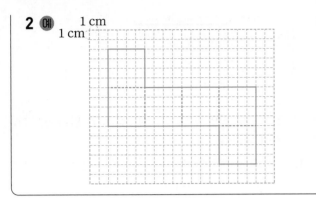
1 cm
1 cm

1 마주 보는 3쌍의 면끼리 모양과 크기가 같고, 접었을 때 서로 겹치는 면이 없으며 맞닿는 모서리의 길이가 같게 그립니다.

개념책 132~133쪽 │ 실전유형 다지기

🖎 서술형 문제는 풀이를 꼭 확인하세요.

1
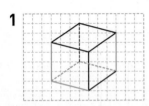

2 점 ㅊ, 점 ㅎ   **3** 선분 ㅈㅊ, 선분 ㅇㅅ

4 (위에서부터) 9, 7   **5** ㉡

6 10   **7** 25 cm

8
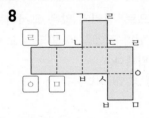

🖎**9** 풀이 참조

10 예
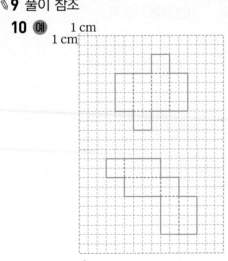
1 cm
1 cm

11 144 cm^2

---

1 보이는 모서리는 실선으로, 보이지 않는 모서리는 점선으로 그립니다.

2 전개도를 접었을 때 점 ㅌ은 점 ㅊ, 점 ㅎ과 만나 한 꼭짓점이 됩니다.

3 • 전개도를 접었을 때 선분 ㄱㅎ은 선분 ㅈㅊ과 맞닿아 한 모서리가 됩니다.
   • 전개도를 접었을 때 선분 ㄹㅁ은 선분 ㅇㅅ과 맞닿아 한 모서리가 됩니다.

5 전개도를 접었을 때 각 모서리의 길이가 4 cm, 2 cm, 3 cm로 이루어진 직육면체를 찾습니다.

6 • 직육면체에서 보이지 않는 면의 수는 3개이므로
      ㉠=3입니다.
   • 직육면체에서 보이는 꼭짓점의 수는 7개이므로
      ㉡=7입니다.
   ⇨ ㉠+㉡=3+7=10

7 직육면체에서 보이지 않는 모서리는 11 cm, 9 cm, 5 cm인 모서리가 각각 1개입니다.
   ⇨ (보이지 않는 모서리의 길이의 합)
      =11+9+5=25(cm)

8 전개도를 접었을 때 만나는 점끼리 같은 기호를 써넣습니다.

🖎**9** 예 전개도를 접었을 때 서로 겹치는 면이 있습니다. 」❶
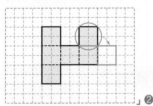
❷

채점 기준
❶ 잘못된 이유 쓰기
❷ 올바른 전개도 그리기

11 • 색칠한 부분의 가로는 정육면체의 한 모서리의 길이의 4배와 같습니다.
      ⇨ (색칠한 부분의 가로)=6×4=24(cm)
   • 색칠한 부분의 세로는 정육면체의 한 모서리의 길이와 같습니다.
      ⇨ (색칠한 부분의 세로)=6 cm
   따라서 색칠한 부분의 넓이는 24×6=144(cm^2)입니다.

예제 1 ❶ 면 ㅌㅁㅇㅋ, 면 ㅁㅂㅅㅇ, 면 ㅋㅇㅈㅊ

❷

유제 1

예제 2 ❶ 8 ❷ 96

유제 2 120 cm

예제 3 ❶, ❷

유제 3

예제 4 ❶ 2번, 4번, 2번 ❷ 95

유제 4 98 cm

예제 1 ❷ • 면 ㅌㅁㅇㅋ: $7-1=6$

• 면 ㅁㅂㅅㅇ: $7-2=5$

• 면 ㅋㅇㅈㅊ: $7-3=4$

유제 1

서로 평행한 면을 찾아 마주 보는 면의 눈의 수의 합이 7이 되도록 눈을 알맞게 그려 넣습니다.

• 면 가와 평행한 면: 면 바($7-1=6$)

• 면 나와 평행한 면: 면 라($7-2=5$)

• 면 마와 평행한 면: 면 다($7-4=3$)

예제 2 ❶ 정육면체에서 보이지 않는 모서리는 3개이고, 모서리의 길이는 모두 같으므로 정육면체의 한 모서리의 길이는 $24÷3=8$(cm)입니다.

❷ 정육면체의 모서리는 모두 12개이므로 모든 모서리의 길이의 합은 $8×12=96$(cm)입니다.

유제 2 정육면체에서 보이지 않는 모서리는 3개이고, 모서리의 길이는 모두 같으므로 정육면체의 한 모서리의 길이는 $30÷3=10$(cm)입니다.

따라서 정육면체의 모서리는 모두 12개이므로 모든 모서리의 길이의 합은 $10×12=120$(cm)입니다.

예제 3 ❶ 전개도를 접었을 때 만나는 점끼리 같은 기호를 써넣습니다.

❷ 면 ㄱㄴㄷㄹ과 수직인 면에 모두 선이 지나가므로 선이 지나가는 자리를 전개도에 바르게 그려 넣습니다.

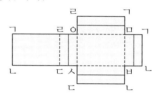

유제 3 전개도를 접었을 때 만나는 점끼리 같은 기호를 씁니다.

면 ㄴㅂㅅㄷ과 수직인 면에 모두 선이 지나가므로 선이 지나가는 자리를 전개도에 바르게 그려 넣습니다.

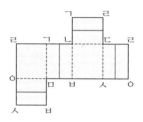

예제 4 ❷ (사용한 끈의 전체 길이)
$=9×2+8×4+10×2+25$
$=18+32+20+25=95$(cm)

유제 4 각각의 모서리와 길이가 같은 부분을 끈으로 둘러 묶은 횟수를 알아보면 11 cm인 모서리는 2번, 9 cm인 모서리는 2번, 7 cm인 모서리는 4번입니다.
⇨ (사용한 끈의 전체 길이)
$=11×2+9×2+7×4+30$
$=22+18+28+30=98$(cm)

✎ 서술형 문제는 풀이를 꼭 확인하세요.

1 (위에서부터) 꼭짓점, 면, 모서리

2 가, 다, 라 3 라

4 (위에서부터) 6, 6 / 12, 12 / 8, 8

5
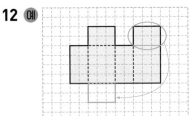

6 면 ㄴㅂㅁㄱ

7 면 ㄱㄴㄷㄹ, 면 ㄴㅂㅅㄷ, 면 ㅁㅂㅅㅇ,
면 ㄱㅁㅇㄹ

8 면 라   **9** 면 나, 면 라

10 점 ㅈ   **11** 선분 ㅍㅌ

12 예
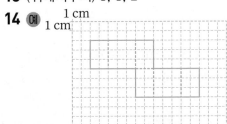

13 (위에서부터) 5, 3, 2

14 예
1 cm
1 cm
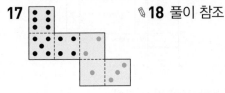

15 20 cm   **16** 7 cm

17

18 풀이 참조

19 26 cm   **20** 28 cm

---

6 면 ㄷㅅㅇㄹ과 마주 보고 있는 면을 찾으면
면 ㄴㅂㅁㄱ입니다.

7 면 ㄷㅅㅇㄹ과 수직인 면은 면 ㄷㅅㅇㄹ과 평행한
면 ㄴㅂㅁㄱ을 제외한 나머지 4개의 면입니다.

8 전개도를 접었을 때 면 나와 마주 보고 있는 면을 찾
으면 면 라입니다.

9 • 면 가와 수직인 면: 면 나, 면 다, 면 라, 면 마
• 면 마와 수직인 면: 면 가, 면 나, 면 라, 면 바
따라서 면 가와 면 마에 동시에 수직인 면은 면 나와
면 라입니다.

10 전개도를 접었을 때 점 ㅅ은 점 ㅈ과 만나 한 꼭짓점이
됩니다.

---

11 전개도를 접었을 때 선분 ㅁㅂ은 선분 ㅍㅌ과 맞닿아
한 모서리가 됩니다.

14 마주 보는 3쌍의 면끼리 모양과 크기가 같고, 접었을
때 서로 겹치는 면이 없으며 맞닿는 모서리의 길이가
같게 그립니다.

15 면 ㅁㅂㅅㅇ과 평행한 면은 면 ㄱㄴㄷㄹ이고,
면 ㅁㅂㅅㅇ과 모서리의 길이가 같습니다.
⇨ (평행한 면의 모든 모서리의 길이의 합)
$= (4+6) \times 2 = 20$(cm)

16 정육면체의 모서리는 12개이고, 모서리의 길이가 모두
같습니다.
⇨ (정육면체의 한 모서리의 길이)$= 84 \div 12 = 7$(cm)

17 서로 평행한 면을 찾아 마주 보
는 면의 눈의 수의 합이 7이 되
도록 눈을 알맞게 그려 넣습니
다.
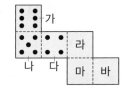
• 면 가와 평행한 면: 면 마$(7-6=1)$
• 면 나와 평행한 면: 면 라$(7-5=2)$
• 면 다와 평행한 면: 면 바$(7-4=3)$

18 ㉡, ❶
예 직사각형은 정사각형이라고 할 수 없으므로 직육
면체는 정육면체라고 할 수 없습니다. ❷

채점 기준	
❶ 잘못 설명한 것의 기호 쓰기	2점
❷ 이유 쓰기	3점

19 예 보이지 않는 모서리는 12 cm, 8 cm, 6 cm인 모
서리가 각각 1개입니다. ❶
따라서 보이지 않는 모서리의 길이의 합은
$12+8+6=26$(cm)입니다. ❷

채점 기준	
❶ 보이지 않는 모서리는 12 cm, 8 cm, 6 cm인 모서리가 각각 몇 개인지 알아보기	3점
❷ 보이지 않는 모서리의 길이의 합 구하기	2점

20 예 각각의 모서리와 길이가 같은 부분을 색 테이프로
붙인 횟수를 알아보면 6 cm인 모서리는 2번, 8 cm
인 모서리는 2번입니다. ❶
따라서 붙인 색 테이프의 전체 길이는
$6 \times 2 + 8 \times 2 = 12+16 = 28$(cm)입니다. ❷

채점 기준	
❶ 각각의 모서리와 길이가 같은 부분을 색 테이프로 붙인 횟수 알아보기	3점
❷ 붙인 색 테이프의 전체 길이 구하기	2점

6. 평균과 가능성

개념책 142쪽 개념 ❶

예제 1 고르게 한 수
예제 2 (1) 9 (2) 9

개념책 143쪽 기본유형 익히기

1 (1) [   ] (2) 23명

○

2 지효

---

1 (1) 각 반의 학생 수 24, 23, 21, 24, 23 중 가장 큰 수나 가장 작은 수만으로는 한 반당 학생이 몇 명쯤 있는지 알기 어렵습니다.
 (2) 1반의 학생 수에서 3반으로 1명, 4반의 학생 수에서 3반으로 1명을 옮기면 학생 수가 모두 23명으로 고르게 됩니다.
 따라서 현호네 학교 5학년 반별 학생 수의 평균은 23명입니다.

2 화요일의 연습 횟수에서 월요일로 1회, 수요일의 연습 횟수에서 목요일로 2회를 옮기면 연습 횟수가 모두 15회로 고르게 되므로 하루에 피아노 연습을 15회 정도 했다고 할 수 있습니다.
 따라서 가장 적절하게 말한 친구는 지효입니다.

개념책 144쪽 개념 ❷

예제 1 방법 1 예 3 /

예

/ 3

방법 2 2, 4, 15, 3

개념책 145쪽 기본유형 익히기

1 (1) 요일별 최저 기온 / 5

(°C) 10

5

0

기온 \ 요일 | 월 | 화 | 수 | 목 | 금

 (2) 6, 4, 25, 5

2 (1) 34, 33 (2) 34, 33, 31, 34, 132, 33

---

1 (1) 막대의 높이를 고르게 하면 5, 5, 5, 5, 5로 나타낼 수 있으므로 지난주 요일별 최저 기온의 평균은 5 °C입니다.

2 (1) 33, (34, 31, 34)로 수를 옮기고 짝 지으면
 34-1=33
 31+2=33
 34-1=33
 자료의 값은 33으로 고르게 됩니다.

개념책 146쪽 개념 ❸

예제 1 (1) 40, 8, 42, 7, 45, 9 (2) 다
예제 2 (1) 4, 60 (2) 60, 14, 13

개념책 147쪽 기본유형 익히기

1 (1) 9, 8, 12, 11 (2) 모둠 3
2 9명
3 3개

---

1 (1) • (모둠 1의 평균)=36÷4=9(회)
 • (모둠 2의 평균)=40÷5=8(회)
 • (모둠 3의 평균)=60÷5=12(회)
 • (모둠 4의 평균)=66÷6=11(회)
 (2) 모둠별 1인당 턱걸이 기록의 평균이 가장 높은 모둠을 찾으면 모둠 3입니다.

2 (동생이 있는 학생 수의 합)=9×5=45(명)
 ⇨ (4반 학생 중 동생이 있는 학생 수)
 =45-(8+10+11+7)=9(명)

3 (6명이 준 별 점수의 합)=3×6=18(개)
 ⇨ (예준이가 준 별 점수)
 =18-(5+2+3+4+1)=3(개)

개념책 148~149쪽 실전유형 다지기

🖉 서술형 문제는 풀이를 꼭 확인하세요.

1 (1) 22 (2) 22 ℃ **2** 윤서

3 126명 **4** 1050분

🖉**5** 풀이 참조 **6** 7개 / 8개

7 은수 **8** 가현

9 3명 **10** 146 cm

11 90점

1 (1) 21, 23, 20, 24, 22를 22, (21, 23), (20, 24)로 수를 옮기고 짝 지어 자료의 값을 고르게 하면 22 입니다.

2 평균은 자료의 값을 고르게 하여 나타낸 값입니다.

3 $(126+135+162+110+97) \div 5$
$=630 \div 5 = 126$(명)

4 $35 \times 30 = 1050$(분)

🖉**5** ❶ **방법1** 예 평균을 36회로 예상한 후 36, (34, 35, 39)로 수를 옮기고 짝 지어 자료의 값을 고르게 하 여 구한 명진이네 모둠 남학생의 팔 굽혀 펴기 기 록의 평균은 36회입니다.
　❷ **방법2** 예 $(34+35+36+39) \div 4 = 144 \div 4$ $=36$(회)이므로 명진이네 모둠 남학생의 팔 굽혀 펴기 기록의 평균은 36회입니다.

6 ・(경서의 농구공 넣기 기록의 평균)
　　$=(7+9+8+5+6) \div 5 = 35 \div 5 = 7$(개)
　・(가현이의 농구공 넣기 기록의 평균)
　　$=(9+4+10+9) \div 4 = 32 \div 4 = 8$(개)

7 경서와 가현이가 농구공을 넣은 횟수가 5회와 4회로 다르기 때문에 기록의 합만으로는 누구의 기록이 더 좋은지 알 수 없습니다.
따라서 잘못 말한 친구는 은수입니다.

8 농구공 넣기 기록의 평균이 7개<8개이므로 가현이의 기록이 더 좋다고 할 수 있습니다.

9 (멀리뛰기 기록의 평균)
　$=(99+115+121+103+132) \div 5$
　$=570 \div 5 = 114$(cm)
따라서 평균보다 기록이 높은 학생은 선호, 진주, 규동 으로 모두 3명입니다.

10 모둠 학생은 모두 $4+1=5$(명)이 되었습니다.
　⇨ (키의 평균)$=(145+151+149+143+142) \div 5$
　　　　　　　$=730 \div 5 = 146$(cm)

11 평균이 90점 이상이 되려면 1회부터 5회까지 수학 점 수의 합이 $90 \times 5 = 450$(점) 이상이 되어야 합니다.
따라서 민호가 예선을 통과 하려면 5회에는 적어도 $450-(88+92+84+96)=90$(점)을 받아야 합니다.

개념책 150쪽 개념 ❹

예제 1 (1) 예 오지 않을 것 같습니다
　　　　(2) 예 올 것 같습니다

예제 2

○		
	○	
		○

예제 1 **참고** 가능성에 대한 생각이 논리적으로 타당한 경우 정 답으로 인정합니다.

예제 2 ・해는 동쪽에서 뜨므로 내일 아침에 해가 서쪽에 서 뜰 가능성은 '불가능하다'입니다.
・100원짜리 동전을 던지면 숫자 면이나 그림 면이 나올 수 있으므로 그림 면이 나올 가능성은 '반반이다'입니다.
・$1+1=2$이므로 계산기에서 '$1+1=$'을 누르 면 2가 나올 가능성은 '확실하다'입니다.

개념책 151쪽 기본유형 익히기

1 반반이다, 확실하다

2 예

			○
	○		
○			
		○	
	○		

3 불가능하다

2 ・3월 다음에는 4월, 4월 다음에 5월이 오므로 내년에 3월이 5월보다 빨리 올 가능성은 '확실하다'입니다.
・500원짜리 동전을 던지면 숫자 면이나 그림 면이 나 올 수 있으므로 숫자 면이 나올 가능성은 '반반이다' 입니다.
・강아지는 날개가 없으므로 날개를 달고 하늘을 날 가능성은 '불가능하다'입니다.
・주사위에는 1부터 6까지의 눈이 있으므로 주사위 눈 의 수가 2 이상으로 나올 가능성은 '~일 것 같다'입 니다.

• 10원짜리 동전을 던지면 숫자 면이나 그림 면이 나올 수 있으므로 동전을 네 번 던지면 네 번 모두 그림 면이 나올 가능성은 '~아닐 것 같다'입니다.

3 상자 안에는 노란색 구슬이 없으므로 노란색 구슬을 꺼낼 가능성은 '불가능하다'입니다.

 개념책 152쪽 | 개념 **❺**

예제 1 (1) (왼쪽에서부터)
　　　　 예 민지, 영서, 해찬, 성우, 주헌
　　 (2) **예** 민지, 영서, 해찬, 성우, 주헌

 예제 1 • 민지: 오후 2시에서 1시간 후는 3시이므로 4시가 될 가능성은 '불가능하다'입니다.

• 성우: 우리나라 1월에는 11월보다 눈이 자주 오므로 가능성은 '~일 것 같다'입니다.

• 해찬: 내일은 오늘보다 기온이 더 높을 수도 있고 더 낮을 수도 있으므로 가능성은 '반반이다'입니다.

• 영서: 결석하는 친구는 많지 않으므로 내일 우리 반에 결석하는 친구가 있을 가능성은 '~아닐 것 같다'입니다.

• 주헌: 현재 5학년이므로 내년 3월에 6학년이 될 가능성은 '확실하다'입니다.

개념책 153쪽 | 기본유형 익히기

1 (1) 미정 (2) 영훈
　 (3) **예** 미정, 세호, 연서, 찬우, 영훈
2 ㉠, ㉢, ㉣, ㉡

1 • 미정: 오늘이 월요일이므로 내일이 화요일일 가능성은 '확실하다'입니다.

• 연서: 전학 오는 학생은 남학생이거나 여학생이므로 남학생일 가능성은 '반반이다'입니다.

• 찬우: 주사위에는 1부터 6까지의 눈이 있으므로 1이 나올 가능성은 '~아닐 것 같다'입니다.

• 영훈: 공룡은 멸종 동물이므로 우리 교실에 나타날 가능성은 '불가능하다'입니다.

• 세호: 옆 교실에 친구들이 있을 가능성은 '~일 것 같다'입니다.

따라서 일이 일어날 가능성이 높은 순서대로 친구의 이름을 쓰면 미정, 세호, 연서, 찬우, 영훈입니다.

---

2 ㉠ 노란색 크레파스가 4개이므로 노란색 크레파스가 나올 가능성은 '확실하다'입니다.

㉡ 초록색 크레파스가 4개이므로 노란색 크레파스가 나올 가능성은 '불가능하다'입니다.

㉢ 노란색 크레파스와 초록색 크레파스가 2개씩이므로 노란색 크레파스가 나올 가능성은 '반반이다'입니다.

㉣ 노란색 크레파스가 1개, 초록색 크레파스가 3개이므로 노란색 크레파스가 나올 가능성은 '~아닐 것 같다'입니다.

따라서 주머니에서 크레파스 1개를 꺼낼 때 노란색 크레파스가 나올 가능성이 높은 주머니부터 순서대로 기호를 쓰면 ㉠, ㉢, ㉣, ㉡입니다.

개념책 154쪽 | 개념 **❻**

예제 1 확실하다, 1
예제 2 (1) 반반이다

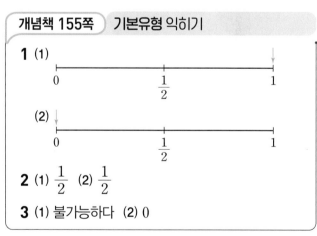

개념책 155쪽 | 기본유형 익히기

1 (1), (2)

2 (1) $\frac{1}{2}$ (2) $\frac{1}{2}$

3 (1) 불가능하다 (2) 0

1 (1) 회전판 가를 돌릴 때 화살이 빨간색에 멈출 가능성은 '확실하다'이므로 수로 표현하면 1입니다.

　 (2) 회전판 나를 돌릴 때 화살이 초록색에 멈출 가능성은 '불가능하다'이므로 수로 표현하면 0입니다.

2 (1) 꺼낸 사탕이 딸기 맛일 가능성은 '반반이다'이므로 수로 표현하면 $\frac{1}{2}$입니다.

　 (2) 꺼낸 사탕이 포도 맛일 가능성은 '반반이다'이므로 수로 표현하면 $\frac{1}{2}$입니다.

3 (1) 0이 쓰인 카드는 없으므로 뽑은 수 카드에 쓰인 수가 0일 가능성은 '불가능하다'입니다.

(2) 일이 일어날 가능성이 '불가능하다'인 경우를 수로 표현하면 0입니다.

개념책 156~157쪽 **실전유형 다지기**

🖉 서술형 문제는 풀이를 꼭 확인하세요.

1 ㉢

2

3

0 ——————— $\frac{1}{2}$ ——————— 1

4 지수

5 예 11월 달력에는 날짜가 30일까지 있을 것입니다.

6 석호, 민재, 지수   🖉**7** 풀이 참조

8 반반이다 / $\frac{1}{2}$ **9** $\frac{1}{2}$

10 또는

11 ㉡, ㉢, ㉠, ㉣

12 반반이다 / $\frac{1}{2}$ **13** 예

---

2 • 초록색 공과 검은색 공이 똑같은 개수로 들어 있는 주머니에서 꺼낸 공이 초록색일 가능성은 '반반이다'입니다.

• 초록색 공이 검은색 공보다 더 많이 들어 있는 주머니에서 꺼낸 공이 초록색일 가능성은 '~일 것 같다'입니다.

• 초록색 공이 검은색 공보다 더 적게 들어 있는 주머니에서 꺼낸 공이 초록색일 가능성은 '~아닐 것 같다'입니다.

3 파란색과 빨간색이 2칸씩 색칠된 회전판을 돌릴 때 화살이 파란색에 멈출 가능성은 '반반이다'이므로 수로 표현하면 $\frac{1}{2}$입니다.

4 지수: 11월은 30일까지 있으므로 달력에 날짜가 31일까지 있을 가능성은 '불가능하다'입니다.

6 • 민재: 1부터 4까지의 수가 쓰여 있으므로 2가 나올 가능성은 '~아닐 것 같다'입니다.

• 석호: 달에서 몸무게를 재면 지구에서 잰 것보다 가벼우므로 가능성은 '확실하다'입니다.

따라서 일이 일어날 가능성이 높은 순서대로 친구의 이름을 쓰면 석호, 민재, 지수입니다.

🖉**7** 예 서울의 6월 평균 기온은 5 ℃보다 낮을 것입니다.」❶

채점 기준
❶ 일이 일어날 가능성이 '불가능하다'를 나타낼 수 있는 상황을 찾아 쓰기

8 ○× 문제의 정답이 ×일 가능성은 '반반이다'이고, 수로 표현하면 $\frac{1}{2}$입니다.

9 ★ 카드는 6장 중 3장입니다. ★ 카드를 뽑을 가능성은 '반반이다'이므로 수로 표현하면 $\frac{1}{2}$입니다.

10 • 화살이 노란색에 멈출 가능성이 가장 높으므로 회전판에서 가장 넓은 곳에 노란색을 칠합니다.

• 화살이 파란색에 멈출 가능성과 빨간색에 멈출 가능성이 같으므로 파란색과 빨간색이 칠해지는 부분은 넓이가 같습니다.

11 ㉠ 홀수는 1, 5이므로 가능성은 '반반이다'입니다.

㉡ 6은 없으므로 가능성은 '불가능하다'입니다.

㉢ 5의 배수는 5이므로 가능성은 '~아닐 것 같다'입니다.

㉣ 1보다 큰 수는 5, 2, 8이므로 가능성은 '~일 것 같다'입니다.

따라서 일이 일어날 가능성이 낮은 순서대로 기호를 쓰면 ㉡, ㉢, ㉠, ㉣입니다.

12 수 카드 한 장을 뽑을 때 나올 수 있는 수는 12가지이고 그중에서 7 이상인 경우는 7, 8, ⋯, 11, 12로 6가지입니다.

따라서 뽑은 수 카드에 쓰인 수가 7 이상일 가능성은 '반반이다'이고, 수로 표현하면 $\frac{1}{2}$입니다.

13 수 카드에 쓰인 수가 2의 배수인 경우는 6가지입니다. 2의 배수일 가능성은 '반반이다'이므로 수로 표현하면 $\frac{1}{2}$입니다. 회전판 6칸 중에서 3칸을 분홍색으로 색칠하면 뽑은 수 카드에 쓰인 수가 2의 배수일 가능성과 화살이 분홍색에 멈출 가능성이 같습니다.

개념책 158~159쪽 응용유형 다잡기

예제 1 ❶ 228 ❷ 132 ❸ 36

유제 1 43분

예제 2 ❶ 356 ❷ 93 ❸ 지아

유제 2 2회

예제 3 ❶

	㉡		㉠		㉢

❷ ㉢, ㉠, ㉡

유제 3 ㉠, ㉣, ㉡, ㉢

예제 4 ❶ 11 ❷ 44 ❸ 12

유제 4 88점

예제 1 ❶ $38 \times 6 = 228$(kg)

❷ $33 \times 4 = 132$(kg)

❸ $(228 + 132) \div (6 + 4) = 360 \div 10 = 36$(kg)

유제 1 • (남학생의 컴퓨터 사용 시간의 합)
$= 40 \times 5 = 200$(분)

• (여학생의 컴퓨터 사용 시간의 합)
$= 45.5 \times 6 = 273$(분)

⇨ (전체 학생의 하루 컴퓨터 사용 시간의 평균)
$= (200 + 273) \div (5 + 6)$
$= 473 \div 11 = 43$(분)

예제 2 ❶ $89 \times 4 = 356$(회)

❷ $356 - (82 + 87 + 94) = 93$(회)

❸ 94회 > 93회 > 87회 > 82회이므로
기록이 가장 좋은 친구는 지아입니다.

유제 2 • (타자 수의 합) $= 292 \times 4 = 1168$(타)

• (2회의 타자 수) $= 1168 - (265 + 283 + 306)$
$= 314$(타)

따라서 314타 > 306타 > 283타 > 265타이므로
유라의 기록이 가장 좋았을 때는 2회입니다.

예제 3 ❶ ㉠ 눈의 수는 홀수 또는 짝수이므로 가능성은
'반반이다'입니다.

㉡ 눈의 수가 7은 없으므로 가능성은
'불가능하다'입니다.

㉢ 눈의 수는 모두 6 이하이므로 가능성은
'확실하다'입니다.

❷ 따라서 일이 일어날 가능성이 높은 순서대로
기호를 쓰면 ㉢, ㉠, ㉡입니다.

유제 3 ㉠ 눈의 수가 9보다 큰 수는 없으므로 가능성은
'불가능하다'입니다.

㉡ 4의 약수인 눈은 1, 2, 4이므로 가능성은
'반반이다'입니다.

㉢ 눈의 수는 모두 1 이상이므로 가능성은
'확실하다'입니다.

㉣ 5의 배수인 눈은 5이므로 가능성은
'~아닐 것 같다'입니다.

따라서 일이 일어날 가능성이 낮은 순서대로 기
호를 쓰면 ㉠, ㉣, ㉡, ㉢입니다.

예제 4 ❶ (현우의 기록의 평균) = (시우의 기록의 평균)
$= (13 + 9 + 11) \div 3$
$= 33 \div 3 = 11$(초)

❷ $11 \times 4 = 44$(초)

❸ $44 - (10 + 8 + 14) = 12$(초)

유제 4 • (지혜의 국어 점수의 평균)
= (민서의 국어 점수의 평균)
$= (80 + 88 + 96) \div 3$
$= 264 \div 3 = 88$(점)

• (지혜의 국어 점수의 합) $= 88 \times 4 = 352$(점)

⇨ (지혜의 4회 국어 점수)
$= 352 - (92 + 72 + 100) = 88$(점)

개념책 160~162쪽 단원 마무리

✎ 서술형 문제는 풀이를 꼭 확인하세요.

1 130 m　　**2** 26 m

3
○		

4
		○

5 12개　　**6** 명수

7

0 —————— $\frac{1}{2}$ —————— 1

8 960회　　**9** 불가능하다 / 0

10 $\frac{1}{2}$　　**11** 83점

12 ㉢, ㉡, ㉠　　**13**

14 수호네 모둠　　**15** 다, 나, 가

16 32살　　**17** 목요일

✎**18** 풀이 참조　　✎**19** 풀이 참조

✎**20** 2반, 3반

1 $27+16+28+32+27=130(m)$

2 $130÷5=26(m)$

3 주사위에는 1부터 6까지의 눈이 있으므로 주사위 눈의 수가 모두 0일 가능성은 '불가능하다'입니다.

4 일 년 중 광복절이 있을 가능성은 '확실하다'입니다.

5 $(9+15+11+13)÷4=48÷4=12(개)$

6 ・윤하: 주사위에는 8의 눈이 없으므로 가능성은 '불가능하다'입니다.
　　・명수: 500원짜리 동전을 던지면 숫자 면이나 그림 면이 나올 수 있으므로 그림 면이 나올 가능성은 '반반이다'입니다.

7 화살이 빨간색에 멈출 가능성은 '반반이다'이므로 수로 표현하면 $\frac{1}{2}$입니다.

8 $32×30=960(회)$

9 당첨 구슬만 들어 있으므로 상자에서 꺼낸 구슬이 당첨 구슬이 아닐 가능성은 '불가능하다'이고, 수로 표현하면 0입니다.

10 짝수는 2, 4, 6이므로 '반반이다'이고, 수로 표현하면 $\frac{1}{2}$입니다.

11 (과학 점수의 합)$=86×4=344(점)$
　　⇨ (4회의 과학 점수)
　　　$=344-(81+88+92)=83(점)$

12 일이 일어날 가능성은 다음과 같습니다.
　　㉠ 불가능하다　㉡ 반반이다　㉢ 확실하다

13 ・화살이 파란색에 멈출 가능성이 가장 높으므로 회전판에서 가장 넓은 곳에 파란색을 칠합니다.
　　・화살이 빨간색에 멈출 가능성이 노란색에 멈출 가능성의 2배이므로 파란색 다음으로 넓은 부분은 빨간색, 가장 좁은 부분은 노란색을 각각 칠합니다.

14 ・(아라네 모둠의 평균)$=(4+6+3+2+5)÷5$
　　　　　　　　　　　　$=20÷5=4(개)$
　　・(수호네 모둠의 평균)$=(5+8+7+4)÷4$
　　　　　　　　　　　　$=24÷4=6(개)$
따라서 4개<6개이므로 수호네 모둠의 기록이 더 좋다고 할 수 있습니다.

15 ・가: 회전판에서 빨간색은 없으므로 가능성은 '불가능하다'입니다.
　　・나: 회전판에서 빨간색은 전체의 반이므로 가능성은 '반반이다'입니다.
　　・다: 회전판에서 빨간색은 전체이므로 가능성은 '확실하다'입니다.

16 ・(남자 선생님의 나이의 합)$=35×4=140(살)$
　　・(여자 선생님의 나이의 합)$=30×6=180(살)$
　　⇨ (전체 선생님의 나이의 평균)
　　　$=(140+180)÷(4+6)=320÷10=32(살)$

17 ・(훌라후프 돌리기 기록의 합)$=77×5=385(회)$
　　・(금요일의 훌라후프 돌리기 기록)
　　　$=385-(60+84+70+90)=81(회)$
따라서 90회>84회>81회>70회>60회이므로 진영이의 기록이 가장 좋았을 때는 목요일입니다.

18 예 평균을 50으로 예상한 후 50, (40, 60), (55, 45)로 수를 옮기고 짝 지어 자료의 값을 고르게 하여 구한 평균은 50입니다. ❶

채점 기준	
❶ 평균을 예상하고 자료의 값을 고르게 하여 평균 구하기	5점

19 ㉠ ❶
예 검은색 공 4개가 들어 있는 주머니에서 꺼낸 공은 검은색일 것입니다. ❷

채점 기준	
❶ 가능성이 '불가능하다'인 경우의 기호 쓰기	2점
❷ 가능성이 '확실하다'가 되도록 바꾸기	3점

20 예 반별 학급문고 수의 평균은
$(120+155+134+91)÷4=500÷4=125(권)$입니다. ❶
따라서 평균보다 학급문고 수가 더 많은 반은 2반, 3반입니다. ❷

채점 기준	
❶ 반별 학급문고 수의 평균 구하기	3점
❷ 평균보다 학급문고 수가 더 많은 반을 모두 찾기	2점

1. 수의 범위와 어림하기

복습책 4~7쪽 기초력 기르기

1 이상, 이하

1 10, 9, 17　　　　**2** 1, 8, 5
3 29, 27, 24　　　　**4** 13, 17, 16
5 38, 39　　　　**6** 43.6, 45.9, 42.1, 39.4

7
8
9
10
11
12

2 초과, 미만

1 19, 17, 21　　　　**2** 24, 20, 27
3 34, 33, 35　　　　**4** 30, 40, 39
5 27, 26, 25
6 17.1, 15.8, 18.2, 16.8, 19.3

7
8
9
10
11
12

3 수의 범위의 활용

1
2
3
4 18 이상 22 미만인 수
5 25 초과 29 이하인 수
6 35 초과 40 이하인 수

4 올림

1 250　　　　**2** 540
3 1090　　　　**4** 2400
5 6100　　　　**6** 8200
7 3000　　　　**8** 5000
9 10000

5 버림

1 340　　　　**2** 760
3 2150　　　　**4** 9800
5 4000　　　　**6** 7200
7 1000　　　　**8** 4000
9 8000

6 반올림

1 730　　　　**2** 470
3 1860　　　　**4** 5800
5 3800　　　　**6** 8000
7 6000　　　　**8** 6000
9 10000

복습책 8~9쪽 기본유형 익히기

1 (1) 40, 51　(2) 19, 25
2 20, 21, 22, 23, 24에 ○표 / 17, 18, 19에 △표
3 (1)
　(2)
4 (1) 현서, 준태, 민호 (2) 정원, 소현
5 (1) 61, 74 (2) 36, 42
6 16, 17, 18, 19, 20에 ○표 / 13, 14에 △표
7 (1)
　(2)
8 (1) 윤정, 동호 (2) 석현, 수진, 철민
9 28, 29, 30, 31
10 (1)
　(2)
11 (1) 현호 (2)

4 (1) 52 이상인 수는 52와 같거나 큰 수이므로 몸무게가 52 kg과 같거나 무거운 학생은 현서, 준태, 민호입니다.

(2) 46 이하인 수는 46과 같거나 작은 수이므로 몸무게가 46 kg과 같거나 가벼운 학생은 정원, 소현입니다.

8 (1) 30 초과인 수는 30보다 큰 수이므로 운동한 날수가 30일보다 긴 학생은 윤정, 동호입니다.

(2) 30 미만인 수는 30보다 작은 수이므로 운동한 날수가 30일보다 짧은 학생은 석현, 수진, 철민입니다.

9 27 초과 31 이하인 수는 27보다 크고 31과 같거나 작은 수이므로 28, 29, 30, 31입니다.

10 (1) 15 이상 19 미만인 수는 수직선에 15를 점 ●을 사용하여 나타내고, 19를 점 ○을 사용하여 나타낸 후 두 점 사이를 선으로 긋습니다.

(2) 73 초과 76 이하인 수는 수직선에 73을 점 ○을 사용하여 나타내고, 76을 점 ●을 사용하여 나타낸 후 두 점 사이를 선으로 긋습니다.

11 (1) 승우의 몸무게는 52.3 kg이므로 체급으로 보면 용장급에 속합니다. 용장급의 몸무게 범위는 50 kg 초과 55 kg 이하이므로 승우와 같은 체급에 속하는 학생은 현호입니다.

(2) 명진이의 몸무게는 60.0 kg이므로 체급으로 보면 용사급에 속합니다. 용사급의 몸무게 범위는 55 kg 초과 60 kg 이하이므로 수직선에 55를 점 ○을 사용하여 나타내고, 60을 점 ●을 사용하여 나타낸 후 두 점 사이를 선으로 긋습니다.

복습책 10~11쪽 　실전유형 **다지기**

✎ 서술형 문제는 풀이를 꼭 확인하세요.

1 44.5, 42, 39.9, 45

2 ①, ⑤　　　　　**3** 23, 22.5

4

```
  ├──┼──┼──●──┼──┼──┼──◇──┼──┤
 31 32 33 34 35 36 37 38 39 40
```
/ 34, 35, 36, 37

5 민서　　　　　**6** 아버지, 형, 어머니

7 ㉮, ㉰　　　　　✎**8** 9

9 ㉠, ㉢　　　　　**10** ㉯, ㉱

11 태백, 철원 / 인천, 여수 / 포항, 대전

12 10　　　　　**13** 5개

---

3 수직선에 나타낸 수의 범위는 19 초과 23 이하인 수입니다. 19보다 크고 23과 같거나 작은 수는 23, 22.5입니다.

4 34 이상 38 미만인 수는 수직선에 34를 점 ●을 사용하여 나타내고, 38을 점 ○을 사용하여 나타냅니다. 34 이상 38 미만인 자연수는 34, 35, 36, 37입니다.

5 • 태형: 60 초과인 수는 60보다 큰 수이므로 60은 60 초과인 수에 포함되지 않습니다.

• 민서: 49 미만인 수는 49보다 작은 수이므로 47, 48, 49 중에서 49 미만인 수는 47, 48입니다.

6 15 이상인 수는 15와 같거나 큰 수이므로 나이가 15세와 같거나 많은 사람은 아버지, 형, 어머니입니다.

7 3 m＝300 cm이므로 300 미만인 수는 300보다 작은 수입니다.
따라서 터널을 통과할 수 있는 트럭은 높이가 300 cm보다 낮은 ㉮, ㉰입니다.

✎**8** **예** 8 초과인 자연수는 8보다 큰 수이므로 9, 10, 11 ……입니다.」❶
9, 10, 11…… 중 가장 작은 자연수는 9입니다.」❷

채점 기준
❶ 8 초과인 자연수 구하기
❷ ❶의 수 중 가장 작은 자연수 구하기

9 ㉠ 45와 같거나 크고 47보다 작은 수의 범위이므로 46이 포함됩니다.
㉡ 46보다 크고 50과 같거나 작은 수의 범위이므로 46이 포함되지 않습니다.
㉢ 44와 같거나 크고 48과 같거나 작은 수의 범위이므로 46이 포함됩니다.
㉣ 43보다 크고 46보다 작은 수의 범위이므로 46이 포함되지 않습니다.

10 주차 시간이 30분 이하인 차량은 주차 요금을 내지 않아도 됩니다. 주차 시간이 30분과 같거나 짧은 시간은 28분, 10분이므로 주차 요금을 내지 않아도 되는 차량은 ㉯, ㉱입니다.

11 • 10 미만인 수는 10보다 작은 수이므로 태백, 철원이 속합니다.

• 10 이상 13 미만인 수는 10과 같거나 크고 13보다 작은 수이므로 인천, 여수가 속합니다.

• 13 이상 16 미만인 수는 13과 같거나 크고 16보다 작은 수이므로 포항, 대전이 속합니다.

12 □보다 작은 자연수는 9개이므로 □보다 작은 자연수는 1, 2, 3, 4, 5, 6, 7, 8, 9입니다.
따라서 □ 안에 알맞은 자연수는 10입니다.

13 • 82 초과인 자연수: 83, 84, 85, 86, 87, 88, 89……
• 87 이하인 자연수: 87, 86, 85, 84, 83, 82, 81……
따라서 두 조건을 모두 만족하는 자연수는 83, 84, 85, 86, 87로 5개입니다.

복습책 12~13쪽 기본유형 익히기

1 (1) 2000 (2) 4000
2 (위에서부터) 150, 200 / 610, 700
3 4818　　　　　　**4** 2901
5 (1) 4300 (2) 6800
6 (위에서부터) 570, 500 / 890, 800
7 823　　　　　　**8** 2714, 2935
9 (1) 2000 (2) 6000
10 2950, 2900, 3000
11 ①, ③　　　　　**12** 4 cm
13 9개　　　　　　**14** 4200, 7900, 5300
15 25000원, 30000원 **16** 버림

2 • 143 ⇨ 150, 143 ⇨ 200
　 • 605 ⇨ 610, 605 ⇨ 700

3 4823 ⇨ 4830, 4818 ⇨ 4820,
4829 ⇨ 4830, 4821 ⇨ 4830

4 1990 ⇨ 2000, 2476 ⇨ 2500,
2901 ⇨ 3000, 3008 ⇨ 3100

5 (1) 4369 ⇨ 4300
(2) 6815 ⇨ 6800

6 • 576 ⇨ 570, 576 ⇨ 500
　 • 894 ⇨ 890, 894 ⇨ 800

7 927 ⇨ 900, 911 ⇨ 900,
823 ⇨ 800, 929 ⇨ 900

8 2714 ⇨ 2000, 3021 ⇨ 3000,
1976 ⇨ 1000, 2935 ⇨ 2000

---

10 2945 ⇨ 2950　　2945 ⇨ 2900　　2945 ⇨ 3000
　　5이므로 올립니다.　　5보다 작으므로 버립니다.　　5보다 크므로 올립니다.

11 ① 150 ⇨ 200　　　　② 149 ⇨ 100
　　5이므로 올립니다.　　　5보다 작으므로 버립니다.
③ 231 ⇨ 200　　　　④ 275 ⇨ 300
　　5보다 작으므로 버립니다.　　5보다 크므로 올립니다.
⑤ 262 ⇨ 300
　　5보다 크므로 올립니다.

12 크레파스의 실제 길이는 4.4 cm입니다. 4.4의 소수 첫째 자리 숫자가 4이므로 반올림하여 일의 자리까지 나타내면 크레파스의 길이는 4 cm가 됩니다.

14 월요일: 4219 ⇨ 4200
　　5보다 작으므로 버립니다.
화요일: 7865 ⇨ 7900
　　5보다 크므로 올립니다.
수요일: 5346 ⇨ 5300
　　5보다 작으므로 버립니다.

15 케이크 값보다 더 적게 낼 수 없으므로 올림을 이용해야 합니다.
• 민정: 24500을 올림하여 천의 자리까지 나타내면 25000이므로 최소 25000원을 내야 합니다.
• 규민: 24500을 올림하여 만의 자리까지 나타내면 30000이므로 최소 30000원을 내야 합니다.

16 15630원 중 630원은 지폐로 바꿀 수 없기 때문에 버림하여 15000원을 지폐로 바꾸었습니다.

복습책 14~15쪽 실전유형 다지기

✎ 서술형 문제는 풀이를 꼭 확인하세요.

1 (위에서부터) 4.54, 4.6 / 9.19, 9.2
2 영호　　　　　　**3** 2841
4 20000, 10000, 10000
5 <　　　　　　　**6** 동현
✎**7** 풀이 참조　　　**8** 3170
9 300　　　　　　**10** 0, 1, 2, 3, 4
11 2199　　　　　**12** 현서
13 3, 5　　　　　　**14** 7개

2 • 명진: 14900 ⇨ 14000 • 민현: 23500 ⇨ 23000
　 • 영호: 36800 ⇨ 36000

3 천의 자리 바로 아래 자리의 숫자가 0, 1, 2, 3, 4이면 버리고, 5, 6, 7, 8, 9이면 올려서 나타냅니다.
- 2409 ⇨ 2000
- 3705 ⇨ 4000
- 2841 ⇨ 3000
- 3500 ⇨ 4000

4
- 올림: 14579 ⇨ 20000
- 버림: 14579 ⇨ 10000
- 반올림: 14579 ⇨ 10000
  └ 5보다 작으므로 버립니다.

5
- 8130을 버림하여 백의 자리까지 나타낸 수: 8100
- 8127을 올림하여 십의 자리까지 나타낸 수: 8130
  ⇨ 8100 < 8130

6
- 은희: 124.3 ⇨ 124
  └ 5보다 작으므로 버립니다.
- 이슬: 134.2 ⇨ 134
  └ 5보다 작으므로 버립니다.
- 태우: 124.6 ⇨ 125
  └ 5보다 크므로 올립니다.
- 동현: 123.8 ⇨ 124
  └ 5보다 크므로 올립니다.

✐**7** 태오 ➊
  (예) 우리 학교 학생 수 475명을 반올림하여 십의 자리까지 나타내면 480명이야. ➋

채점 기준
➊ 반올림을 잘못한 친구의 이름 쓰기
➋ 잘못된 부분을 찾아 바르게 고치기

8 3147을 버림하여 십의 자리까지 나타내면 3140, 백의 자리까지 나타내면 3100, 천의 자리까지 나타내면 3000입니다.
따라서 3147을 버림하여 나타낼 수 없는 수는 3170입니다.

9
- 5206을 올림하여 백의 자리까지 나타낸 수: 5300
- 5206을 버림하여 천의 자리까지 나타낸 수: 5000
  ⇨ 5300 − 5000 = 300

10 주어진 수의 십의 자리 수가 4인데 반올림하여 십의 자리까지 나타낸 수는 8540으로 십의 자리 수가 변하지 않았으므로 일의 자리에서 버림한 것입니다.
따라서 일의 자리에서 반올림한 값과 버림한 값이 같으려면 일의 자리 수가 0, 1, 2, 3, 4 중 하나여야 합니다.

11 버림하여 백의 자리까지 나타내면 2100이 되는 자연수는 21▢▢입니다. ▢▢에는 00부터 99까지 들어갈 수 있으므로 이 중에서 가장 큰 자연수는 2199입니다.

12 민기와 지우는 버림의 방법으로 어림했고, 현서는 반올림의 방법으로 어림했습니다.

13 ▢▢42를 올림하여 백의 자리까지 나타내면 3600이 되므로 ▢▢에는 35가 들어갈 수 있습니다.
따라서 올림하기 전의 수는 3542입니다.

14 74 이상 85 미만인 자연수는 74, 75, 76, 77, 78, 79, 80, 81, 82, 83, 84입니다. 이 중에서 올림하여 십의 자리까지 나타내면 80이 되는 수는 74, 75, 76, 77, 78, 79, 80으로 7개입니다.

복습책 16쪽   응용유형 다잡기

1 76.5   **2** 7000원
3 415 이상 425 미만인 수
4 31명 이상 60명 이하

1 2 < 4 < 6 < 7이므로 높은 자리에 큰 수부터 차례대로 놓아 가장 큰 소수 두 자리 수를 만들면 76.42입니다.
76.42 ⇨ 76.5

2 11세는 7세 초과 13세 이하에 속하므로 윤아의 입장료는 1000원입니다.
46세와 48세는 18세 초과 65세 이하에 속하므로 엄마와 아빠의 입장료는 각각 3000원입니다.
⇨ (세 사람의 입장료)
  = 1000 + 3000 + 3000 = 7000(원)

3 반올림하여 십의 자리까지 나타낼 때 일의 자리 숫자가 5, 6, 7, 8, 9이면 올려야 하고, 0, 1, 2, 3, 4이면 버려야 하므로 반올림하여 십의 자리까지 나타내면 420이 되는 자연수는 415, 416……423, 424입니다.
따라서 반올림하여 십의 자리까지 나타내면 420이 되는 자연수는 415부터 424까지의 수이므로 이상과 미만을 이용하여 수의 범위를 나타내면 415 이상 425 미만인 수입니다.

4
- (30인승 버스 1대에 탈 수 있는 최대 회원 수)
  = 30 × 1 = 30(명)
- (30인승 버스 2대에 탈 수 있는 최대 회원 수)
  = 30 × 2 = 60(명)

30인승 버스가 적어도 2대 필요하므로 연극을 보러 가는 회원 수는 버스 1대에 탈 수 있는 최대 회원 수보다 많아야 합니다.
따라서 연극을 보러 가는 회원 수는 31명 이상 60명 이하입니다.

2. 분수의 곱셈

복습책 18~21쪽 기초력 기르기

1 (진분수) × (자연수)

1 $1\frac{5}{7}$ **2** $1\frac{2}{3}$

3 $3\frac{1}{3}$ **4** $3\frac{3}{4}$

5 $5\frac{5}{6}$ **6** $1\frac{1}{5}$

7 $4\frac{2}{3}$ **8** $2\frac{4}{5}$

9 $6\frac{1}{4}$ **10** $3\frac{3}{7}$

2 (대분수) × (자연수)

1 $6\frac{2}{3}$ **2** $7\frac{1}{2}$

3 24 **4** $14\frac{1}{4}$

5 $22\frac{2}{5}$ **6** $5\frac{1}{7}$

7 $15\frac{1}{3}$ **8** $6\frac{9}{13}$

9 29 **10** $6\frac{3}{4}$

3 (자연수) × (진분수)

1 $\frac{8}{9}$ **2** $1\frac{3}{5}$

3 $2\frac{4}{5}$ **4** $8\frac{1}{4}$

5 $7\frac{1}{5}$ **6** $3\frac{1}{3}$

7 $7\frac{1}{2}$ **8** 9

9 $5\frac{1}{4}$ **10** $5\frac{1}{3}$

4 (자연수) × (대분수)

1 $7\frac{1}{2}$ **2** 33

3 $19\frac{1}{2}$ **4** $13\frac{1}{5}$

5 93 **6** $9\frac{1}{5}$

7 $12\frac{3}{4}$ **8** 19

9 $21\frac{1}{3}$ **10** $43\frac{1}{2}$

5 (진분수) × (진분수)

1 $\frac{1}{6}$ **2** $\frac{1}{30}$

3 $\frac{1}{27}$ **4** $\frac{1}{32}$

5 $\frac{1}{49}$ **6** $\frac{1}{44}$

7 $\frac{1}{80}$ **8** $\frac{1}{28}$

9 $\frac{1}{72}$ **10** $\frac{1}{150}$

11 $\frac{8}{15}$ **12** $\frac{15}{56}$

13 $\frac{1}{3}$ **14** $\frac{9}{16}$

15 $\frac{3}{7}$ **16** $\frac{3}{8}$

17 $\frac{1}{6}$ **18** $\frac{3}{20}$

19 $\frac{21}{50}$ **20** $\frac{25}{28}$

6 (대분수) × (대분수)

1 $2\frac{11}{12}$ **2** $4\frac{2}{5}$

3 $4\frac{4}{5}$ **4** $12\frac{1}{3}$

5 $4\frac{1}{16}$ **6** 16

7 $5\frac{5}{12}$ **8** 10

9 $11\frac{2}{3}$ **10** $4\frac{6}{7}$

7 세 분수의 곱셈

1 $\dfrac{3}{64}$ **2** $1\dfrac{3}{7}$

3 $\dfrac{3}{70}$ **4** $\dfrac{1}{48}$

5 $\dfrac{1}{15}$ **6** $1\dfrac{1}{15}$

7 $\dfrac{2}{5}$ **8** $\dfrac{3}{22}$

9 $\dfrac{2}{3}$ **10** $\dfrac{17}{105}$

3 $\dfrac{4}{\overset{}{\underset{3}{15}}}\times\overset{2}{\cancel{10}}=\dfrac{8}{3}=2\dfrac{2}{3}$

4 (승범이가 하루에 마시는 우유의 양)×(날수)

$=\dfrac{3}{\underset{2}{\cancel{10}}}\times\overset{1}{\cancel{5}}=\dfrac{3}{2}=1\dfrac{1}{2}(\text{L})$

7 $2\dfrac{4}{9}\times6=\dfrac{22}{\underset{3}{\cancel{9}}}\times\overset{2}{\cancel{6}}=\dfrac{44}{3}=14\dfrac{2}{3}$

8 (사과 한 상자의 무게)×(상자의 수)

$=2\dfrac{3}{4}\times12=\dfrac{11}{\underset{1}{\cancel{4}}}\times\overset{3}{\cancel{12}}=33(\text{kg})$

11 $\overset{7}{\cancel{14}}\times\dfrac{5}{\underset{4}{\cancel{8}}}=\dfrac{35}{4}=8\dfrac{3}{4}$

12 (전체 끈의 길이)×$\dfrac{3}{4}=\overset{2}{\cancel{8}}\times\dfrac{3}{\underset{1}{\cancel{4}}}=6(\text{m})$

15 $10\times1\dfrac{3}{8}=\overset{5}{\cancel{10}}\times\dfrac{11}{\underset{4}{\cancel{8}}}=\dfrac{55}{4}=13\dfrac{3}{4}$

16 (은희가 가지고 있는 구슬의 수)×$1\dfrac{2}{9}$

$=27\times1\dfrac{2}{9}=\overset{3}{\cancel{27}}\times\dfrac{11}{\underset{1}{\cancel{9}}}=33(\text{개})$

복습책 22~23쪽 기본유형 익히기

1 (1) 5, 2, $\dfrac{5}{2}$, $2\dfrac{1}{2}$

(2) 2, 3, 3, 2, $\dfrac{9}{2}$, $4\dfrac{1}{2}$

2 (1) $17\dfrac{1}{2}$ (2) $6\dfrac{2}{3}$ **3** $2\dfrac{2}{3}$

4 $\dfrac{3}{10}\times5=1\dfrac{1}{2}$ / $1\dfrac{1}{2}$ L

5 1, $\dfrac{2}{5}$, 2, $\dfrac{4}{5}$, $2\dfrac{4}{5}$

6 (1) $7\dfrac{1}{3}$ (2) $3\dfrac{1}{4}$ **7** $14\dfrac{2}{3}$

8 $2\dfrac{3}{4}\times12=33$ / 33 kg

9 (1) 20, 3, $\dfrac{20}{3}$, $6\dfrac{2}{3}$

(2) 2, 3, 2, 3, $\dfrac{16}{3}$, $5\dfrac{1}{3}$

10 (1) 9 (2) $10\dfrac{1}{2}$ **11** $8\dfrac{3}{4}$

12 $8\times\dfrac{3}{4}=6$ / 6 m **13** 2, $\dfrac{2}{7}$, 6, $\dfrac{6}{7}$, $6\dfrac{6}{7}$

14 (1) $17\dfrac{1}{3}$ (2) $29\dfrac{1}{3}$ **15** $13\dfrac{3}{4}$

16 $27\times1\dfrac{2}{9}=33$ / 33개

복습책 24~25쪽 실전유형 다지기

✎ 서술형 문제는 풀이를 꼭 확인하세요.

1 (1) 6 (2) $5\dfrac{1}{3}$ **2** $5\dfrac{3}{7}$

3

4 15, $10\dfrac{1}{2}$ **5** 5

✎**6** 풀이 참조 **7** >

8 $6\times3\dfrac{1}{4}$에 ○표 / $6\times\dfrac{1}{4}$, $6\times\dfrac{5}{7}$에 △표

9 4개 **10** $4\dfrac{2}{3}$ cm

11 $34\dfrac{1}{2}$ cm² **12** 해주, 45 cm

13 지수

3 • $\frac{3}{10} \times 8$은 분자와 자연수를 곱해야 하므로 $\frac{8}{10} \times 3$

과 계산 결과가 같습니다.

• $1\frac{1}{2}$을 가분수로 바꾸면 $\frac{3}{2}$이므로

$1\frac{1}{2} \times 6$과 $\frac{3}{2} \times 6$은 계산 결과가 같습니다.

• $2\frac{3}{4} \times 6$은 $2\frac{3}{4}$을 가분수로 바꾸어 $\frac{11}{4} \times 6$으로 계산

할 수 있으며, 이 식을 약분하면 $\frac{11}{\overset{}{\underset{2}{4}}} \times \overset{3}{6} = \frac{11}{2} \times 3$

이 되므로 $\frac{11}{2} \times 3$과 계산 결과가 같습니다.

4 $\overset{3}{24} \times \frac{5}{\underset{1}{8}} = 15$, $\overset{3}{15} \times \frac{7}{\underset{2}{10}} = \frac{21}{2} = 10\frac{1}{2}$

5 가장 큰 수는 30이고, 가장 작은 수는 $\frac{1}{6}$입니다.

$\Rightarrow \overset{5}{30} \times \frac{1}{\underset{1}{6}} = 5$

✎6 성우 ❶

예 (진분수)×(자연수)에서 자연수는 분자에만 곱합니다. ❷

채점 기준
❶ 바르게 계산한 사람은 누구인지 찾아 이름 쓰기
❷ (진분수)×(자연수)의 계산 방법 쓰기

7 • $5 \times 1\frac{5}{7} = 5 \times \frac{12}{7} = \frac{60}{7} = 8\frac{4}{7}$

• $2\frac{2}{9} \times 3 = \frac{20}{\underset{3}{9}} \times \overset{1}{3} = \frac{20}{3} = 6\frac{2}{3}$ $\Rightarrow 8\frac{4}{7} > 6\frac{2}{3}$

8 | 비법 |
|---|

• ▦×(1보다 큰 수)>▦　　• ▦×(1보다 작은 수)<▦

• $6 \times \frac{1}{4}$: $\frac{1}{4} < 1$ $\Rightarrow 6 \times \frac{1}{4} < 6$

• $6 \times \frac{5}{7}$: $\frac{5}{7} < 1$ $\Rightarrow 6 \times \frac{5}{7} < 6$

• $6 \times 3\frac{1}{4}$: $3\frac{1}{4} > 1$ $\Rightarrow 6 \times 3\frac{1}{4} > 6$

9 $\frac{3}{\underset{2}{8}} \times \overset{3}{12} = \frac{9}{2} = 4\frac{1}{2}$

따라서 ☐ 안에 들어갈 수 있는 자연수는 $4\frac{1}{2}$보다

작은 자연수이므로 1, 2, 3, 4로 모두 4개입니다.

복습책

22
~
27
쪽

10 (정삼각형의 둘레)

$= 1\frac{5}{9} \times 3 = \frac{14}{\underset{3}{9}} \times \overset{1}{3} = \frac{14}{3} = 4\frac{2}{3}$ (cm)

11 (직사각형의 넓이)

$= 9 \times 3\frac{5}{6} = \overset{3}{9} \times \frac{23}{\underset{2}{6}} = \frac{69}{2} = 34\frac{1}{2}$ (cm²)

12 (호재가 가진 끈의 길이)$= \overset{5}{70} \times \frac{5}{\underset{1}{14}} = 25$ (cm)

$\Rightarrow$ 해주가 가진 끈의 길이가 호재가 가진 끈의 길이보다 $70 - 25 = 45$ (cm) 더 깁니다.

13 • 용우: 1 L는 1000 mL이므로 1 L의 $\frac{1}{4}$은

$\overset{250}{1000} \times \frac{1}{\underset{1}{4}} = 250$ (mL)입니다.

• 태희: 1 m는 100 cm이므로 1 m의 $\frac{1}{5}$은

$\overset{20}{100} \times \frac{1}{\underset{1}{5}} = 20$ (cm)입니다.

• 지수: 1시간은 60분이므로 1시간의 $\frac{1}{3}$은

$\overset{20}{60} \times \frac{1}{\underset{1}{3}} = 20$ (분)입니다.

복습책 26~27쪽 기본유형 익히기

1 (1) 7, 2, $\frac{1}{14}$　(2) 2, 1, 2, $\frac{7}{12}$

2 (1) $\frac{7}{24}$　(2) $\frac{5}{16}$　　**3** $\frac{2}{3}$

4 $\frac{5}{8} \times \frac{3}{5} = \frac{3}{8}$ / $\frac{3}{8}$ kg

5 7, 7, 1, 21, 7, $\frac{49}{8}$, $6\frac{1}{8}$

6 (1) $5\frac{1}{5}$　(2) $11\frac{1}{9}$　　**7** $2\frac{2}{9}$

8 $1\frac{1}{4} \times 1\frac{2}{5} = 1\frac{3}{4}$ / $1\frac{3}{4}$ L

9 1, 1, 8, $\frac{1}{7}$, $\frac{1}{8}$, $\frac{1}{56}$

10 (1) $1\frac{7}{8}$　(2) $5\frac{3}{5}$　　**11** $2\frac{1}{8}$

12 $\frac{7}{8} \times \frac{1}{3} \times \frac{4}{7} = \frac{1}{6}$ / $\frac{1}{6}$ kg

3 $\overset{2}{\underset{3}{\cancel{8}}} \times \overset{1}{\underset{1}{\cancel{3}}} = \dfrac{2}{3}$
$\quad \dfrac{\cancel{8}}{\cancel{9}} \times \dfrac{\cancel{3}}{\cancel{4}} = \dfrac{2}{3}$

4 (설탕의 전체 무게) $\times \dfrac{3}{5} = \dfrac{\overset{1}{\cancel{5}}}{8} \times \dfrac{3}{\underset{1}{\cancel{5}}} = \dfrac{3}{8}$ (kg)

7 $1\dfrac{5}{9} \times 1\dfrac{3}{7} = \dfrac{14}{9} \times \dfrac{\overset{2}{\cancel{10}}}{\underset{1}{\cancel{7}}} = \dfrac{20}{9} = 2\dfrac{2}{9}$

8 (민재가 마신 물의 양) $\times 1\dfrac{2}{5}$

$= 1\dfrac{1}{4} \times 1\dfrac{2}{5} = \dfrac{\overset{1}{\cancel{5}}}{4} \times \dfrac{7}{\underset{1}{\cancel{5}}} = \dfrac{7}{4} = 1\dfrac{3}{4}$ (L)

11 $\dfrac{3}{4} \times 3\dfrac{2}{5} \times \dfrac{5}{6} = \dfrac{\overset{1}{\cancel{3}}}{4} \times \dfrac{17}{\underset{1}{\cancel{5}}} \times \dfrac{\overset{1}{\cancel{5}}}{\underset{2}{\cancel{6}}} = \dfrac{17}{8} = 2\dfrac{1}{8}$

12 (밀가루의 전체 무게) $\times \dfrac{1}{3} \times \dfrac{4}{7}$

$= \dfrac{\overset{1}{\cancel{7}}}{\underset{2}{\cancel{8}}} \times \dfrac{1}{3} \times \dfrac{\overset{1}{\cancel{4}}}{\underset{1}{\cancel{7}}} = \dfrac{1}{6}$ (kg)

복습책 40~41쪽 실전유형 **다지기**

✎ 서술형 문제는 풀이를 꼭 확인하세요.

1 (1) $\dfrac{1}{90}$ (2) $\dfrac{11}{27}$　　**2** $8\dfrac{2}{5}$

3 $\dfrac{4}{15}$　　　　　　　　**4** $>$

5 (○) ( )　　　　**6** ㉡

✎**7** 풀이 참조　　　　　**8** $\dfrac{8}{21}$

9 $\dfrac{3}{14}$　　　　**10** 7, 9 (또는 9, 7) / $\dfrac{1}{63}$

11 $\dfrac{7}{24}$ m²　　　**12** $\dfrac{1}{35}$

13 $34\dfrac{2}{15}$

---

3 $\dfrac{\overset{4}{\cancel{8}}}{\underset{3}{\cancel{9}}} \times \dfrac{\cancel{3}}{5} \times \dfrac{1}{\underset{1}{\cancel{2}}} = \dfrac{4}{15}$

4 어떤 수에 더 큰 수를 곱할수록 더 큰 수가 나옵니다.
$\dfrac{1}{5}$이 $\dfrac{1}{9}$보다 크므로 $\dfrac{8}{21}$에 $\dfrac{1}{5}$을 곱한 결과가 $\dfrac{1}{9}$을 곱한 결과보다 더 큽니다.

5 ・$\dfrac{1}{8} \times \dfrac{1}{4} = \dfrac{1}{32}$
　　・$\dfrac{1}{5} \times \dfrac{1}{6} = \dfrac{1}{30}$ $\Rightarrow \dfrac{1}{32} < \dfrac{1}{30}$

6 ㉠ $1\dfrac{1}{3} \times 3\dfrac{3}{5} = \dfrac{4}{\underset{1}{\cancel{3}}} \times \dfrac{\overset{6}{\cancel{18}}}{5} = \dfrac{24}{5} = 4\dfrac{4}{5}$

㉡ $2\dfrac{1}{4} \times 2\dfrac{2}{3} = \dfrac{\overset{3}{\cancel{9}}}{\underset{1}{\cancel{4}}} \times \dfrac{\overset{2}{\cancel{8}}}{\underset{1}{\cancel{3}}} = 6$

㉢ $3\dfrac{3}{8} \times 1\dfrac{1}{9} = \dfrac{\overset{3}{\cancel{27}}}{\underset{4}{\cancel{8}}} \times \dfrac{\overset{5}{\cancel{10}}}{\underset{1}{\cancel{9}}} = \dfrac{15}{4} = 3\dfrac{3}{4}$

㉣ $1\dfrac{5}{6} \times 1\dfrac{2}{7} = \dfrac{11}{\underset{2}{\cancel{6}}} \times \dfrac{\overset{3}{\cancel{9}}}{7} = \dfrac{33}{14} = 2\dfrac{5}{14}$

따라서 계산 결과가 자연수인 것은 ㉡입니다.

✎**7** 예 대분수를 가분수로 바꾸지 않고, 약분하여 계산했습니다.』 ❶

$2\dfrac{3}{5} \times 1\dfrac{1}{9} = \dfrac{13}{\underset{1}{\cancel{5}}} \times \dfrac{\overset{2}{\cancel{10}}}{9} = \dfrac{26}{9} = 2\dfrac{8}{9}$』 ❷

채점 기준
❶ 잘못 계산한 곳을 찾아 이유 쓰기
❷ 바르게 계산하기

8 ㉠ $\dfrac{3}{7} \times \dfrac{1}{3} \times 4 = \dfrac{\cancel{3}}{7} \times \dfrac{1}{\underset{1}{\cancel{3}}} \times \dfrac{4}{1} = \dfrac{4}{7}$

㉡ $\dfrac{\overset{2}{\cancel{6}}}{7} \times \dfrac{\overset{2}{\cancel{8}}}{\underset{3}{\cancel{9}}} \times \dfrac{1}{\underset{1}{\cancel{4}}} = \dfrac{4}{21}$

$\Rightarrow ㉠ - ㉡ = \dfrac{4}{7} - \dfrac{4}{21} = \dfrac{12}{21} - \dfrac{4}{21} = \dfrac{8}{21}$

9 (어떤 수)$=\dfrac{\overset{1}{\cancel{3}}}{7}\times\dfrac{5}{\underset{3}{\cancel{9}}}=\dfrac{5}{21}$

⇨ 어떤 수의 $\dfrac{9}{10}$는 $\dfrac{\overset{1}{\cancel{5}}}{\underset{7}{\cancel{21}}}\times\dfrac{\overset{3}{\cancel{9}}}{\underset{2}{\cancel{10}}}=\dfrac{3}{14}$입니다.

10 비법

$\dfrac{1}{\square}\times\dfrac{1}{\square}$에서 분모에 큰 수가 들어갈수록 계산 결과가 작아집니다.

$2<3<6<7<9$이므로 계산 결과가 가장 작은 분수의 곱셈식은 $\dfrac{1}{7}\times\dfrac{1}{9}$ 또는 $\dfrac{1}{9}\times\dfrac{1}{7}$입니다.

11 (색칠한 직사각형의 가로)$=1-\dfrac{2}{9}=\dfrac{7}{9}$(m)

⇨ (색칠한 직사각형의 넓이)$=$(가로)$\times$(세로)

$=\dfrac{7}{\underset{3}{\cancel{9}}}\times\dfrac{\overset{1}{\cancel{3}}}{8}=\dfrac{7}{24}$(m²)

12 농구를 좋아하는 5학년 여학생은 전체 학생의

$\dfrac{1}{\underset{\underset{1}{3}}{\cancel{6}}}\times\dfrac{\overset{2}{\cancel{4}}}{7}\times\dfrac{\overset{1}{\cancel{3}}}{\underset{5}{\cancel{10}}}=\dfrac{1}{35}$입니다.

13 • 만들 수 있는 가장 큰 대분수: $9\dfrac{3}{5}$

• 만들 수 있는 가장 작은 대분수: $3\dfrac{5}{9}$

⇨ $9\dfrac{3}{5}\times3\dfrac{5}{9}=\dfrac{48}{5}\times\dfrac{\overset{16}{\cancel{32}}}{\underset{3}{\cancel{9}}}=\dfrac{512}{15}=34\dfrac{2}{15}$

---

2 어떤 수를 $\square$라 하면 $\square+\dfrac{5}{9}=2\dfrac{8}{9}$,

$\square=2\dfrac{8}{9}-\dfrac{5}{9}$

$=\dfrac{26}{9}-\dfrac{5}{9}=\dfrac{21}{9}=\dfrac{7}{3}=2\dfrac{1}{3}$입니다.

따라서 바르게 계산하면

$2\dfrac{1}{3}\times\dfrac{5}{9}=\dfrac{7}{3}\times\dfrac{5}{9}=\dfrac{35}{27}=1\dfrac{8}{27}$입니다.

3 비법

분수의 곱셈에서 분모가 클수록, 분자가 작을수록 곱이 작아집니다.

분모가 클수록, 분자가 작을수록 곱이 작아지므로 분모로 사용할 수 카드의 수는 7, 8, 9이고, 분자로 사용할 수 카드의 수는 2, 3, 5입니다.

⇨ $\dfrac{\overset{1}{\cancel{2}}\times\overset{1}{\cancel{3}}\times5}{7\times\underset{4}{\cancel{8}}\times\underset{3}{\cancel{9}}}=\dfrac{5}{84}$

4 (어제 사용하고 남은 양)$=1-\dfrac{1}{4}=\dfrac{3}{4}$,

(오늘 사용한 양)$=\dfrac{\overset{1}{\cancel{3}}}{4}\times\dfrac{1}{\underset{2}{\cancel{6}}}=\dfrac{1}{8}$

⇨ (어제와 오늘 사용한 양)

$=\dfrac{1}{4}+\dfrac{1}{8}=\dfrac{2}{8}+\dfrac{1}{8}=\dfrac{3}{8}$

따라서 어제와 오늘 사용한 색종이는 모두

$\overset{25}{\cancel{200}}\times\dfrac{3}{\underset{1}{\cancel{8}}}=75$(장)입니다.

복습책 30쪽 응용유형 다잡기

1 $8\dfrac{4}{5}$ km **2** $1\dfrac{8}{27}$

3 $\dfrac{5}{84}$ **4** 75장

1 2시간 45분$=2\dfrac{45}{60}$시간$=2\dfrac{3}{4}$시간

⇨ (소혜가 2시간 45분 동안 갈 수 있는 거리)

$=3\dfrac{1}{5}\times2\dfrac{3}{4}=\dfrac{16}{5}\times\dfrac{11}{\underset{1}{\cancel{4}}}=\dfrac{44}{5}=8\dfrac{4}{5}$(km)

3. 합동과 대칭

복습책 32~34쪽 기초력 기르기

1 도형의 합동

1 (   )(○)(   )
2 (   )(   )(○)
3 (○)(   )(   )
4 (   )(○)(   )
5 (   )(   )(○)
6 (○)(   )(   )

2 합동인 도형의 성질

1 점 ㄹ, 변 ㄴㄷ, 각 ㄹㅁㅂ
2 점 ㅁ, 변 ㄹㅁ, 각 ㅂㄹㅁ
3 점 ㅇ, 변 ㅂㅅ, 각 ㅇㅁㅂ
4 점 ㄹ, 변 ㅅㅂ, 각 ㄷㄴㄱ

3 선대칭도형

1 ○   **2** ×
3 ×   **4** ○
5 ×   **6** ○

7 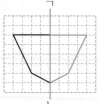   **8**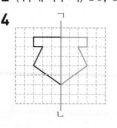

4 선대칭도형의 성질

1 (왼쪽에서부터) 30, 5   **2** (위에서부터) 50, 6

3   **4**

5 점대칭도형

1 ×   **2** ○
3 ×   **4** ○
5 ○   **6** ○

7   **8**

6 점대칭도형의 성질

1 (위에서부터) 4, 50   **2** (왼쪽에서부터) 55, 6

3 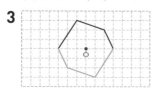   **4**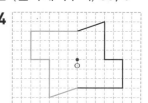

복습책 35쪽 기본유형 익히기

1 합동
2 (   )(○)(   )
3 나와 라, 다와 마
4 예

5 점 ㅂ, 변 ㄹㅂ, 각 ㄹㅁㅂ
6 4, 4, 4   **7** (1) 7 (2) 160

3 모양과 크기가 같아서 포개었을 때 완전히 겹치는 두 도형을 찾으면 나와 라, 다와 마입니다.

5 서로 합동인 두 삼각형을 포개었을 때 완전히 겹치는 곳을 찾습니다.

6 비법

> 서로 합동인 ▥각형의 대응점, 대응변, 대응각은 각각 ▥쌍 있습니다.

두 사각형은 서로 합동이므로 대응점, 대응변, 대응각이 각각 4쌍 있습니다.

7 (1) 변 ㄴㄷ의 대응변은 변 ㅂㅁ이므로
　　(변 ㅂㅁ)=7 cm입니다.
　(2) 각 ㅁㅇㅅ의 대응각은 각 ㄹㄱㄴ이므로
　　(각 ㅁㅇㅅ)=160°입니다.

복습책 36~37쪽 실전유형 다지기

✏️ 서술형 문제는 풀이를 꼭 확인하세요.

1 가, 마 / 나, 바
2 점 ㅂ, 변 ㄹㅂ, 각 ㅂㄹㅁ

3 예   **4** 예 [그림]

5 (1) (왼쪽에서부터) 110, 8

  (2) (왼쪽에서부터) 8, 80

6 풀이 참조   **7** 나

8 가와 라, 다와 마   **9** 23 cm

10 30 cm²   **11** 우재

12 222 cm

5 (1)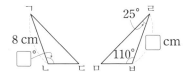

변 ㄹㅂ의 대응변은 변 ㄱㄴ이므로

(변 ㄹㅂ)=8 cm입니다.

각 ㄱㄴㄷ의 대응각은 각 ㄹㅂㅁ이므로

(각 ㄱㄴㄷ)=110°입니다.

(2)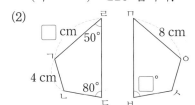

변 ㄹㄱ의 대응변은 변 ㅁㅇ이므로

(변 ㄹㄱ)=8 cm입니다.

각 ㅁㅂㅅ의 대응각은 각 ㄹㄷㄴ이므로

(각 ㅁㅂㅅ)=80°입니다.

6 연아 ❶

예 합동인 두 도형의 둘레는 항상 같지만 두 도형의 둘레가 같다고 해서 항상 합동인 것은 아닙니다. ❷

채점 기준
❶ 잘못 설명한 사람의 이름 쓰기
❷ 이유 쓰기

7 모양과 크기가 같아서 포개었을 때 완전히 겹치는 모양의 타일을 찾으면 나입니다.

8 두 표지판을 포개었을 때 완전히 겹치는 것은 가와 라, 다와 마입니다.

9 변 ㄱㄹ의 대응변은 변 ㅇㅁ이므로

(변 ㄱㄹ)=7 cm이고,

변 ㄱㄴ의 대응변은 변 ㅇㅅ이므로

(변 ㄱㄴ)=6 cm입니다.

⇨ (사각형 ㄱㄴㄷㄹ의 둘레)=6+7+3+7=23(cm)

10 변 ㅁㅂ의 대응변은 변 ㄴㄷ이므로

(변 ㅁㅂ)=12 cm입니다.

⇨ (삼각형 ㄹㅁㅂ의 넓이)=5×12÷2=30(cm²)

11 • 나희: 각 ㅁㄹㅂ의 대응각은 각 ㄷㄱㄴ이므로

(각 ㅁㄹㅂ)=70°입니다. 삼각형의 세 각의 크기의 합은 180°이므로

(각 ㄹㅂㅁ)=180°−30°−70°=80°입니다.

• 선우: 변 ㄱㄷ의 대응변은 변 ㄹㅁ입니다.

• 우재: 변 ㄹㅂ의 대응변은 변 ㄱㄴ이므로

(변 ㄹㅂ)=3 cm입니다.

12 삼각형 ㄱㄴㅁ과 삼각형 ㄹㅁㄷ이 서로 합동이므로

(변 ㄱㄴ)=(변 ㄹㅁ)=51 cm,

(변 ㄷㄹ)=(변 ㅁㄱ)=21 cm입니다.

⇨ (사각형 ㄱㄴㄷㄹ의 둘레)

  =51+78+21+51+21=222(cm)

복습책 38~39쪽 기본유형 익히기

1 (○) (   ) (○) (   )

2 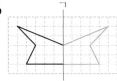   / 2개

3 점 ㅁ, 변 ㄹㅂ, 각 ㄱㅁㄹ

4 (1) 90° (2) 11 cm (3) 8 cm

5 (위에서부터) 15, 45

6 [그림]   **7** ①, ④

8 [그림]

9 점 ㅁ, 변 ㅂㄱ, 각 ㄹㅁㅂ

10 (1) 14 cm (2) 125° (3) 16 cm

11 (위에서부터) 65, 18

12 [그림]

4 (1) 대응점끼리 이은 선분은 대칭축과 수직으로 만납니다.

(2) 선분 ㅁㅈ과 선분 ㄱㅈ의 길이가 같으므로
(선분 ㅁㅈ)=11 cm입니다.

(3) 선분 ㄹㅊ과 선분 ㄴㅊ의 길이가 같으므로
(선분 ㄹㅊ)=8 cm입니다.

5

• 변 ㄷㅂ의 대응변은 변 ㄷㄹ이므로
(변 ㄷㅂ)=15 cm입니다.

• 각 ㄷㅂㅁ의 대응각은 각 ㄷㄹㅁ이므로
(각 ㄷㅂㅁ)=45°입니다.

6 대응점을 찾아 표시한 후 차례대로 이어 선대칭도형을 완성합니다.

7 어떤 점을 중심으로 180° 돌렸을 때 처음 도형과 완전히 겹치는 도형을 모두 찾으면 ①, ④입니다.

8 대응점끼리 이은 선분들이 만나는 점을 찾아 표시합니다.

9 대칭의 중심을 중심으로 180° 돌렸을 때 겹치는 점을 대응점, 겹치는 변을 대응변, 겹치는 각을 대응각이라고 합니다.

10 (1) 변 ㄷㄹ의 대응변은 변 ㅅㅈ이므로
(변 ㄷㄹ)=14 cm입니다.

(2) 각 ㄷㄹㅁ의 대응각은 각 ㅅㅈㄱ이므로
(각 ㄷㄹㅁ)=125°입니다.

(3) 선분 ㅇㅈ과 선분 ㅇㄹ의 길이가 같으므로
(선분 ㅇㅈ)=16 cm입니다.

11

• 각 ㄹㄷㄴ의 대응각은 각 ㄴㄱㄹ이므로
(각 ㄹㄷㄴ)=65°입니다.

• 변 ㄴㄷ의 대응변은 변 ㄹㄱ이므로
(변 ㄴㄷ)=18 cm입니다.

12 대응점을 찾아 표시한 후 차례대로 이어 점대칭도형을 완성합니다.

실전유형 다지기

✎ 서술형 문제는 풀이를 꼭 확인하세요.

1

/ ㉠, ㉡, ㉢

2

3 (왼쪽에서부터) 점 ㅇ, 변 ㅂㅁ, 각 ㅅㅂㅁ /
점 ㄹ, 변 ㄴㄱ, 각 ㄷㄴㄱ

4 ㉠, ㉡, ㉣, ㉢, ㉣

5 ㉠, ㉣

6 (왼쪽에서부터) 70, 9

7

8 ㉡, ㉣

9 8 cm / 12 cm

✎**10** 풀이 참조

11 1개

12 125

13 70 cm

---

1 한 직선을 따라 접었을 때 완전히 겹치는 도형은 ㉠, ㉡, ㉢입니다.

2 대응점끼리 이은 선분들이 만나는 점을 찾아 표시합니다.

4 한 직선을 따라 접었을 때 완전히 겹치는 글자는 ㉠, ㉡, ㉣, ㉢, ㉣입니다.

5 • 선대칭도형: ㉠, ㉡, ㉣, ㉤, ㉥
   • 점대칭도형: ㉠, ㉢, ㉣
   ⇨ 선대칭도형이면서 점대칭도형인 글자는 ㉠, ㉣입니다.

6

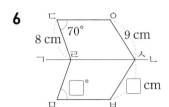

   • 변 ㅂㅅ의 대응변은 변 ㅇㅅ입니다.
     ⇨ (변 ㅂㅅ)=(변 ㅇㅅ)=9 cm
   • 각 ㄹㅁㅂ의 대응각은 각 ㄹㄷㅇ입니다.
     ⇨ (각 ㄹㅁㅂ)=(각 ㄹㄷㅇ)=70°

8 어떤 점을 중심으로 180° 돌렸을 때 처음 국기와 완전히 겹치는 국기는 ㉡, ㉣입니다.

9 점대칭도형에서 각각의 대응점에서 대칭의 중심까지의 거리는 서로 같습니다.
   ⇨ (선분 ㄱㅇ)=(선분 ㄹㅇ)=16÷2=8(cm)
     (선분 ㅂㄷ)=6×2=12(cm)

✎10 윤지」❶
   예 점대칭도형에서 각각의 대응점에서 대칭의 중심까지의 거리는 서로 같습니다.」❷

채점 기준
❶ 잘못 설명한 사람을 찾아 이름 쓰기
❷ 이유 쓰기

11 ㉮   ㉯

   ㉮의 대칭축의 수: 4개, ㉯의 대칭축의 수: 3개
   ⇨ 두 선대칭도형의 대칭축의 수의 차는
     4-3=1(개)입니다.

12

   각 ㄷㅂㅁ의 대응각은 각 ㄷㅁㅂ이므로
   (각 ㄷㅂㅁ)=30°입니다.
   ⇨ 삼각형 ㄷㅁㅂ의 세 각의 크기의 합은 180°이므로
     (각 ㄷㅁㅂ)=180°-25°-30°=125°입니다.

13 각각의 대응변의 길이는 서로 같으므로
   (변 ㅅㅂ)=(변 ㄷㄴ)=3 cm,
   (변 ㄷㄹ)=(변 ㅅㅈ)=13 cm,
   (변 ㄹㅁ)=(변 ㅈㄱ)=15 cm,
   (변 ㄱㄴ)=(변 ㅁㅂ)=4 cm입니다.
   ⇨ (점대칭도형의 둘레)
     =4+3+13+15+4+3+13+15=70(cm)

복습책 42쪽 응용유형 다잡기

   1 830   **2** 30°
   3 14 cm   **4** 140 cm²

1 선대칭도형이 되는 숫자는 0, 3, 8 입니다.
   따라서 선대칭도형인 숫자들의 크기를 비교하면
   0<3<8이므로 만들 수 있는 가장 큰 수는 830입니다.

2 각 ㄱㄴㄷ의 대응각은 각 ㄹㄷㄴ이므로
   (각 ㄱㄴㄷ)=125°입니다.
   따라서 삼각형 ㄱㄴㄷ의 세 각의 크기의 합은 180°이므로 (각 ㄱㄷㄴ)=180°-25°-125°=30°입니다.

3 점대칭도형에서 대응변의 길이가 서로 같으므로
   변 ㄱㄴ과 변 ㄹㅁ, 변 ㄷㄹ과 변 ㅂㄱ의 길이가 각각 같습니다.
   (변 ㄱㄴ)=13 cm, (변 ㄷㄹ)=16 cm이므로
   변 ㄴㄷ과 변 ㅁㅂ의 길이의 합은
   86-(13+16+13+16)=28(cm)입니다.
   따라서 변 ㄴㄷ과 변 ㅁㅂ의 길이가 같으므로
   (변 ㄴㄷ)=28÷2=14(cm)입니다.

4

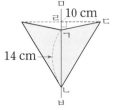

   (삼각형 ㄱㄴㄷ의 넓이)=14×10÷2=70(cm²)
   선대칭도형은 대칭축을 따라 접었을때 완전히 겹치므로 완성한 선대칭도형의 넓이는 삼각형 ㄱㄴㄷ의 넓이의 2배입니다.
   ⇨ (완성한 선대칭도형의 넓이)=70×2=140(cm²)

4. 소수의 곱셈

복습책 44~47쪽 기초력 기르기

1 (1보다 작은 소수) × (자연수)

1 1.4 　　　　　 **2** 7.2
3 1.5 　　　　　 **4** 5.6
5 4.5 　　　　　 **6** 1.56
7 1.82 　　　　 **8** 2.45
9 3.9 　　　　　 **10** 5.88

2 (1보다 큰 소수) × (자연수)

1 4.8 　　　　　 **2** 39.2
3 20.4 　　　　 **4** 39.9
5 14 　　　　　 **6** 12.56
7 3.44 　　　　 **8** 31.92
9 75.6 　　　　 **10** 51.03

3 (자연수) × (1보다 작은 소수)

1 1.2 　　　　　 **2** 5.6
3 4 　　　　　　 **4** 12.6
5 14.8 　　　　 **6** 0.48
7 0.45 　　　　 **8** 3.23
9 24.96 　　　 **10** 32.55

4 (자연수) × (1보다 큰 소수)

1 17.5 　　　　 **2** 11.2
3 13.2 　　　　 **4** 59.8
5 84.6 　　　　 **6** 6.54
7 45.81 　　　 **8** 65.25
9 63.86 　　　 **10** 129.6

5 1보다 작은 소수끼리의 곱셈

1 0.06 　　　　 **2** 0.16
3 0.63 　　　　 **4** 0.075
5 0.114 　　　 **6** 0.357
7 0.376 　　　 **8** 0.012
9 0.1701 　　 **10** 0.1007

6 1보다 큰 소수끼리의 곱셈

1 1.68 　　　　 **2** 12.22
3 19.38 　　　 **4** 57.68
5 8.883 　　　 **6** 7.215
7 7.011 　　　 **8** 12.096
9 3.059 　　　 **10** 5.2668

7 곱의 소수점 위치

1 10.6 　　　　 **2** 75.3
3 2491 　　　　 **4** 472.8
5 9260 　　　　 **6** 21
7 8.05 　　　　 **8** 6.297
9 143.8 　　　 **10** 3.97
11 0.36 　　　 **12** 0.036
13 0.036 　　　 **14** 0.0036
15 14.28 　　　 **16** 1.428
17 1.428 　　　 **18** 0.1428

복습책 48~49쪽 기본유형 익히기

1 (1) 9, 9, 36, 3.6
　　(2) 75, 0.75 / 75, 0.75
2 (1) 4.5　(2) 2.82　**3** 6.86
4 0.4×8=3.2 / 3.2 L
5 (1) 13, 13, 104, 10.4
　　(2) 876, 8.76 / 876, 8.76
6 (1) 7.6　(2) 50.82　**7** 15.4
8 3.5×3=10.5 / 10.5 kg
9 (1) 7, 7, 56, 5.6
　　(2) 238, 2.38 / 238, 2.38
10 (1) 1.8　(2) 1.52　**11** 7.38
12 48×0.9=43.2 / 43.2 kg
13 (1) 22, 22, 154, 15.4
　　(2) 837, 8.37 / 837, 8.37
14 (1) 8.4　(2) 77.55　**15** 8.04
16 13×2.5=32.5 / 32.5 m²

2 (1) $0.5 \times 9 = \frac{5}{10} \times 9 = \frac{5 \times 9}{10} = \frac{45}{10} = 4.5$

　　(2) $0.47 \times 6 = \frac{47}{100} \times 6 = \frac{47 \times 6}{100} = \frac{282}{100} = 2.82$

4 (하루에 마시는 우유 양)×(날수)=0.4×8=3.2(L)

6 (1) $1.9 \times 4 = \frac{19}{10} \times 4 = \frac{19 \times 4}{10} = \frac{76}{10} = 7.6$

(2) $7.26 \times 7 = \frac{726}{100} \times 7 = \frac{726 \times 7}{100} = \frac{5082}{100} = 50.82$

8 (멜론 한 개의 무게)×(개수)=3.5×3=10.5(kg)

10 (1) $2 \times 0.9 = 2 \times \frac{9}{10} = \frac{2 \times 9}{10} = \frac{18}{10} = 1.8$

(2) $38 \times 0.04 = 38 \times \frac{4}{100} = \frac{38 \times 4}{100}$
$= \frac{152}{100} = 1.52$

12 (현중이의 몸무게)×0.9=48×0.9=43.2(kg)

14 (1) $3 \times 2.8 = 3 \times \frac{28}{10} = \frac{3 \times 28}{10} = \frac{84}{10} = 8.4$

(2) $15 \times 5.17 = 15 \times \frac{517}{100} = \frac{15 \times 517}{100} = \frac{7755}{100}$
$= 77.55$

16 (상추를 심은 밭의 넓이)×2.5=13×2.5=32.5(m²)

복습책 50~51쪽 실전유형 **다지기**

✏ 서술형 문제는 풀이를 꼭 확인하세요.

1 (1) 2.4 (2) 1.36   **2** ㄹ

3 $2.5 \times 5 = \frac{25}{10} \times 5 = \frac{25 \times 5}{10} = \frac{125}{10} = 12.5$

4 31, 20.77   **5** (　　)(　　)(○)

6 <   **7** ㄹ

✏**8** 풀이 참조   **9** 21.2 cm

10 109.55페소   **11** 2.31 km

12 4.2 km   **13** 6 m²

14 병우, 0.08 L

---

3 곱해지는 수가 소수 한 자리 수이므로 분모가 10인 분수로 나타내어 계산해야 하는데 분모가 100인 분수로 잘못 나타내었습니다.

5 비법 (자연수)×(소수)의 크기 비교

• ▥×(1보다 작은 소수)< ▥
• ▥×(1보다 큰 소수)> ▥

38과 곱하는 소수 1.05, 2.1, 0.9 중에서 1보다 작은 소수는 0.9이므로 계산 결과가 38보다 작은 것은 38×0.9입니다.

---

7 ㉠ 0.71×29=20.59   ㉡ 58×0.42=24.36
㉢ 0.49×42=20.58   ㉣ 37×0.55=20.35
⇨ 20.35 < 20.58 < 20.59 < 24.36
　　㉣　　　㉢　　　㉠　　　㉡

✏**8** 지연 ❶

예 63과 5의 곱은 300이니까 0.63과 5의 곱은 약 3 정도가 돼. ❷

채점 기준
❶ 계산 결과를 잘못 어림한 사람의 이름 쓰기
❷ 바르게 고치기

9 정사각형은 네 변의 길이가 모두 같습니다.
⇨ (정사각형의 둘레)=5.3×4=21.2(cm)

10 (우리나라 돈 1000원)=(멕시코 돈 15.65페소)
⇨ (우리나라 돈 7000원)=(멕시코 돈 15.65페소)×7
=15.65×7=109.55(페소)

11 (집에서 도서관까지의 거리)=3×0.77=2.31(km)

12 일주일은 7일입니다.
⇨ (일주일 동안 산책을 한 거리)
=0.6×7=4.2(km)

13 (꽃밭의 넓이)=(3.3+4.7)×1.5÷2=6(m²)

14 • (진아가 마신 주스의 양)=4×0.12=0.48(L)
• (병우가 마신 주스의 양)=2×0.28=0.56(L)
따라서 0.48<0.56이므로
병우가 0.56−0.48=0.08(L) 더 많이 마셨습니다.

복습책 52~53쪽 기본유형 **익히기**

1 (1) 4, 4, 24, 0.24
(2) 224, 0.224 / 224, 0.224

2 (1) 0.24 (2) 0.287 (3) 0.235 (4) 0.1088

3 (1) 0.12 (2) 0.072

4 0.7×0.5=0.35 / 0.35 kg

5 (1) 16, 16, 336, 3.36
(2) 6156, 6.156 / 6156, 6.156

6 (1) 15.12 (2) 70.35 (3) 7.912 (4) 9.1872

7 (1) 11.18 (2) 13.8

8 1.5×1.22=1.83 / 1.83 m

9 ㉢

10

11 (1) 61.23 (2) 6.123

12 0.45×1000＝450 / 450 kg

---

2 (1) $0.8×0.3=\dfrac{8}{10}×\dfrac{3}{10}=\dfrac{8×3}{100}=\dfrac{24}{100}=0.24$

　(2) $0.41×0.7=\dfrac{41}{100}×\dfrac{7}{10}=\dfrac{41×7}{1000}=\dfrac{287}{1000}$
　　　　　$=0.287$

　(3) $0.5×0.47=\dfrac{5}{10}×\dfrac{47}{100}=\dfrac{5×47}{1000}=\dfrac{235}{1000}$
　　　　　$=0.235$

　(4) $0.17×0.64=\dfrac{17}{100}×\dfrac{64}{100}=\dfrac{17×64}{10000}$
　　　　　$=\dfrac{1088}{10000}=0.1088$

6 (1) $2.8×5.4=\dfrac{28}{10}×\dfrac{54}{10}=\dfrac{28×54}{100}$
　　　　$=\dfrac{1512}{100}=15.12$

　(2) $10.5×6.7=\dfrac{105}{10}×\dfrac{67}{10}=\dfrac{105×67}{100}$
　　　　$=\dfrac{7035}{100}=70.35$

　(3) $1.84×4.3=\dfrac{184}{100}×\dfrac{43}{10}=\dfrac{184×43}{1000}=\dfrac{7912}{1000}$
　　　　$=7.912$

　(4) $3.52×2.61=\dfrac{352}{100}×\dfrac{261}{100}=\dfrac{352×261}{10000}$
　　　　$=\dfrac{91872}{10000}=9.1872$

10 238×27＝6426이므로
2.38×0.27＝0.6426, 2.38×2.7＝6.426,
23.8×2.7＝64.26입니다.

11 (1) 3.9는 소수 한 자리 수, 15.7은 소수 한 자리 수이
므로 6123에서 소수점을 왼쪽으로 두 자리 옮긴
61.23이 됩니다.
　(2) 0.39는 소수 두 자리 수, 15.7은 소수 한 자리 수
이므로 6123에서 소수점을 왼쪽으로 세 자리 옮
긴 6.123이 됩니다.

12 (고추장 한 통의 무게)×(고추장 통의 수)
　＝0.45×1000＝450(kg)

※ 서술형 문제는 풀이를 꼭 확인하세요.

1 (1) 1□1□8□9□5 (2) 1□1□8□9□5

2 (1) 0.27 (2) 35.657　**3** ·······

4 (　　)(　　)(○)

5 ㉡　　　　　　　**6** ＜

✎**7** 풀이 참조　　　　**8** 영우

9 (1) 4.02 (2) 0.019　**10** 0.247 kg

11 46.646 cm²　　　　**12** 19

13 6, 0.35 또는 0.6, 3.5

14 12 km

5 ㉠ 1.5×2.8은 1.5×3＝4.5보다 작으므로 5보다 작
습니다.
　㉡ 7.9의 0.7배는 8의 0.7배 정도로 어림하면 5보다
큽니다.
　㉢ 1.9의 2.4배는 2의 2.4배인 4.8보다 작으므로 5
보다 작습니다.

6 0.8×0.39＝0.312, 0.75×0.5＝0.375
　⇨ 0.312＜0.375

✎**7** 예 0.21은 소수 두 자리 수, 0.8은 소수 한 자리 수
이므로 0.21×0.8은 21×8＝168에서 소수점을 왼
쪽으로 세 자리 옮긴 0.168인데 16.8로 잘못 구했습
니다.」❶

채점 기준
❶ 계산이 잘못된 이유 쓰기

8 • 영우: 83×0.1＝8.3
　• 정환: 100×0.83＝83
　• 한결: 830×0.1＝83
따라서 계산 결과가 다른 사람은 영우입니다.

9 (1) 1.9는 19의 $\dfrac{1}{10}$배인데 7.638은 7638의 $\dfrac{1}{1000}$배
이므로 □ 안에 알맞은 수는 402의 $\dfrac{1}{100}$배인
4.02입니다.
　(2) 40.2는 402의 $\dfrac{1}{10}$배인데 0.7638은 7638의
$\dfrac{1}{10000}$배이므로 □ 안에 알맞은 수는 19의 $\dfrac{1}{1000}$
배인 0.019입니다.

10 (단백질 성분의 양)＝1.9×0.13＝0.247(kg)

11 (평행사변형의 넓이)＝8.3×5.62＝46.646(cm²)

12 $8.3 \times 2.2 = 18.26$

따라서 $18.26 < \square$이므로 $\square$ 안에 들어갈 수 있는 가장 작은 자연수는 19입니다.

13 0.6×0.35는 0.21이어야 하는데 수 하나의 소수점 위치를 잘못 눌러서 2.1이 나왔으므로 혜아가 계산기에 누른 두 수는 6과 0.35 또는 0.6과 3.5입니다.

14 2시간 30분 $= 2\frac{30}{60}$ 시간 $= 2\frac{1}{2}$ 시간 $= 2.5$ 시간

⇨ (영은이가 걸은 거리) $= 4.8 \times 2.5 = 12$ (km)

복습책 56쪽	응용유형 다잡기
1 32.64	**2** 332.64 m²
3 0.162	**4** 4, 1, 8 / 32.8

1 | 비법 |

㉠, ㉡, ㉢, ㉣이 각각 한 자리 수이고
$0 < ㉠ < ㉡ < ㉢ < ㉣$일 때
• 만들 수 있는 가장 큰 소수 한 자리 수 $\square\square$: ㉣.㉢
• 만들 수 있는 가장 작은 소수 한 자리 수 $\square\square$: ㉠.㉡

$3 < 4 < 6 < 9$이므로
가장 큰 소수 한 자리 수: 9.6
가장 작은 소수 한 자리 수: 3.4
⇨ $9.6 \times 3.4 = 32.64$

2 • (새로운 직사각형의 가로) $= 11 \times 2.1 = 23.1$ (m)
• (새로운 직사각형의 세로) $= 9 \times 1.6 = 14.4$ (m)
⇨ (새로운 직사각형의 넓이)
$= 23.1 \times 14.4$
$= 332.64$ (m²)

3 어떤 소수를 $\square$라 하면 $\square + 0.27 = 0.87$입니다.
⇨ $\square = 0.87 - 0.27 = 0.6$
따라서 바르게 계산하면 $0.6 \times 0.27 = 0.162$입니다.

4 | 비법 | 곱이 가장 큰 (두 자리 수) × (소수 한 자리 수)

$\boxed{㉠}\boxed{㉡} \times 0.\boxed{㉢}$의 곱이 가장 크려면 가장 큰 수를 ㉢에 쓰고, 두 번째, 세 번째로 큰 수를 ㉠, ㉡에 차례대로 써야 합니다.

$1 < 4 < 8$이므로 소수 한 자리 수는 0.8, 두 자리 수는 41입니다.
⇨ $41 \times 0.8 = 32.8$

---

5. 직육면체

복습책 58~61쪽 기초력 기르기

1 직육면체

1 ○	**2** ×
3 ×	**4** ○
5 ×	**6** ○
7 ○	**8** ×

2 정육면체

1 ○	**2** ×
3 ×	**4** ○
5 ×	**6** ×
7 ○	**8** ○

3 직육면체의 성질

1   **2**

3   **4**

5 면 ㅁㅂㅅㅇ   **6** 면 ㄷㅅㅇㄹ
7 면 ㄴㅂㅅㄷ
8 면 ㄱㄴㄷㄹ, 면 ㄴㅂㅅㄷ, 면 ㅁㅂㅅㅇ, 면 ㄱㅁㅇㄹ
9 면 ㄴㅂㅁㄱ, 면 ㄴㅂㅅㄷ, 면 ㄷㅅㅇㄹ, 면 ㄱㅁㅇㄹ
10 면 ㄱㄴㄷㄹ, 면 ㄴㅂㅁㄱ, 면 ㅁㅂㅅㅇ, 면 ㄷㅅㅇㄹ
11 면 ㄱㄴㄷㄹ, 면 ㄴㅂㅁㄱ, 면 ㅁㅂㅅㅇ, 면 ㄷㅅㅇㄹ
12 면 ㄴㅂㅁㄱ, 면 ㄴㅂㅅㄷ, 면 ㄷㅅㅇㄹ, 면 ㄱㅁㅇㄹ

4 직육면체의 겨냥도

1 ×	**2** ○
3 ×	**4** ○
5 ×	**6** ○
7 ○	**8** ×

9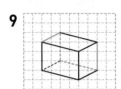

10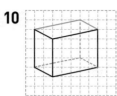

11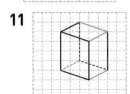

12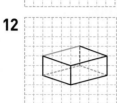

⑤ 직육면체의 전개도

1 면 바

2 면 가, 면 다, 면 마, 면 바

3 점 ㅇ, 점 ㅌ

4 선분 ㄱㅎ

⑥ 직육면체의 전개도 그리기

1
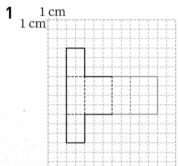

2 예
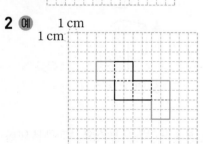

복습책 62~63쪽 기본유형 익히기

1 가, 다

2 6, 12, 8

3 ④

4 (1) ○ (2) ✕

5 나, 바

6 (1) 6 (2) 12 (3) 8

7 7

8 (1) ○ (2) ✕

9 면 ㅁㅂㅅㅇ

10 3

11 90°

12 면 ㄴㅂㅅㄷ, 면 ㄷㅅㅇㄹ, 면 ㄱㅁㅇㄹ, 면 ㄴㅂㅁㄱ

---

2 • 면: 선분으로 둘러싸인 부분으로 6개입니다.
• 모서리: 면과 면이 만나는 선분으로 12개입니다.
• 꼭짓점: 모서리와 모서리가 만나는 점으로 8개입니다.

3 직육면체의 모든 면의 모양은 직사각형입니다.

4 (2) 직육면체에서 면과 면이 만나는 선분을 모서리라고 합니다.

5 정육면체는 정사각형 6개로 둘러싸인 도형이므로 정육면체를 찾으면 나, 바입니다.

7 정육면체는 모서리의 길이가 모두 같습니다.

8 (2) 직사각형은 정사각형이라고 할 수 없으므로 직육면체는 정육면체이라고 할 수 없습니다.

11 면 ㄴㅂㄷㅁ과 면 ㅁㅂㅅㅇ은 수직이므로 두 면이 만나 이루는 각의 크기는 90°입니다.

12 면 ㅁㅂㅅㅇ과 수직인 면은 면 ㅁㅂㅅㅇ과 평행한 면 ㄱㄴㄷㄹ을 제외한 나머지 4개의 면입니다.
면의 순서는 바뀌어도 상관없습니다.

복습책 64~65쪽 실전유형 다지기

✎ 서술형 문제는 풀이를 꼭 확인하세요.

1 나, 라, 바

2 다

3 ⑤

4 4개

5 정아

✎**6** 풀이 참조

7 면 ㄱㅁㅂㄴ, 면 ㄹㅇㅅㄷ

8 은서

9 26개

10 120 cm

11 ㄴ

12 32 cm

1 직사각형 6개로 둘러싸인 도형이 아닌 것은 나, 라, 바입니다.

2 정육면체는 정사각형 6개로 둘러싸인 도형이므로 정육면체를 찾으면 다입니다.

3 직육면체의 모든 면의 모양은 직사각형입니다.

4 면 ㄴㅂㅅㄷ과 수직인 면은 면 ㄱㄴㄷㄹ, 면 ㄷㅅㅇㄹ, 면 ㅁㅂㅅㅇ, 면 ㄴㅂㅁㄱ으로 모두 4개입니다.

5 정아: 서로 만나는 면은 수직입니다.

✎6 정육면체입니다.」❶
　예 주어진 그림은 정사각형 6개로 둘러싸인 도형이므
　로 정육면체입니다.」❷

채점 기준
❶ 정육면체인지 아닌지 쓰기
❷ 이유 쓰기

7 ・면 ㅁㅂㅅㅇ과 수직인 면: 면 ㄱㅁㅂㄴ, 면 ㄴㅂㅅㄷ,
　　　　　　　　　　　면 ㄹㅇㅅㄷ, 면 ㄱㅁㅇㄹ
　・면 ㄴㅂㅅㄷ과 수직인 면: 면 ㄱㄴㄷㄹ, 면 ㄱㅁㅂㄴ,
　　　　　　　　　　　면 ㅁㅂㅅㅇ, 면 ㄹㅇㅅㄷ
　따라서 색칠한 두 면에 동시에 수직인 면은
　면 ㄱㅁㅂㄴ과 면 ㄹㅇㅅㄷ입니다.

8 정사각형은 직사각형이라고 할 수 있으므로 정사각형
　으로 이루어진 정육면체는 직사각형으로 이루어진 직
　육면체라고 할 수 있습니다.
　따라서 바르게 말한 사람은 은서입니다.

9 ・직육면체의 면의 수: 6개
　・직육면체의 모서리의 수: 12개
　・직육면체의 꼭짓점의 수: 8개
　⇨ (면, 모서리, 꼭짓점의 수의 합)
　　＝6＋12＋8＝26(개)

10 정육면체의 모서리는 12개이고, 모서리의 길이가 모
　두 같습니다.
　⇨ (선물 상자의 모든 모서리의 길이의 합)
　　＝10×12＝120(cm)

11 ㉠ 면 ㄴㅂㅅㄷ과 면 ㄱㅁㅇㄹ은 서로 평행합니다.
　㉡ 면 ㄴㅂㅁㄱ과 면 ㅁㅂㅅㅇ은 서로 수직입니다.
　㉢ 면 ㄷㅅㅇㄹ과 면 ㄴㅂㅁㄱ은 서로 평행합니다.
　㉣ 면 ㄱㄴㄷㄹ과 면 ㅁㅂㅅㅇ은 서로 평행합니다.
　따라서 두 면 사이의 관계가 다른 것은 ㉡입니다.

12 면 ㄷㅅㅇㄹ과 평행한 면은 면 ㄴㅂㅁㄱ이고,
　면 ㄷㅅㅇㄹ과 모서리의 길이가 같습니다.
　⇨ (평행한 면의 모든 모서리의 길이의 합)
　　＝(9＋7)×2＝32(cm)

1 ㉡
2 모서리 ㄴㄷ, 모서리 ㄱㅁ
3 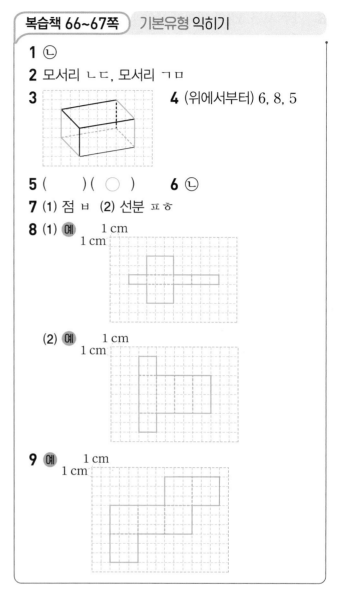　　4 (위에서부터) 6, 8, 5

5 (　　) (　○　)　　6 ㉡
7 (1) 점 ㅂ　(2) 선분 ㅍㅎ
8 (1) 예　1 cm

(2) 예　1 cm

9 예　1 cm

4 직육면체에서 서로 평행한 모서리의 길이는 같습니
　다.

6 ㉠ 전개도를 접었을 때 면 가와 면 바는 서로 수직입
　　니다.
　㉡ 전개도를 접었을 때 면 가와 면 바는 서로 평행합
　　니다.

7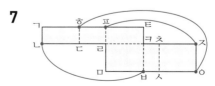

(1) 전개도를 접었을 때 점 ㄴ은 점 ㅂ과 만나 한 꼭짓
　점이 됩니다.
(2) 전개도를 접었을 때 선분 ㅈㅇ은 선분 ㅍㅎ과 맞닿
　아 한 모서리가 됩니다.

8 마주 보는 3쌍의 면끼리 모양과 크기가 같고, 접었을 때 서로 겹치는 면이 없으며 맞닿는 모서리의 길이가 같게 그립니다.

1 보이는 모서리는 실선으로, 보이지 않는 모서리는 점선으로 그립니다.

2 전개도를 접었을 때 점 ㄱ은 점 ㄷ, 점 ㅋ과 만나 한 꼭짓점이 됩니다.

3 • 전개도를 접었을 때 선분 ㅁㅂ은 선분 ㅈㅇ과 맞닿아 한 모서리가 됩니다.
 • 전개도를 접었을 때 선분 ㅌㅋ은 선분 ㅎㄱ과 맞닿아 한 모서리가 됩니다.

5 전개도를 접었을 때 각 모서리의 길이가 2 cm, 3 cm, 5 cm로 이루어진 직육면체를 찾습니다.

6 • 직육면체에서 보이는 모서리의 수는 9개이므로
  ㉠=9입니다.
 • 직육면체에서 보이지 않는 꼭짓점의 수는 1개이므로
  ㉡=1입니다.
  ➡ ㉠+㉡=9+1=10

7 직육면체에서 보이지 않는 모서리는 8 cm, 17 cm, 10 cm인 모서리가 각각 1개입니다.
 ➡ (보이지 않는 모서리의 길이의 합)
   =8+17+10=35(cm)

8 전개도를 접었을 때 만나는 점끼리 같은 기호를 써넣습니다.

복습책 68~69쪽 **실전유형 다지기**

🖊 서술형 문제는 풀이를 꼭 확인하세요.

1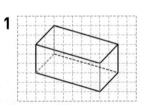

2 점 ㄷ, 점 ㅋ **3** 선분 ㅈㅇ, 선분 ㅎㄱ
4 (왼쪽에서부터) 5, 2 **5** ㉠
6 10 **7** 35 cm
8

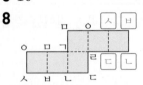

🖊**9** 풀이 참조
10 예
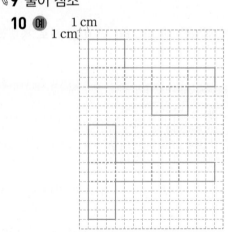

11 243 cm²

🖊**9** 예 전개도를 접었을 때 서로 겹치는 면이 있습니다.」❶

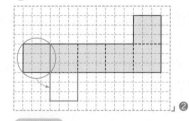

❷

채점 기준
❶ 잘못된 이유 쓰기
❷ 올바른 전개도 그리기

11 • 색칠한 부분의 가로는 정육면체의 한 모서리의 길이와 같습니다.
  ➡ (색칠한 부분의 가로)=9 cm
 • 색칠한 부분의 세로는 정육면체의 한 모서리의 길이의 3배와 같습니다.
  ➡ (색칠한 부분의 세로)=9×3=27(cm)
 따라서 색칠한 부분의 넓이는 9×27=243(cm²)입니다.

복습책 70쪽 응용유형 다잡기

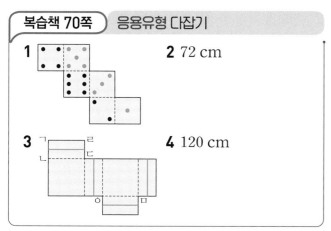

1 **2** 72 cm

3 **4** 120 cm

1

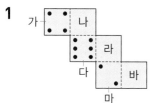

서로 평행한 면을 찾아 마주 보고 있는 면의 눈의 수
의 합이 7이 되도록 눈을 알맞게 그려 넣습니다.

• 면 가와 평행한 면: 면 라(7−4=3)
• 면 다와 평행한 면: 면 바(7−6=1)
• 면 마와 평행한 면: 면 나(7−2=5)

2 정육면체에서 보이지 않는 모서리는 3개이고, 모서리
의 길이는 모두 같으므로 정육면체의 한 모서리의 길
이는 18÷3=6(cm)입니다.
따라서 정육면체의 모서리는 모두 12개이므로 모든
모서리의 길이의 합은 6×12=72(cm)입니다.

3 전개도를 접었을 때 만나는 점끼리 같은 기호를 씁니
다. 면 ㄴㅂㅅㄷ과 수직인 면에 모두 선이 지나가므로
선이 지나가는 자리를 전개도에 바르게 그려 넣습니
다.

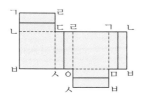

4 각각의 모서리와 길이가 같은 부분을 끈으로 둘러 묶
은 횟수를 알아보면 12 cm인 모서리는 2번, 10 cm
인 모서리는 4번, 18 cm인 모서리는 2번입니다.
➡ (사용한 끈의 전체 길이)
 =12×2+10×4+18×2+20
 =24+40+36+20=120(cm)

6. 평균과 가능성

복습책 72~75쪽 기초력 기르기

1 평균

1 1, 7 / 7 **2** 2, 15 / 15
3 1, 1, 31 / 31

2 평균 구하기

1 15개 **2** 42 kg
3 50분 **4** 83점
5 146 cm **6** 20권
7 24 m **8** 34명
9 79 kg **10** 108명

3 평균을 이용하여 문제 해결하기

1 3권 / 2권 / 4권 **2** 모둠 3
3 160 kg **4** 4명
5 42 kg

4 일이 일어날 가능성을 말로 표현하기

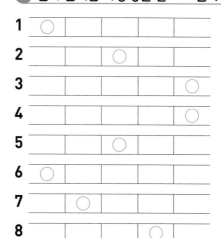

5 일이 일어날 가능성을 비교하기

1 예

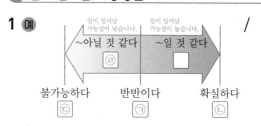

예 ㉡, ㉠, ㉣, ㉢

2 예

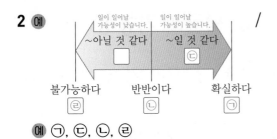

예 ㉠, ㉢, ㉡, ㉣

6 일이 일어날 가능성을 수로 표현하기

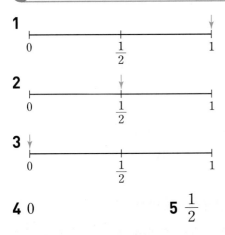

4 0

5 $\dfrac{1}{2}$

복습책 76~77쪽 기본유형 익히기

1 (1) ——— (2) 10개
○

2 윤지

3 (1)

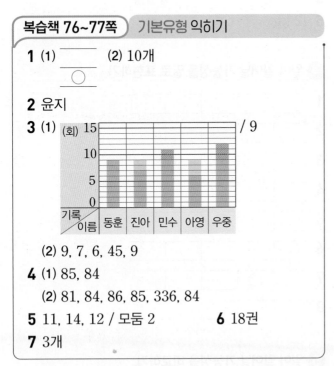

(2) 9, 7, 6, 45, 9

4 (1) 85, 84

(2) 81, 84, 86, 85, 336, 84

5 11, 14, 12 / 모둠 2   **6** 18권

7 3개

---

1 (1) 각 상자의 공깃돌 수 12, 8, 9, 10, 11 중 가장 작은 수만으로는 한 상자당 공깃돌이 몇 개쯤 있는지 알기 어렵습니다.

(2) 가 상자의 공깃돌 수에서 나 상자로 2개, 마 상자의 공깃돌 수에서 다 상자로 1개를 옮기면 공깃돌수가 모두 10개로 고르게 됩니다. 따라서 상자 5개의 상자별 공깃돌 수의 평균은 10개입니다.

2 지희의 달리기 기록에서 수진이의 달리기 기록으로 2초, 승현이의 달리기 기록에서 대성이의 달리기 기록으로 1초를 옮기면 기록이 모두 18초로 고르게 되므로 한 명당 달리기 기록이 18초 정도 된다고 할 수 있습니다. 따라서 적절하게 말한 친구는 윤지입니다.

3 (1) 막대의 높이를 고르게 하면 9, 9, 9, 9, 9로 나타낼 수 있으므로 동훈이네 모둠의 턱걸이 기록의 평균은 9회입니다.

4 (1) 84, (81, 86, 85)로 수를 옮기고 짝 지으면 자료의 값은 84로 고르게 됩니다.

5 (모둠 1의 평균)=66÷6=11(개),
(모둠 2의 평균)=98÷7=14(개),
(모둠 3의 평균)=72÷6=12(개)
따라서 모둠별 1인당 구슬 수의 평균이 가장 많은 모둠을 찾으면 모둠 2입니다.

6 (대출한 책 수의 합)=20×5=100(권)
⇨ (유빈이가 대출한 책 수)
=100−(15+22+25+20)=18(권)

7 (5명이 준 하트 점수의 합)=4×5=20(개)
⇨ (하율이가 준 하트 점수)
=20−(5+4+5+3)=3(개)

복습책 78~79쪽 실전유형 다지기

✎ 서술형 문제는 풀이를 꼭 확인하세요.

1 (1) 36 (2) 36명   **2** 윤미

3 130타   **4** 1550분

✎**5** 풀이 참조   **6** 7개 / 6개

7 현우   **8** 은성

9 2명   **10** 296 kg

11 33번

---

1 (1) 40, 36, 35, 32, 37을 36, (40, 32), (35, 37)로 수를 옮기고 짝 지어 자료의 값을 고르게 하면 36입니다.

2 평균은 자료의 값을 고르게 하여 나타낸 값입니다.

3 $(123+140+134+147+106) \div 5$
$=650 \div 5=130$(타)

4 $50 \times 31=1550$(분)

5 방법1 예 평균을 44대로 예상한 후 44, (47, 40, 45)로 수를 옮기고 짝 지어 자료의 값을 고르게 하여 구한 자동차 회사에서 판매한 자동차 수의 평균은 44대입니다. ❶

방법2 예 자료의 값을 모두 더하여 자료의 수로 나누면 $(47+40+45+44) \div 4=176 \div 4=44$(대)이므로 자동차 회사에서 판매한 자동차 수의 평균은 44대입니다. ❷

채점 기준
❶ 평균을 예상하고 자료의 값을 고르게 하여 구하기
❷ 자료의 값을 모두 더해 자료의 수로 나누어 구하기

6 • (은성이가 쓰러뜨린 핀 수의 평균)
$=(3+8+7+10) \div 4=7$(개)
• (한나가 쓰러뜨린 핀 수의 평균)
$=(4+7+5+8+6) \div 5=6$(개)

7 두 친구가 볼링 경기를 한 횟수가 4회와 5회로 다르므로 핀 수의 합이나 가장 적은 핀 수의 비교만으로 누가 더 잘했는지 알 수 없습니다.
따라서 바르게 말한 친구는 현우입니다.

8 쓰러뜨린 핀 수의 평균이 7개>6개이므로 은성이가 더 잘했다고 볼 수 있습니다.

9 (운동 시간의 평균)$=(18+27+25+35+20) \div 5$
$=125 \div 5=25$(분)
따라서 평균보다 운동 시간이 긴 학생은 혜은, 재인이로 모두 2명입니다.

10 ㉮ 과수원을 포함한 과수원은 모두 $4+1=5$(개)입니다.
⇨ (수확량의 평균)
$=(280+310+300+290+300) \div 5$
$=1480 \div 5=296$(kg)

11 평균이 31번 이상이 되려면 1회부터 5회까지 줄넘기 기록의 합이 $31 \times 5=155$(번) 이상이 되어야 합니다.
따라서 강빈이가 결승에 올라가려면 5회에는 적어도 $155-(30+29+36+27)=33$(번)을 넘어야 합니다.

1 (왼쪽에서부터) 불가능하다, ～일 것 같다

2 예 (위에서부터) ㉢, ㉠, ㉡, ㉤, ㉣

3 반반이다

4 (1) 진성 (2) 세아
(3) 예 진성, 현수, 우형, 하준, 세아

5 ㉠, ㉢, ㉡

6 (1)

(2)

7 (1) $\frac{1}{2}$ (2) $\frac{1}{2}$

8 (1) 불가능하다 (2) 0

2 ㉠ 주사위에는 1부터 6까지의 눈이 있으므로 주사위 눈의 수가 1이 나올 가능성은 '～아닐 것 같다'입니다.
㉡ 은행에서 뽑은 대기 번호표의 번호는 홀수나 짝수가 나올 수 있으므로 번호가 짝수일 가능성은 '반반이다'입니다.
㉢ 파란색 공만 4개 들어 있는 상자에서 꺼낸 공이 빨간색일 가능성은 '불가능하다'입니다.
㉣ 해는 서쪽으로 지므로 내일 저녁에 해가 서쪽으로 질 가능성은 '확실하다'입니다.
㉤ 봄에 꽃이 피므로 3월에 꽃이 필 가능성은 '～일 것 같다'입니다.

3 상자 안에 초록색 구슬이 전체 구슬 6개 중에서 3개이므로 초록색 구슬을 꺼낼 가능성은 '반반이다'입니다.

4 • 현수: 1년 동안 전학 가는 학생의 수가 거의 없으므로 내일 학교 친구가 전학 갈 가능성은 '～아닐 것 같다'입니다.
• 세아: 주사위에는 1부터 6까지의 눈이 있으므로 6 이하일 가능성은 '확실하다'입니다.
• 진성: 5월은 31일까지 있으므로 오늘이 5월 30일이면 내일은 5월 31일이므로 내일이 6월 1일일 가능성은 '불가능하다'입니다.
• 하준: 버스가 10분마다 오므로 9분 동안 기다렸으면 2분 안에 올 가능성은 '～일 것 같다'입니다.

• 우형: 내일은 오늘보다 기온이 더 낮을 수도 있고 더 높을 수도 있으므로 가능성은 '반반이다'입니다.

5 ㉠ 흰색 바둑돌이 4개이므로 검은색이 나올 가능성은 '불가능하다'입니다.

㉡ 검은색 바둑돌이 3개, 흰색 바둑돌이 1개이므로 검은색이 나올 가능성은 '~일 것 같다'입니다.

㉢ 검은색 바둑돌이 1개, 흰색 바둑돌이 3개이므로 검은색이 나올 가능성은 '~아닐 것 같다'입니다.

따라서 주머니에서 바둑돌 1개를 꺼낼 때 바둑돌이 검은색일 가능성이 낮은 주머니부터 순서대로 기호를 쓰면 ㉠, ㉢, ㉡입니다.

6 (1) 회전판 가를 돌릴 때 화살이 노란색에 멈출 가능성은 '불가능하다'이므로 수로 표현하면 0입니다.

(2) 회전판 나를 돌릴 때 화살이 노란색에 멈출 가능성은 '반반이다'이므로 수로 표현하면 $\frac{1}{2}$입니다.

7 (1) 꺼낸 구슬이 초록색일 가능성은 '반반이다'이므로 수로 표현하면 $\frac{1}{2}$입니다.

(2) 꺼낸 구슬이 빨간색일 가능성은 '반반이다'이므로 수로 표현하면 $\frac{1}{2}$입니다.

8 (1) 한 자리 수가 쓰인 카드는 없으므로 뽑은 수 카드에 쓰인 수가 한 자리 수일 가능성은 '불가능하다'입니다.

(2) 일이 일어날 가능성이 '불가능하다'인 경우를 수로 표현하면 0입니다.

복습책 82~83쪽 실전유형 다지기

✎ 서술형 문제는 풀이를 꼭 확인하세요.

1 ㉠

2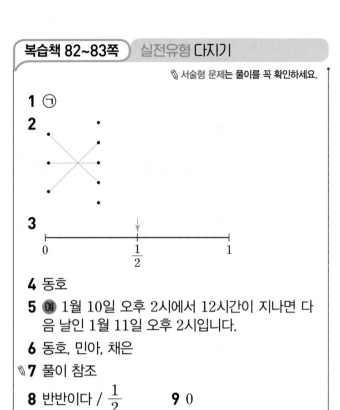

3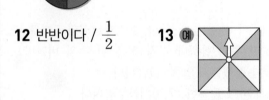

4 동호

5 예 1월 10일 오후 2시에서 12시간이 지나면 다음 날인 1월 11일 오후 2시입니다.

6 동호, 민아, 채은

✎**7** 풀이 참조

8 반반이다 / $\frac{1}{2}$ **9** 0

10    **11** ㉠, ㉣, ㉡, ㉢

12 반반이다 / $\frac{1}{2}$ **13** 예

2 • 파란색 공이 검은색 공보다 더 많이 들어 있는 주머니에서 꺼낸 공이 파란색일 가능성은 '~일 것 같다'입니다.

• 파란색 공과 검은색 공이 똑같은 개수로 들어 있는 주머니에서 꺼낸 공이 파란색일 가능성은 '반반이다'입니다.

• 파란색 공이 검은색 공보다 더 적게 들어 있는 주머니에서 꺼낸 공이 파란색일 가능성은 '~아닐 것 같다'입니다.

3 주황색과 초록색이 2칸씩 색칠된 회전판을 돌릴 때 화살이 주황색에 멈출 가능성은 '반반이다'이므로 수로 표현하면 $\frac{1}{2}$입니다.

4 동호: 1월 10일 오후 2시에서 12시간이 지나면 다음 날인 1월 11일 오전 2시이므로 가능성은 '확실하다'입니다.

6 • 채은: 최저 기온이 20 °C일 때 눈은 오지 않으므로
　　가능성은 '불가능하다'입니다.
• 민아: 짝이 남자일 가능성은 '반반이다'입니다.
따라서 일이 일어날 가능성이 높은 순서대로 친구의
이름을 쓰면 동호, 민아, 채은입니다.

7 **예** 3월의 기온은 6월의 기온보다 더 낮을 것입니다.」❶

채점 기준
❶ 일이 일어날 가능성이 '~일 것 같다'를 나타낼 수 있는 상황을 찾아 쓰기

8 ○× 문제에서 ○가 정답일 가능성과 정답이 아닐 가능
성은 각각 '반반이다'이고, 수로 표현하면 $\frac{1}{2}$입니다.

9 ◉ 카드는 4장 중 없습니다. ◉ 카드를 뽑을 가능성
은 '불가능하다'이므로 수로 표현하면 0입니다.

10 • 화살이 빨간색에 멈출 가능성이 가장 높으므로 회전
판에서 가장 넓은 곳에 빨간색을 칠합니다.
• 화살이 파란색에 멈출 가능성이 노란색에 멈출 가능
성의 반이므로 가장 좁은 부분에 파란색을, 나머지
부분에 노란색을 칠합니다.

11 ㉠ 5의 배수는 없으므로 가능성은 '불가능하다'입니다.
㉡ 짝수는 2, 6이므로 가능성은 '반반이다'입니다.
㉢ 5보다 큰 수는 6, 7, 9이므로 가능성은 '~일 것 같
다'입니다.
㉣ 3보다 작은 수는 2이므로 가능성은 '~아닐 것 같
다'입니다.
따라서 일이 일어날 가능성이 낮은 순서대로 기호를
쓰면 ㉠, ㉣, ㉡, ㉢입니다.

12 수 카드 한 장을 뽑을 때 나올 수 있는 수는 16가지이
고 그중에서 홀수인 경우는 1, 3, …, 13, 15로 8가지
입니다.
따라서 뽑은 수 카드에 쓰인 수가 홀수일 가능성은
'반반이다'이고, 수로 표현하면 $\frac{1}{2}$입니다.

13 수 카드에 쓰인 수가 8 이하인 경우는 8가지입니다.
8 이하일 가능성은 '반반이다'이므로 수로 표현하면
$\frac{1}{2}$입니다.
회전판 8칸 중에서 4칸을 연두색으로 색칠하면 뽑은
수 카드에 쓰인 수가 8 이하일 가능성과 화살이 연두
색에 멈출 가능성이 같습니다.

복습책 84쪽 응용유형 다잡기

1 143 cm　　　　**2** 정원
3 ㉡, ㉢, ㉣, ㉠　　**4** 130 cm

1 • (남학생의 키의 합)=141×15=2115(cm)
• (여학생의 키의 합)=146×10=1460(cm)
⇨ (수정이네 반 전체 학생의 키의 평균)
　=(2115+1460)÷(15+10)
　=3575÷25=143(cm)

2 • (게임 시간의 합)=33×5=165(분)
• (재현이의 게임 시간)
　=165−(28+36+30+37)=34(분)
따라서 37분>36분>34분>30분>28분이므로
게임 시간이 가장 긴 학생은 정원입니다.

3 ㉠ 눈의 수가 0은 없으므로 가능성은 '불가능하다'입니
다.
㉡ 눈의 수는 모두 자연수이므로 가능성은 '확실하다'
입니다.
㉢ 6의 약수인 눈은 1, 2, 3, 6이므로 가능성은 '~일
것 같다'입니다.
㉣ 3 초과인 눈은 4, 5, 6이므로 가능성은 '반반이다'
입니다.
따라서 일이 일어날 가능성이 높은 순서대로 기호를
쓰면 ㉡, ㉢, ㉣, ㉠입니다.

4 • (민호의 멀리뛰기 기록의 평균)
　=(은지의 멀리뛰기 기록의 평균)
　=(150+145+155)÷3=450÷3=150(cm)
• (민호의 멀리뛰기 기록의 합)=150×4=600(cm)
⇨ (민호의 1회 멀리뛰기 기록)
　=600−(160+172+138)=130(cm)

1. 수의 범위와 어림하기

| 평가책 2~4쪽 | 단원 평가 1회 |

🖊 서술형 문제는 풀이를 꼭 확인하세요.

1 180　　　　　　**2** ②, ⑤

3 4개

4 ┼──◆──┼──┼──┼──⊕──┼──┼──┼
　　24　25　26　27　28　29　30　31　32

5 1600, 1500, 1500　　**6** 17 미만인 수

7 5 cm　　　　　　　**8** 버림

9 28척　　　　　　　**10** 페더급

11 2명　　　　　　　**12** ㉠, ㉣

13 5, 6, 7, 8, 9　　　**14** 7599

15 부산 / 서울, 광주, 전주 / 강릉, 대구

16 31 ℃

17 181명 이상 225명 이하

🖊**18** 풀이 참조　　🖊**19** 14000원

🖊**20** 3개

---

15 •28 미만인 수는 28보다 작은 수이므로 28 ℃ 미만인 도시는 부산입니다.

•28 이상 32 미만인 수는 28과 같거나 크고 32보다 작은 수이므로 28 ℃ 이상 32 ℃ 미만인 도시는 서울, 광주, 전주입니다.

•32 이상인 수는 32와 같거나 큰 수이므로 32 ℃ 이상인 도시는 강릉, 대구입니다.

17 (45인승 버스 4대에 탈 수 있는 최대 사람 수)
　＝45×4＝180(명)
(45인승 버스 5대에 탈 수 있는 최대 사람 수)
　＝45×5＝225(명)
45인승 버스가 적어도 5대 필요하므로 소풍을 가는 사람 수는 버스 4대에 탈 수 있는 최대 사람 수보다 많아야 합니다. 따라서 소풍을 가는 사람 수는 181명 이상 225명 이하입니다.

🖊**18** 방법1 예 1976을 올림하여 천의 자리까지 나타내었습니다.」❶
방법2 예 1976을 반올림하여 천의 자리까지 나타내었습니다.」❷

채점 기준	
❶ 수를 한 가지 방법으로 어림하기	1개 2점,
❷ 수를 다른 한 가지 방법으로 어림하기	2개 5점

🖊**19** 예 책과 퍼즐의 가격의 합은
9800＋3500＝13300(원)입니다.」❶
13300을 올림하여 천의 자리까지 나타내면 14000이므로 최소 14000원을 내야 합니다.」❷

채점 기준	
❶ 책과 퍼즐의 가격의 합 구하기	2점
❷ 1000원짜리 지폐로 최소 얼마를 내야 하는지 구하기	3점

🖊**20** 예 47 초과 52 이하인 자연수는 48, 49, 50, 51, 52입니다.」❶
이 중에서 올림하여 십의 자리까지 나타내면 50이 되는 수는 48, 49, 50으로 3개입니다.」❷

채점 기준	
❶ 47 초과 52 이하인 자연수 모두 구하기	2점
❷ ❶의 수 중에서 올림하여 십의 자리까지 나타내면 50이 되는 수는 몇 개인지 구하기	3점

| 평가책 5~7쪽 | 단원 평가 2회 |

🖊 서술형 문제는 풀이를 꼭 확인하세요.

1 365, 360, 369　　**2** 동규, 시영

3 2명

4 (위에서부터) 23.5, 23 / 68.9, 69

5 ㉡, ㉣　　　　　　**6** ④

7 6개　　　　　　　**8** ＝

9 수아, 도연

10 ┼──┼──◆──┼──⊕──┼──┼
　　　15　　20　　25　　30　　35

11 채희　　　　　　　**12** 3장, 1900원

13 2대　　　　　　　**14** 다

15 유정　　　　　　　**16** 6751

17 485 이상 495 미만인 수

🖊**18** 8개　　　　🖊**19** 900 g

🖊**20** 4

---

14 가의 주차 시간의 범위는 30분 이하에 속하므로 주차 요금이 무료입니다. 따라서 주차 요금이 무료인 자동차를 찾으면 15분 주차한 다입니다.

15 수민이와 진영이는 버림의 방법으로 어림했고, 유정이는 올림의 방법으로 어림했습니다.

16 ▢▢51을 올림하여 백의 자리까지 나타내면 6800이 되므로 올림하기 전의 수는 67▨▨▨입니다. 따라서 민정이의 사물함 자물쇠의 비밀번호는 6751입니다.

17 반올림하여 십의 자리까지 나타낼 때 일의 자리 숫자가 5, 6, 7, 8, 9이면 올려야 하고, 0, 1, 2, 3, 4이면 버려야 하므로 반올림하여 십의 자리까지 나타내면 490이 되는 자연수는 485, 486……493, 494입니다.
따라서 반올림하여 십의 자리까지 나타내면 490이 되는 자연수는 485부터 494까지의 수이므로 이상과 미만을 이용하여 수의 범위를 나타내면 485 이상 495 미만인 수입니다.

18 **예** 64는 점 ○을 사용하여 나타냈고, 72는 점 ●을 사용하여 나타냈으므로 64 초과 72 이하인 수입니다.」❶
64보다 크고 72와 같거나 작은 자연수는 65, 66, 67, 68, 69, 70, 71, 72로 모두 8개입니다.」❷

채점 기준	
❶ 수직선에 나타낸 수의 범위 알아보기	2점
❷ 수직선에 나타낸 수의 범위에 속하는 자연수의 개수 구하기	3점

19 **예** 감자를 모자라게 살 수 없으므로 올림을 이용해야 합니다.」❶
850을 올림하여 백의 자리까지 나타내면 900이므로 감자를 최소 900 g 사야 합니다.」❷

채점 기준	
❶ 올림, 버림, 반올림 중에서 어떤 방법으로 어림해야 하는지 알아보기	2점
❷ 감자를 최소 몇 g 사야 하는지 구하기	3점

20 **예** □보다 큰 한 자리 수는 5개이므로 9부터 거꾸로 세어 보면 9, 8, 7, 6, 5입니다.」❶
따라서 □ 초과인 수에 □는 포함되지 않으므로 □ 안에 알맞은 자연수는 4입니다.」❷

채점 기준	
❶ □ 초과인 한 자리 수를 모두 구하기	3점
❷ □ 안에 알맞은 자연수 구하기	2점

평가책 8~9쪽 서술형 평가

1 4명		**2** 350	
3 8송이		**4** 3000	
5 99		**6** 84000원	

1 **예** 15 이상인 수는 15와 같거나 큰 수이므로 나이가 15세와 같거나 많은 사람은 아버지, 어머니, 삼촌, 누나입니다.」❶
따라서 민기네 가족 중에서 이 프로그램을 볼 수 있는 사람은 모두 4명입니다.」❷

채점 기준	
❶ 나이가 15세 이상인 사람 모두 찾기	3점
❷ 이 프로그램을 볼 수 있는 사람 수 구하기	2점

2 **예** 7649를 올림하여 천의 자리까지 나타낸 수는 8000이고, 올림하여 십의 자리까지 나타낸 수는 7650입니다.」❶
따라서 어림한 두 수의 차는
8000−7650=350입니다.」❷

채점 기준	
❶ 7649를 올림하여 천의 자리, 올림하여 십의 자리까지 나타낸 수 각각 구하기	3점
❷ 어림한 두 수의 차 구하기	2점

3 **예** 1 m=100 cm이고 100 cm가 되지 않는 색 테이프는 꽃을 만들 수 없으므로 버려야 합니다.」❶
따라서 812를 버림하여 백의 자리까지 나타내면 800이므로 꽃을 최대 8송이까지 만들 수 있습니다.」❷

채점 기준	
❶ 올림, 버림, 반올림 중에서 어떤 방법으로 어림해야 하는지 알아보기	2점
❷ 꽃을 최대 몇 송이까지 만들 수 있는지 구하기	3점

4 **예** 2<5<6<9이므로 높은 자리에 작은 수부터 차례대로 놓아 가장 작은 네 자리 수를 만들면 2569입니다.」❶
2569의 백의 자리 숫자가 5이므로 2569를 반올림하여 천의 자리까지 나타내면 3000입니다.」❷

채점 기준	
❶ 수 카드로 가장 작은 네 자리 수 만들기	2점
❷ ❶을 반올림하여 천의 자리까지 나타내기	3점

5 **예** 반올림하여 백의 자리까지 나타내면 6000이 되는 자연수는 5950부터 6049까지의 수입니다.」❶
그중 가장 큰 수는 6049, 가장 작은 수는 5950이므로 두 수의 차는 6049−5950=99입니다.」❷

채점 기준	
❶ 반올림하여 백의 자리까지 나타내면 6000이 되는 자연수의 범위 구하기	3점
❷ 가장 큰 수와 가장 작은 수의 차 구하기	2점

6 **예** 10세, 9세는 3세 이상 12세 미만에 속하므로 형우와 동생의 입장료는 각각 26000원입니다.
28세는 12세 이상 65세 미만에 속하므로 이모의 입장료는 32000원입니다.」❶
따라서 세 사람의 입장료는 모두
26000+26000+32000=84000(원)입니다.」❷

채점 기준	
❶ 형우, 동생, 이모의 입장료 각각 구하기	3점
❷ 세 사람의 입장료의 합 구하기	2점

2. 분수의 곱셈

평가책 10~12쪽 단원 평가 1회

✎ 서술형 문제는 풀이를 꼭 확인하세요.

1 2, 3, 1, 6

2 1, 4, 1, $\dfrac{8}{7}$, $1\dfrac{1}{7}$

3 3, 13, 1, 39, $4\dfrac{7}{8}$

4 $6 \times 1\dfrac{3}{8} = \overset{3}{\cancel{6}} \times \dfrac{11}{\underset{4}{\cancel{8}}} = \dfrac{33}{4} = 8\dfrac{1}{4}$

5 $\dfrac{5}{8}$

6 $1\dfrac{2}{5}$

7 $8\dfrac{1}{6}$

8 (위에서부터) $\dfrac{4}{15}$ / 1

9 $\dfrac{7}{36}$

10 <

11 ・・ ＼／＼ ・・

12 ㉠

13 $\dfrac{5}{12}$ L

14 $17\dfrac{1}{5}$ cm

15 $1\dfrac{7}{8}$ km

16 2, 3 (또는 3, 2) / $\dfrac{1}{6}$

17 4개

18 풀이 참조

19 $4\dfrac{1}{6}$

20 $1\dfrac{7}{25}$ cm²

18 예 대분수를 가분수로 바꾸지 않고 약분하여 계산했습니다. ❶

$12 \times 2\dfrac{1}{8} = \overset{3}{\cancel{12}} \times \dfrac{17}{\underset{2}{\cancel{8}}} = \dfrac{51}{2} = 25\dfrac{1}{2}$ ❷

채점 기준	
❶ 잘못 계산한 곳을 찾아 이유 쓰기	3점
❷ 바르게 계산하기	2점

19 예 $3\dfrac{3}{4} > 2\dfrac{7}{8} > 1\dfrac{1}{9}$ 이므로 가장 큰 분수는 $3\dfrac{3}{4}$ 이고, 가장 작은 분수는 $1\dfrac{1}{9}$ 입니다. ❶

따라서 가장 큰 분수와 가장 작은 분수의 곱은

$3\dfrac{3}{4} \times 1\dfrac{1}{9} = \dfrac{\overset{5}{\cancel{15}}}{\underset{2}{\cancel{4}}} \times \dfrac{\overset{5}{\cancel{10}}}{\underset{3}{\cancel{9}}} = \dfrac{25}{6} = 4\dfrac{1}{6}$ 입니다. ❷

채점 기준	
❶ 가장 큰 분수와 가장 작은 분수 각각 구하기	2점
❷ 가장 큰 분수와 가장 작은 분수의 곱 구하기	3점

20 예 색칠한 부분의 넓이는 정사각형 넓이의 $\dfrac{1}{8}$ 입니다. ❶

따라서 색칠한 부분의 넓이는

$3\dfrac{1}{5} \times 3\dfrac{1}{5} \times \dfrac{1}{8} = \dfrac{16}{5} \times \dfrac{\overset{2}{\cancel{16}}}{5} \times \dfrac{1}{\underset{1}{\cancel{8}}}$

$= \dfrac{32}{25} = 1\dfrac{7}{25}$ (cm²)입니다. ❷

채점 기준	
❶ 색칠한 부분의 넓이는 정사각형 넓이의 얼마인지 구하기	2점
❷ 색칠한 부분의 넓이 구하기	3점

평가책 13~15쪽 단원 평가 2회

✎ 서술형 문제는 풀이를 꼭 확인하세요.

1 3, $\dfrac{5}{6}$, 36, 10, 46

2 $9\dfrac{1}{3}$

3 8

4 $\dfrac{5}{12}$

5 $\dfrac{5}{42}$

6 $4\dfrac{4}{5}$, $\dfrac{5}{12}$

7 <

8 한희, $29\dfrac{1}{4}$

9 ㉡, ㉣

10 6개

11 200 mL

12 ㉡

13 $2\dfrac{2}{9}$ m

14 1, 2, 3, 4

15 $14\dfrac{11}{15}$

16 $\dfrac{2}{65}$

17 $12\dfrac{3}{4}$

18 $9\dfrac{1}{3}$ m

19 $9\dfrac{3}{4}$ km

20 50장

18 예 전체의 $\dfrac{8}{15}$ 을 사용했으므로 남은 색 테이프는 전체의 $1 - \dfrac{8}{15} = \dfrac{15}{15} - \dfrac{8}{15} = \dfrac{7}{15}$ 입니다. ❶

따라서 남은 색 테이프의 길이는

$\overset{4}{\cancel{20}} \times \dfrac{7}{\underset{3}{\cancel{15}}} = \dfrac{28}{3} = 9\dfrac{1}{3}$ (m)입니다. ❷

채점 기준	
❶ 남은 색 테이프는 전체의 얼마인지 구하기	2점
❷ 남은 색 테이프의 길이는 몇 m인지 구하기	3점

19 예 1시간은 60분이므로 $1\frac{5}{8} \times 6$을 계산합니다.⌟ ❶

따라서 1시간 동안 갈 수 있는 거리는

$1\frac{5}{8} \times 6 = \frac{13}{\overset{}{8}} \times \overset{3}{6} = \frac{39}{4} = 9\frac{3}{4}$(km)입니다.⌟ ❷

채점 기준	
❶ 문제에 알맞은 식 만들기	2점
❷ 1시간 동안 갈 수 있는 거리 구하기	3점

20 예 어제 사용한 색종이는 $\overset{20}{60} \times \frac{1}{\underset{1}{3}} = 20$(장)입니다.⌟ ❶

오늘 사용한 색종이는

$(60-20) \times \frac{3}{4} = \overset{10}{40} \times \frac{3}{\underset{1}{4}} = 30$(장)입니다.⌟ ❷

따라서 어제와 오늘 사용한 색종이는 모두
$20+30=50$(장)입니다.⌟ ❸

채점 기준	
❶ 어제 사용한 색종이의 수 구하기	2점
❷ 오늘 사용한 색종이의 수 구하기	2점
❸ 어제와 오늘 사용한 색종이의 수 구하기	1점

평가책 16~17쪽 **서술형 평가**

1 풀이 참조	**2** $\frac{2}{5}$
3 6시간	**4** 160 cm²
5 $1\frac{2}{3}$	**6** $\frac{1}{63}$

1 방법 1 예 $8 \times 3\frac{1}{6} = \overset{4}{8} \times \frac{19}{\underset{3}{6}} = \frac{76}{3} = 25\frac{1}{3}$⌟ ❶

방법 2 예 $8 \times 3\frac{1}{6} = (8 \times 3) + \left(\overset{4}{8} \times \frac{1}{\underset{3}{6}}\right) = 24 + \frac{4}{3}$

$= 24 + 1\frac{1}{3} = 25\frac{1}{3}$⌟ ❷

채점 기준	
❶ 한 가지 방법으로 계산하기	1개 2점,
❷ 다른 한 가지 방법으로 계산하기	2개 5점

2 예 아동 과학책은 전체 책의 $\frac{4}{5}$의 $\frac{1}{2}$이므로 $\frac{4}{5} \times \frac{1}{2}$

을 계산합니다.⌟ ❶

따라서 아동 과학책은 전체 책의 $\frac{\overset{2}{4}}{5} \times \frac{1}{\underset{1}{2}} = \frac{2}{5}$입니다.⌟ ❷

채점 기준	
❶ 문제에 알맞은 식 만들기	2점
❷ 아동 과학책은 전체 책의 몇 분의 몇인지 구하기	3점

3 예 동규가 학교에서 생활하는 시간은 하루의 $\frac{1}{4}$이므로 $24 \times \frac{1}{4}$을 계산합니다.⌟ ❶

따라서 동규가 하루에 학교에서 생활하는 시간은

$\overset{6}{24} \times \frac{1}{\underset{1}{4}} = 6$(시간)입니다.⌟ ❷

채점 기준	
❶ 문제에 알맞은 식 만들기	2점
❷ 동규가 하루에 학교에서 생활하는 시간 구하기	3점

4 예 직사각형 모양 종이의 넓이는
$30 \times 12 = 360$(cm²)입니다.⌟ ❶
따라서 사용한 종이의 넓이는

$\overset{40}{360} \times \frac{4}{\underset{1}{9}} = 160$(cm²)입니다.⌟ ❷

채점 기준	
❶ 직사각형 모양 종이의 넓이 구하기	2점
❷ 사용한 종이의 넓이 구하기	3점

5 예 어떤 수를 □라 하면 잘못 계산한 식은

$\square + 1\frac{1}{6} = 2\frac{25}{42}$입니다.

$\Rightarrow \square = 2\frac{25}{42} - 1\frac{1}{6} = 2\frac{25}{42} - 1\frac{7}{42} = 1\frac{18}{42}$

$= 1\frac{3}{7}$⌟ ❶

따라서 바르게 계산하면

$1\frac{3}{7} \times 1\frac{1}{6} = \frac{\overset{5}{10}}{7} \times \frac{\overset{1}{7}}{\underset{3}{6}} = \frac{5}{3} = 1\frac{2}{3}$입니다.⌟ ❷

채점 기준	
❶ 어떤 수 구하기	2점
❷ 바르게 계산한 값 구하기	3점

6 예 분모가 클수록, 분자가 작을수록 곱이 작아지므로 분모로 사용할 수 카드의 수는 7, 8, 9이고, 분자로 사용할 수 카드의 수는 1, 2, 4입니다.⌟ ❶
따라서 계산 결과가 가장 작을 때 계산한 값은

$\frac{1 \times 2 \times \overset{1}{4}}{7 \times \underset{\underset{1}{4}}{8} \times 9} = \frac{1}{63}$입니다.⌟ ❷

채점 기준	
❶ 분모와 분자로 사용할 수 카드의 수 각각 구하기	2점
❷ 계산 결과가 가장 작을 때 계산한 값 구하기	3점

3. 합동과 대칭

평가책 18~20쪽 단원 평가 1회

✎ 서술형 문제는 풀이를 꼭 확인하세요.

1 합동

2 가, 라

3

4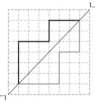

5 점 ㅂ

6 각 ㄹㄷㄴ

7 4 cm

8 75°

9 6개

10 (위에서부터) 17, 75

11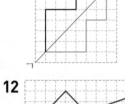

12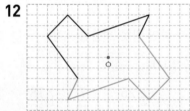

13 가와 마

14 H

15 49 cm

16 11 cm

17 40°

18 풀이 참조

✎**19** 30°

✎**20** 12 cm

15 변 ㄱㄹ의 대응변은 변 ㅇㅁ, 변 ㄹㄷ의 대응변은 변 ㅁㅂ
이므로 (변 ㄱㄹ)=12 cm, (변 ㄹㄷ)=13 cm입니다.
　⇨ (사각형 ㄱㄴㄷㄹ의 둘레)
　　=9+15+13+12=49(cm)

16 선분 ㄷㄹ과 선분 ㄴㄹ의 길이가 같으므로
(선분 ㄷㄹ)=8 cm입니다.
　⇨ 변 ㄱㄴ과 변 ㄱㄷ의 길이의 합은
　　38-(8+8)=22(cm)이고, 변 ㄱㄴ과 변 ㄱㄷ의
　　길이가 같으므로 (변 ㄱㄷ)=22÷2=11(cm)입
　　니다.

17 각 ㄷㄹㄴ의 대응각은 각 ㄴㄱㄷ이므로
(각 ㄷㄹㄴ)=20°입니다.
따라서 삼각형 ㄹㄴㄷ의 세 각의 크기의 합은 180°이
므로 (각 ㄹㄴㄷ)=180°-20°-120°=40°입니다.

18 왼쪽 도형과 합동인 도형은 나입니다.」❶
예 왼쪽 도형과 나를 포개었을 때 완전히 겹치기 때문
입니다.」❷

채점 기준	
❶ 왼쪽 도형과 합동인 도형 찾아 쓰기	2점
❷ 이유 쓰기	3점

✎**19** 예 각 ㄱㄴㄷ의 대응각은 각 ㄱㄹㄷ이므로
(각 ㄱㄴㄷ)=25°입니다.」❶
따라서 삼각형 ㄱㄴㄷ의 세 각의 크기의 합은 180°이므
로 (각 ㄴㄱㄷ)=180°-25°-125°=30°입니다.」❷

채점 기준	
❶ 각 ㄱㄴㄷ의 크기 구하기	3점
❷ 각 ㄴㄱㄷ의 크기 구하기	2점

✎**20** 예 선분 ㄷㅇ과 선분 ㅂㅇ의 길이가 같으므로
(선분 ㄷㅇ)=6÷2=3(cm)입니다.」❶
따라서 변 ㅁㅂ의 대응변은 변 ㄴㄷ이므로
(변 ㅁㅂ)=15-3=12(cm)입니다.」❷

채점 기준	
❶ 선분 ㄷㅇ의 길이 구하기	2점
❷ 변 ㅁㅂ의 길이 구하기	3점

평가책 21~23쪽 단원 평가 2회

✎ 서술형 문제는 풀이를 꼭 확인하세요.

1 다

2 가, 나, 다, 마

3 다, 마, 바

4

5

6 점 ㅂ / 변 ㄹㅁ / 각 ㄱㄷㄴ

7 ㄴ

8 7 cm

9 60°

10 (왼쪽에서부터) 6, 100

11 □

12 50°

13 ㄷ

14 110°

15 28 cm

16 46 cm

17 3 cm

✎**18** 12 cm

✎**19** 64 cm

✎**20** 48 cm²

16 (선분 ㄴㄹ)=(선분 ㄷㄹ)=6 cm,
(변 ㄱㄷ)=(변 ㄱㄴ)=17 cm
　⇨ (선대칭도형의 둘레)=17+6+6+17=46(cm)

17 점대칭도형에서 대응변의 길이는 서로 같으므로
(변 ㅁㄹ)=(변 ㄱㅈ)=5 cm,
(변 ㅁㅂ)=(변 ㄱㄴ)=7 cm,
(변 ㄷㄴ)=(변 ㅅㅂ)=5 cm입니다.
⇨ 변 ㄷㄹ과 변 ㅅㅈ의 길이의 합은
40−(7+5+5+7+5+5)=6(cm)이고,
변 ㄷㄹ과 변 ㅅㅈ의 길이가 같으므로
(변 ㄷㄹ)=6÷2=3(cm)입니다.

18 예 선분 ㄹㅇ과 선분 ㄱㅇ의 길이가 같으므로
(선분 ㄹㅇ)=6 cm입니다.」❶
따라서 (선분 ㄱㄹ)=6+6=12(cm)입니다.」❷

채점 기준	
❶ 선분 ㄹㅇ의 길이 구하기	3점
❷ 선분 ㄱㄹ의 길이 구하기	2점

19 예 변 ㄴㄷ의 대응변은 변 ㅁㅂ, 변 ㄹㅁ의 대응변은
변 ㄱㄴ, 변 ㄱㅂ의 대응변은 변 ㄹㄷ이므로
(변 ㄴㄷ)=7 cm, (변 ㄹㅁ)=12 cm,
(변 ㄱㅂ)=13 cm입니다.」❶
따라서 점대칭도형의 둘레는
12+7+13+12+7+13=64(cm)입니다.」❷

채점 기준	
❶ 변 ㄴㄷ, 변 ㄹㅁ, 변 ㄱㅂ의 길이 각각 구하기	3점
❷ 점대칭도형의 둘레 구하기	2점

20 예 직사각형 ㄱㄴㄷㄹ의 넓이는
4×6=24(cm²)입니다.」❶
따라서 완성한 선대칭도형의 넓이는 직사각형 ㄱㄴㄷㄹ
의 넓이의 2배이므로 24×2=48(cm²)입니다.」❷

채점 기준	
❶ 직사각형 ㄱㄴㄷㄹ의 넓이 구하기	2점
❷ 완성한 선대칭도형의 넓이 구하기	3점

평가책 24~25쪽 서술형평가

1 풀이 참조		**2** 3개	
3 140°		**4** 25°	
5 25 cm		**6** 10 cm	

1 예 어떤 점을 중심으로 180° 돌렸을 때 처음 도형과
완전히 겹치지 않습니다.」❶

채점 기준	
❶ 사다리꼴이 점대칭도형이 아닌 이유 쓰기	5점

2 예 선대칭도형에서 한 직선을 따라 접었을 때 완전히
겹치게 하는 직선이 대칭축입니다.」❶
따라서 대칭축을 그어 보면 오른쪽과 같
으므로 정삼각형에 그을 수 있는 대칭축
은 모두 3개입니다.」❷

채점 기준	
❶ 대칭축의 의미 알기	3점
❷ 정삼각형에 그을 수 있는 대칭축의 수 구하기	2점

3 예 각 ㅂㅁㅇ의 대응각은 각 ㄷㄹㄱ, 각 ㅂㅅㅇ의 대
응각은 각 ㄷㄴㄱ이므로 (각 ㅂㅁㅇ)=85°,
(각 ㅂㅅㅇ)=60°입니다.」❶
따라서 사각형 ㅁㅂㅅㅇ의 네 각의 크기의 합은 360°
이므로
(각 ㅁㅇㅅ)=360°−85°−75°−60°=140°입니다.」❷

채점 기준	
❶ 각 ㅂㅁㅇ과 각 ㅂㅅㅇ의 크기 각각 구하기	3점
❷ 각 ㅁㅇㅅ의 크기 구하기	2점

4 예 (각 ㄴㄷㄹ)=(각 ㄹㄱㄴ)=140°입니다.」❶
따라서 삼각형 ㄹㄴㄷ의 세 각의 크기의 합은 180°이므
로 (각 ㄷㄹㄴ)=180°−15°−140°=25°입니다.」❷

채점 기준	
❶ 각 ㄴㄷㄹ의 크기 구하기	3점
❷ 각 ㄷㄹㄴ의 크기 구하기	2점

5 예 (변 ㄱㄴ)=(변 ㄹㅁ)=2 cm,
(변 ㄷㄹ)=(변 ㅁㄱ)=6 cm입니다.」❶
따라서 사각형 ㄱㄴㄷㄹ의 둘레는
2+9+6+2+6=25(cm)입니다.」❷

채점 기준	
❶ 변 ㄱㄴ과 변 ㄷㄹ의 길이 각각 구하기	3점
❷ 사각형 ㄱㄴㄷㄹ의 둘레 구하기	2점

6 예 선대칭도형에서 대응변의 길이는 서로 같으므로
(변 ㄴㄷ)=(변 ㅇㅅ)=8 cm,
(변 ㅁㅂ)=(변 ㅁㄹ)=12 cm,
(변 ㅇㄱ)=(변 ㄴㄱ)=7 cm입니다.」❶
따라서 변 ㄷㄹ과 변 ㅅㅂ의 길이의 합은
74−(7+8+12+12+8+7)=20(cm)이고,
변 ㄷㄹ과 변 ㅅㅂ의 길이가 같으므로
(변 ㄷㄹ)=20÷2=10(cm)입니다.」❷

채점 기준	
❶ 변 ㄴㄷ, 변 ㅁㅂ, 변 ㅇㄱ의 길이 각각 구하기	2점
❷ 변 ㄷㄹ의 길이 구하기	3점

4. 소수의 곱셈

평가책 26~28쪽) 단원 평가 1회

📎 서술형 문제는 풀이를 꼭 확인하세요.

1 3, 3, 4, 12, 1.2   **2** $\frac{1}{10}$, 100

3 23.15   **4** 0.36, 0.036, 0.0036

5 0.504   **6** (선 잇기)

7 (위에서부터) 11.7, 7.2, 5.4, 15.6

8 ㉡, ㉢   **9** <

10 ㉣   **11** 10.875

12 0.01   **13** 9.2 cm²

14 35.7 kg   **15** 3개

16 8.76 km   **17** 14.95

📎**18** 풀이 참조   📎**19** 0.21 km

📎**20** 81.18 m²

14 (동생의 몸무게)=42×0.85=35.7(kg)

15 (필요한 우유의 양)=0.34×8=2.72(L)
따라서 2.72=2+0.72이므로 1 L짜리 우유를 적어
도 3개 사야 합니다.

16 1시간 30분=1$\frac{30}{60}$시간=1$\frac{1}{2}$시간=1.5시간
➡ (지희가 걸은 거리)=5.84×1.5=8.76(km)

17 2<3<5<6이므로
가장 큰 소수 한 자리 수: 6.5
가장 작은 소수 한 자리 수: 2.3
➡ 6.5×2.3=14.95

📎**18** 계산한 값이 틀렸습니다.」❶
例 1.6은 1보다 큰 수이므로 14.5×1.6은 14.5보다
커야 합니다.」❷

채점 기준	
❶ 계산한 값이 맞는지 틀린지 쓰기	2점
❷ 어림을 이용하여 설명하기	3점

📎**19** 例 학교에서 집까지의 거리에 0.25를 곱하면 되므로
0.84×0.25를 계산합니다.」❶
따라서 학교에서 도서관까지의 거리는
0.84×0.25=0.21(km)입니다.」❷

채점 기준	
❶ 문제에 알맞은 식 만들기	2점
❷ 학교에서 도서관까지의 거리 구하기	3점

📎**20** 例 새로운 직사각형의 가로는 8.2×1.5=12.3(m)
입니다.」❶
따라서 새로운 직사각형의 넓이는
12.3×6.6=81.18(m²)입니다.」❷

채점 기준	
❶ 새로운 직사각형의 가로 구하기	2점
❷ 새로운 직사각형의 넓이 구하기	3점

평가책 29~31쪽) 단원 평가 2회

📎 서술형 문제는 풀이를 꼭 확인하세요.

1 5.4□9□6   **2** 0.84

3 ㉡   **4** (선 잇기)

5 50×0.3=50×$\frac{3}{10}$=$\frac{50×3}{10}$=$\frac{150}{10}$=15

6 2.4, 19.2

7 ( )( )(○)

8 7.26   **9** ㉡, ㉣, ㉢, ㉠

10 38.55리라   **11** 10.2 kg

12 0.57 m   **13** 27 cm²

14 37.2 L   **15** 2.4, 0.5 또는 0.24, 5

16 영우, 1.51 m   **17** 6, 4, 8 / 51.2

📎**18** 풀이 참조   📎**19** 22.8 cm

📎**20** 0.448

12 (나무늘보가 가는 거리)=0.95×0.6=0.57(m)

13 (사다리꼴의 넓이)=(5.3+6.7)×4.5÷2
=12×4.5÷2=27(cm²)

14 10월은 31일까지 있습니다.
➡ (31일 동안 마시는 우유의 양)
=1.2×31=37.2(L)

15 0.24×0.5는 0.12여야 하는데 수 하나의 소수점 위
치를 잘못 눌러서 1.2가 나왔으므로 형우가 계산기에
누른 두 수는 2.4와 0.5 또는 0.24와 5입니다.

16 •(민지가 사용한 리본의 길이)
=34×0.26=8.84(m)
•(영우가 사용한 리본의 길이)
=23×0.45=10.35(m)
따라서 8.84<10.35이므로 영우가 사용한 리본이
10.35-8.84=1.51(m) 더 깁니다.

17 수 카드 중 가장 큰 수가 소수 한 자리 수에 들어가야 하는데 4<6<8이므로 소수 한 자리 수는 0.8, 두 자리 수는 64입니다.

$\Rightarrow 64 \times 0.8 = 51.2$

18 색 테이프를 살 수 없습니다.」❶

예 1 m당 20원인 색 테이프가 100 m 있다고 어림하면 색 테이프의 가격은 2000원인데 1 m당 가격이 20원보다 높기 때문입니다.」❷

채점 기준	
❶ 색 테이프를 살 수 있을지 알아보기	2점
❷ 어림을 이용하여 설명하기	3점

19 예 정육각형은 6개의 변의 길이가 모두 같으므로 3.8×6을 계산합니다.」❶

따라서 정육각형의 둘레는 $3.8 \times 6 = 22.8$(cm)입니다.」❷

채점 기준	
❶ 문제에 알맞은 식 만들기	2점
❷ 정육각형의 둘레 구하기	3점

20 예 어떤 소수를 □라 하면 □+0.64=1.34에서 □=1.34−0.64=0.7입니다.」❶

따라서 바르게 계산하면 $0.7 \times 0.64 = 0.448$입니다.」❷

채점 기준	
❶ 어떤 소수 구하기	2점
❷ 바르게 계산한 값 구하기	3점

평가책 32~33쪽 서술형 평가

1 풀이 참조 **2** 풀이 참조
3 8.4 km **4** 89.6 kg
5 민수, 0.36 kg **6** 3.024 m²

1 방법1 예 분수의 곱셈으로 계산하면

$1.6 \times 4 = \dfrac{16}{10} \times 4 = \dfrac{16 \times 4}{10} = \dfrac{64}{10} = 6.4$입니다.」❶

방법2 예 자연수의 곱셈을 이용하여 계산하면

$16 \times 4 = 64$이므로 $1.6 \times 4 = 6.4$입니다.」❷

채점 기준	
❶ 한 가지 방법으로 계산하기	1개 2점,
❷ 다른 한 가지 방법으로 계산하기	2개 5점

2 동우」❶

예 8과 49의 곱이 약 400이고, 0.49는 49의 $\dfrac{1}{100}$배 이므로 8과 0.49의 곱은 400의 $\dfrac{1}{100}$배가 되어 4 정도야.」❷

채점 기준	
❶ 계산 결과를 잘못 어림한 사람의 이름 쓰기	2점
❷ 바르게 고치기	3점

3 예 매일 걷기 운동을 한 거리와 걷기 운동을 한 날수를 곱하면 되므로 0.7×12를 계산합니다.」❶

따라서 우준이가 12일 동안 걷기 운동을 한 거리는 $0.7 \times 12 = 8.4$(km)입니다.」❷

채점 기준	
❶ 문제에 알맞은 식 만들기	2점
❷ 우준이가 12일 동안 걷기 운동을 한 거리 구하기	3점

4 예 수아의 몸무게는 $56 \times 0.6 = 33.6$(kg)입니다.」❶

따라서 어머니와 수아의 몸무게의 합은 $56 + 33.6 = 89.6$(kg)입니다.」❷

채점 기준	
❶ 수아의 몸무게 구하기	3점
❷ 어머니와 수아의 몸무게의 합 구하기	2점

5 예 민수가 가지고 있는 과자 18상자의 무게는 $0.6 \times 18 = 10.8$(kg)입니다.」❶

윤아가 가지고 있는 과자 12봉지의 무게는 $0.87 \times 12 = 10.44$(kg)입니다.」❷

따라서 민수가 가지고 있는 과자가 $10.8 - 10.44 = 0.36$(kg) 더 무겁습니다.」❸

채점 기준	
❶ 민수가 가지고 있는 과자 18상자의 무게 구하기	2점
❷ 윤아가 가지고 있는 과자 12봉지의 무게 구하기	2점
❸ 누가 가지고 있는 과자가 몇 kg 더 무거운지 구하기	1점

6 예 새로운 평행사변형의 밑변의 길이는 $0.9 \times 1.4 = 1.26$(m)입니다.」❶

새로운 평행사변형의 높이는 $1.5 \times 1.6 = 2.4$(m)입니다.」❷

따라서 새로운 평행사변형의 넓이는 $1.26 \times 2.4 = 3.024$(m²)입니다.」❸

채점 기준	
❶ 새로운 평행사변형의 밑변의 길이 구하기	2점
❷ 새로운 평행사변형의 높이 구하기	2점
❸ 새로운 평행사변형의 넓이 구하기	1점

5. 직육면체

✏️ 서술형 문제는 풀이를 꼭 확인하세요.

1 (위에서부터) 꼭짓점, 면, 모서리

2 나, 다, 바 / 나　　**3** 라

4 6개, 12개, 8개　　**5**

6 ㉢

7 면 ㄱㄴㄷㄹ, 면 ㄷㅅㅇㄹ, 면 ㅁㅂㅅㅇ, 면 ㄴㅂㅁㄱ

8 3, 3, 1　　**9** 다

10 면 ㅌㅁㅇㅋ　　**11** 선분 ㄹㄷ

12 세호

13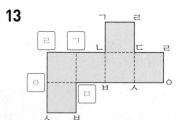

14 예
1 cm
1 cm

15 68 cm　　**16** 9 cm

17 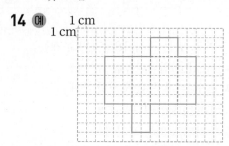　　✏️**18** 풀이 참조

✏️**19** 2개

✏️**20** 147 cm²

17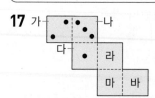

서로 평행한 면을 찾아 마주 보는 면의 눈의 수의 합이 7이 되도록 눈을 알맞게 그려 넣습니다.
- 면 가와 평행한 면: 면 라(7−2=5)
- 면 나와 평행한 면: 면 마(7−3=4)
- 면 다와 평행한 면: 면 바(7−1=6)

✏️**18** 예 전개도를 접었을 때 서로 겹치는 면이 있습니다.」❶

채점 기준	
❶ 잘못 그린 이유 쓰기	5점

✏️**19** 예 직육면체에서 꼭짓점은 8개, 면은 6개입니다.」❶
따라서 직육면체에서 꼭짓점의 수는 면의 수보다 8−6=2(개) 더 많습니다.」❷

채점 기준	
❶ 직육면체에서 꼭짓점의 수, 면의 수 각각 구하기	3점
❷ 꼭짓점의 수는 면의 수보다 몇 개 더 많은지 구하기	2점

✏️**20** 예 색칠한 부분의 가로는 정육면체의 한 모서리의 길이와 같으므로 7 cm입니다.」❶
색칠한 부분의 세로는 정육면체의 한 모서리의 길이의 3배와 같으므로 $7 \times 3 = 21$(cm)입니다.」❷
따라서 색칠한 부분의 넓이는 $7 \times 21 = 147$(cm²)입니다.」❸

채점 기준	
❶ 색칠한 부분의 가로 구하기	2점
❷ 색칠한 부분의 세로 구하기	2점
❸ 색칠한 부분의 넓이 구하기	1점

✏️ 서술형 문제는 풀이를 꼭 확인하세요.

1 4개　　**2** 2개

3 3, 9, 7　　**4**

5 면 ㅁㅂㅅㅇ　　**6** 4개

7 6, 6　　**8** 7 cm

9 면 바

10 면 가, 면 다, 면 마, 면 바

11 (위에서부터) 8, 4, 12

12 6

13 예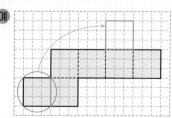

14 28 cm **15** 13 cm

16 3, 4

17

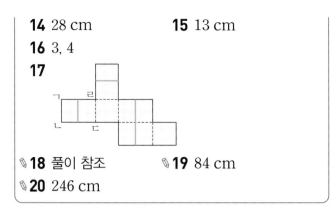

✎**18** 풀이 참조 ✎**19** 84 cm

✎**20** 246 cm

---

16 • 눈의 수가 5인 면과 평행한 면의 눈의 수: $7-5=2$
• 눈의 수가 6인 면과 평행한 면의 눈의 수: $7-6=1$
따라서 면 가에 올 수 있는 눈의 수는 3, 4입니다.

17 전개도를 접었을 때 만나는
점끼리 같은 기호를 씁니다.
면 ㄷㅅㅇㄹ과 수직인 면에
모두 선이 지나가므로 선이
지나가는 자리를 전개도에
바르게 그려 넣습니다.

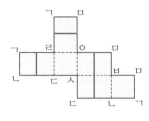

✎**18** 예 보이지 않는 모서리는 점선으로 그려야 합니다.」❶

」❷

채점 기준	
❶ 잘못 그린 이유 쓰기	3점
❷ 겨냥도 바르게 그리기	2점

✎**19** 예 정육면체의 모서리는 12개입니다.」❶
따라서 정육면체는 모서리의 길이가 모두 같으므로 모든 모서리의 길이의 합은 $7×12=84(cm)$입니다.」❷

채점 기준	
❶ 정육면체의 모서리의 수 구하기	2점
❷ 정육면체의 모든 모서리의 길이의 합 구하기	3점

✎**20** 예 각각의 모서리와 길이가 같은 부분을 끈으로 둘러 묶은 횟수를 알아보면 18 cm인 모서리는 2번, 20 cm인 모서리는 4번, 25 cm인 모서리는 2번입니다.」❶
따라서 사용한 끈의 전체 길이는
$18×2+20×4+25×2+80$
$=36+80+50+80=246(cm)$입니다.」❷

채점 기준	
❶ 각각의 모서리와 길이가 같은 부분을 끈으로 둘러 묶은 횟수 알아보기	3점
❷ 사용한 끈의 전체 길이 구하기	2점

평가책 40~41쪽 서술형평가

1 풀이 참조 **2** 풀이 참조

3 풀이 참조 **4** 14 cm

5 면 나, 면 바 **6** 99 cm

---

1 예 직육면체는 직사각형 6개로 둘러싸인 도형인데 주어진 도형은 육각형 2개와 직사각형 6개로 이루어져 있으므로 직육면체가 아닙니다.」❶

채점 기준	
❶ 직육면체가 아닌 이유 쓰기	5점

2 ㉢」❶
예 직육면체에서 서로 평행한 면은 모두 3쌍입니다.」❷

채점 기준	
❶ 잘못 설명한 것을 찾아 기호 쓰기	2점
❷ 바르게 고치기	3점

3 ㉠」❶
예 접었을 때 맞닿는 모서리의 길이가 다릅니다.」❷

채점 기준	
❶ 직육면체의 전개도가 아닌 것을 찾아 기호 쓰기	2점
❷ 직육면체의 전개도가 아닌 이유 쓰기	3점

4 예 면 ㄴㅂㅅㄷ과 평행한 면은 면 ㄱㅁㅇㄹ입니다.」❶
따라서 면 ㄴㅂㅅㄷ과 평행한 면 ㄱㅁㅇㄹ의 모서리의 길이의 합은 $(4+3)×2=14(cm)$입니다.」❷

채점 기준	
❶ 면 ㄴㅂㅅㄷ과 평행한 면 찾기	2점
❷ 면 ㄴㅂㅅㄷ과 평행한 면의 모서리의 길이의 합 구하기	3점

5 예 전개도를 접었을 때 면 다와 수직인 면은 면 가, 면 나, 면 라, 면 바이고, 면 라와 수직인 면은 면 나, 면 다, 면 마, 면 바입니다.」❶
따라서 전개도를 접었을 때 면 다와 면 라에 동시에 수직인 면은 면 나, 면 바입니다.」❷

채점 기준	
❶ 전개도를 접었을 때 면 다, 면 라와 수직인 면 각각 찾기	4점
❷ 전개도를 접었을 때 면 다와 면 라에 동시에 수직인 면 모두 찾기	1점

6 예 정육면체에서 보이는 모서리는 9개입니다.」❶
따라서 정육면체는 모서리의 길이가 모두 같으므로 보이는 모서리의 길이의 합은 $11×9=99(cm)$입니다.」❷

채점 기준	
❶ 정육면체에서 보이는 모서리의 수 구하기	2점
❷ 정육면체에서 보이는 모서리의 길이의 합 구하기	3점

6. 평균과 가능성

평가책 42~44쪽 단원 평가 1회

🖉 서술형 문제는 풀이를 꼭 확인하세요.

1

○	○	○	○
○	○	○	○
○	○	○	○
1회	2회	3회	4회

2 3개

3 76회   **4** 19회

5 불가능하다 / 확실하다

6

		○		

7 ㉡

8

$$0 \qquad \frac{1}{2} \qquad 1$$

9 4회 / 3회   **10** 유승이네 모둠

11 반반이다 / $\frac{1}{2}$ **12** 3명

13 $\frac{1}{2}$

14

 또는

15 101 cm   **16** ㉠, ㉢, ㉡

17 3회   **18** 풀이 참조

🖉 **19** 풀이 참조   🖉 **20** 5개

---

15 두 학생의 멀리뛰기 기록의 평균과 횟수가 같으므로 기록의 합도 같습니다.
(혜진이의 기록의 합)
$= 118+107+145+126 = 496(\text{cm})$
⇨ (진영이의 2회 멀리뛰기 기록)
$= 496-(158+134+103) = 101(\text{cm})$

17 • (국어 점수의 합) $= 75 \times 4 = 300(\text{점})$
• (3회 점수) $= 300-(80+70+60) = 90(\text{점})$
따라서 국어 점수가 가장 높은 때는 3회입니다.

🖉 **18** **예** 계산기에서 '$9 \times 4 =$'을 누르면 36이 나올 것입니다.」❶

채점 기준	
❶ 일이 일어날 가능성이 '확실하다'를 나타낼 수 있는 상황을 찾아 쓰기	5점

🖉 **19** **방법 1** **예** 평균을 42로 예상한 후 42, (47, 37), (39, 45)로 수를 옮기고 짝 지어 자료의 값을 고르게 하여 구한 평균은 42입니다.」❶
방법 2 **예** $(47+39+45+37+42) \div 5$
$= 210 \div 5 = 42$이므로 평균은 42입니다.」❷

채점 기준	
❶ 한 가지 방법으로 구하기	1개 2점, 2개 5점
❷ 다른 한 가지 방법으로 구하기	

🖉 **20** **예** 투호에 넣은 화살은 모두 $6 \times 5 = 30(\text{개})$입니다.」❶
따라서 호재가 넣은 화살은
$30-(4+6+8+7) = 5(\text{개})$입니다.」❷

채점 기준	
❶ 투호에 넣은 화살 수의 합 구하기	3점
❷ 호재가 넣은 화살 수 구하기	2점

평가책 45~47쪽 단원 평가 2회

🖉 서술형 문제는 풀이를 꼭 확인하세요.

1 ㉡   **2** 16, 15, 75, 15

3 0, $\frac{1}{2}$, 1

4

			○

5 87점   **6** 180개

7 60명   **8** 3개

9 불가능하다 / 0   **10** 현우, 민주

11 파란색   **12** ㉢, ㉡, ㉠

13 진주, 2초   **14** 18살

15 ㉢   **16** 89점

17 31 m   🖉 **18** 1

🖉 **19** 풀이 참조   🖉 **20** 42 kg

---

14 한 명이 더 들어오면 5명입니다.
(5명의 나이의 합) $= 14 \times 5 = 70(\text{살})$
⇨ (들어온 회원의 나이)
$= 70-(12+16+13+11) = 18(\text{살})$

15 표에서 노랑 14회, 빨강 15회, 파랑 31회이므로 회전판에서 노란색은 전체의 $\frac{1}{4}$, 빨간색은 전체의 $\frac{1}{4}$, 파란색은 전체의 $\frac{1}{2}$인 ㉢과 일이 일어날 가능성이 가장 비슷합니다.

16 (재호의 영어 점수의 평균)

$=(86+84+88)÷3=258÷3=86$(점)

민유의 영어 점수의 평균도 86점입니다.

(민유의 영어 점수의 합)$=86×4=344$(점)

➡ (민유의 4회 영어 점수)

$=344-(84+81+90)=89$(점)

17 (6회까지의 평균이 24 m일 때 기록의 합)

$=24×6=144$(m)

따라서 준결승에 올라가려면 6회에 적어도

$144-(29+22+18+21+23)=31$(m)를 던져야

합니다.

✎18 (예) 노란색 공만 들어 있는 주머니에서 꺼낸 공이 노란
색일 가능성을 말로 표현하면 '확실하다'입니다.」❶

따라서 가능성을 수로 표현하면 1입니다.」❷

채점 기준	
❶ 꺼낸 공이 노란색일 가능성을 말로 표현하기	2점
❷ 꺼낸 공이 노란색일 가능성을 수로 표현하기	3점

✎19 7」❶

(예) 주사위에는 1부터 6까지의 눈이 있으므로 주사위
1개를 2번 굴리면 주사위 눈의 수가 모두 7이 나올 가
능성은 '불가능하다'입니다.」❷

채점 기준	
❶ □ 안에 들어갈 수 없는 수 찾아 쓰기	2점
❷ 이유 쓰기	3점

✎20 (예) 5명의 몸무게의 합은 $41×5=205$(kg)입니다.」❶

47 kg인 학생이 들어오면 6명의 몸무게의 합은

$205+47=252$(kg)입니다.」❷

따라서 6명의 몸무게의 평균은 $252÷6=42$(kg)이

됩니다.」❸

채점 기준	
❶ 5명의 몸무게의 합 구하기	2점
❷ 6명의 몸무게의 합 구하기	1점
❸ 6명의 몸무게의 평균 구하기	2점

평가책 48~49쪽) 서술형 평가

1 풀이 참조   **2** 풀이 참조

3 79점   **4** 960쪽

5 라, 나, 다, 가   **6** 2 cm

---

1 (예) 당첨 제비만 들어 있는 상자에서 제비를 1개 뽑을
때 뽑은 제비는 당첨 제비일 것입니다.」❶

채점 기준	
❶ 가능성이 '확실하다'가 되도록 바꾸기	5점

2 ⓛ」❶

(예) 단순히 두 학년의 최고 기록만으로는 어느 학년이
더 잘했는지 판단하기 어렵습니다.」❷

채점 기준	
❶ 잘못 설명한 것의 기호 쓰기	2점
❷ 이유 쓰기	3점

3 (예) 1단원부터 4단원까지 점수의 평균은

$(87+75+80+70)÷4=312÷4=78$(점)입니다.」❶

따라서 5단원 점수는 $78+1=79$(점)입니다.」❷

채점 기준	
❶ 1단원부터 4단원까지 점수의 평균 구하기	3점
❷ 5단원 점수 구하기	2점

4 (예) 11월은 30일까지 있습니다.」❶

따라서 민재가 11월에 읽은 책은 모두

$32×30=960$(쪽)입니다.」❷

채점 기준	
❶ 11월의 날수 알아보기	2점
❷ 11월에 읽은 책의 쪽수 구하기	3점

5 (예) 각 회전판에서 화살이 빨간색에 멈출 가능성을 말
로 표현하면 다음과 같습니다.

가: 불가능하다   나: 반반이다   다: ~아닐 것 같다

라: 확실하다」❶

따라서 화살이 빨간색에 멈출 가능성이 높은 것부터
순서대로 쓰면 라, 나, 다, 가입니다.」❷

채점 기준	
❶ 가, 나, 다, 라에서 화살이 빨간색에 멈출 가능성을 각각 말로 표현하기	2점
❷ 가능성이 높은 것부터 순서대로 쓰기	3점

6 (예) 모둠 학생의 키의 평균은

$(129+126+125+124+131)÷5$

$=635÷5=127$(cm)입니다.」❶

혜주의 키가 10 cm 더 늘어난다면 모둠 학생의 키의 평
균은 $(635+10)÷5=645÷5=129$(cm)가 됩니다.」❷

따라서 키의 평균은 $129-127=2$(cm) 더 늘어납니
다.」❸

채점 기준	
❶ 모둠 학생의 키의 평균 구하기	2점
❷ 혜주의 키가 10 cm 더 늘어날 때 모둠 학생의 키의 평균 구하기	2점
❸ 키의 평균은 몇 cm 더 늘어나는지 구하기	1점

✎ 서술형 문제는 풀이를 꼭 확인하세요.

1 7, 3, 21, $5\dfrac{1}{4}$　　**2** ㉡, ㉢

3 1900, 1800, 1800　　**4** 3.5, 4.55

5 (위에서부터) 8, 35　　**6** ㉡

7

8
```
 31  32  33  34  35  36  37  38  39
```

9 면 ㄱㄴㄷㄹ, 면 ㄴㅂㅅㄷ, 면 ㅁㅂㅅㅇ,
면 ㄱㅁㅇㄹ

10 8.75 L　　**11** 반반이다 / $\dfrac{1}{2}$

12 72 cm　　**13** $\dfrac{1}{80}$

14 85°　　**15** 17개

16 189 cm²　　**17** 131명

✎**18** 풀이 참조　　✎**19** 5

✎**20** 48 cm

---

6 ㉠ $2 \times 2\dfrac{5}{6} = \overset{1}{2} \times \dfrac{17}{\underset{3}{6}} = \dfrac{17}{3} = 5\dfrac{2}{3}$

㉡ $\dfrac{7}{\underset{4}{8}} \times \overset{5}{10} = \dfrac{35}{4} = 8\dfrac{3}{4}$

⇨ $5\dfrac{2}{3} < 8\dfrac{3}{4}$

7 ・동전 1개를 던지면 숫자 면이나 그림 면이 나올 수
있으므로 숫자 면이 나올 가능성은 '반반이다'입니다.
・8월은 2월의 뒤에 있으므로 내년에 8월이 2월보다
빨리 올 가능성은 '불가능하다'입니다.
・1주일은 7일이므로 1주일이 7일일 가능성은 '확실하
다'입니다.

8 32 초과 37 이하인 수는 32를 점 ○을 사용하여 나타
내고, 37을 점 ●을 사용하여 나타냅니다.

10 (용희가 일주일 동안 마신 물의 양)
　　$= 1.25 \times 7 = 8.75(\text{L})$

11 주사위를 굴려서 나올 수 있는 수는 1, 2, 3, 4, 5, 6
이고 짝수는 2, 4, 6입니다.
따라서 주사위를 굴려서 나온 수가 짝수일 가능성은
'반반이다'이고, 수로 표현하면 $\dfrac{1}{2}$입니다.

12 정육면체의 모서리는 12개이고, 모서리의 길이가 모
두 같습니다.
　　⇨ (정육면체의 모든 모서리의 길이의 합)
　　　$= 6 \times 12 = 72(\text{cm})$

13 안경을 쓴 5학년 남학생은

전체 학생의 $\dfrac{1}{5} \times \dfrac{\overset{1}{3}}{8} \times \dfrac{1}{\underset{2}{6}} = \dfrac{1}{80}$입니다.

14 각 ㄹㄷㅁ의 대응각은 각 ㅂㄷㅁ이므로
(각 ㄹㄷㅁ) $= 55°$입니다.
따라서 삼각형 ㄷㄹㅁ의 세 각의 크기의 합은 180°이
므로 (각 ㄷㄹㅁ) $= 180° - 55° - 40° = 85°$입니다.

15 (1회부터 4회까지 제기차기 기록의 합)
　　$= 15 \times 4 = 60(\text{개})$
　　⇨ (3회의 제기차기 기록)
　　　$= 60 - (14 + 11 + 18) = 17(\text{개})$

16 ・(새로운 직사각형의 가로) $= 14 \times 1.5 = 21(\text{cm})$
・(새로운 직사각형의 세로) $= 6 \times 1.5 = 9(\text{cm})$
　　⇨ (새로운 직사각형의 넓이) $= 21 \times 9 = 189(\text{cm}^2)$

17 놀이기구는 한 번에 10명까지 탈 수 있으므로 13번 운
행할 때 최대 $10 \times 13 = 130(\text{명})$까지 탈 수 있습니다.
따라서 놀이기구를 최소 14번 운행해야 하므로 세후네
학교 5학년 학생은 최소 $130 + 1 = 131(\text{명})$입니다.

✎**18** 현아 ❶
예 한 면에 수직인 면은 모두 4개입니다. ❷

채점 기준	
❶ 잘못 설명한 사람의 이름 쓰기	2점
❷ 이유 쓰기	3점

✎**19** 예 $2\dfrac{1}{7} \times 2\dfrac{2}{3} = \dfrac{15}{7} \times \dfrac{\overset{5}{8}}{\underset{1}{3}} = \dfrac{40}{7} = 5\dfrac{5}{7}$이므로

$\square < 5\dfrac{5}{7}$입니다. ❶

따라서 $\square$ 안에 들어갈 수 있는 가장 큰 자연수는 5입
니다. ❷

채점 기준	
❶ $\square$ 안에 들어갈 수 있는 수의 범위 구하기	3점
❷ $\square$ 안에 들어갈 수 있는 가장 큰 자연수 구하기	2점

✎**20** 예 변 ㄱㄴ의 대응변은 변 ㄹㅁ, 변 ㄷㄹ의 대응변은
변 ㅂㄱ, 변 ㅁㅂ의 대응변은 변 ㄴㄷ이므로
(변 ㄱㄴ) $= 7$ cm, (변 ㄷㄹ) $= 9$ cm,
(변 ㅁㅂ) $= 8$ cm입니다. ❶
따라서 점대칭도형의 둘레는
$7 + 8 + 9 + 7 + 8 + 9 = 48(\text{cm})$입니다. ❷

채점 기준	
❶ 변 ㄱㄴ, 변 ㄷㄹ, 변 ㅁㅂ의 길이 각각 구하기	3점
❷ 점대칭도형의 둘레 구하기	2점

초5 김 ○○ 학생에 대한 **진단명**

갑자기 찾아온 공부 싫어증, 단 하나의 처방은
공부력 향상 프로그램 **피어나다입니다!**

공부력이 향상되는 5 in 1 토탈 에듀 케어

진단검사
한국심리학회 공인
학습·마음 상태 점검

모둠 코칭
또래 친구들과 함께
성장력과 학습전략 UP

1:1 상담
전문 코치가 이끄는
개별 맞춤 코칭

학부모 상담
아이를 이해하는
가정 연계 분석 상담

스마트 플래너
앱으로 완성하는
목표 관리·습관

공부 친구들과 함께하는 원격 수업으로 매일 매일 **공부 생명력이 피어나다**

· 심리학 기반 검증된 성장 코칭 커리큘럼을 통해 자기 주도력 향상
· 석박사 이상 전문 코치의 체계적인 코칭으로 공부 습관 완성
· 교육업계 유일 한국심리학회 인증 진단검사로 개인 맞춤 솔루션 제공

" 내가 공부의 주인공이 되는
피어나다가 궁금하다면?
무료 코칭 받아보기

대표전화 1544-0554

주소 서울특별시 구로구 디지털로33길 48 대륭포스트타워 7차 20층

✛ 개념·플러스·유형·시리즈 개념과 유형이 하나로! 가장 효과적인 수학 공부 방법을 제시합니다.

✛ 개념·플러스·유형·시리즈 개념과 유형이 하나로! 가장 효과적인 수학 공부 방법을 제시합니다.

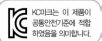

유형 복습 시스템으로 **기본 완성**

라이트 **복습책**

- 개념을 단단하게 다지는 **개념복습**
- 1:1 복습을 통해 기본을 완성하는 **유형복습**

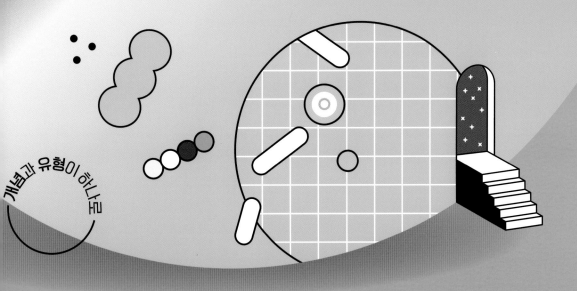

개념과 유형이 하나로

개념+유형

초등 수학

5·2

visang

ABOVE IMAGINATION

우리는 남다른 상상과 혁신으로
교육 문화의 새로운 전형을 만들어
모든 이의 행복한 경험과 성장에 기여한다

개념+유형

라이트

복습책

초등 수학 ——

5·2

개념+유형 라이트

복습책에서는
개념책의 문제를
1:1로 복습합니다

1

수의 범위와 어림하기

1 이상, 이하

(1~6) 수의 범위에 속하는 수를 모두 찾아 ◯표 하시오.

1 9 이상인 수

| 10 | 5 | 7 | 9 | 17 | 8 |

2 8 이하인 수

| 1 | 9 | 8 | 10 | 5 | 14 |

3 24 이상인 수

| 23 | 18 | 29 | 27 | 24 | 22 |

4 17 이하인 수

| 13 | 18 | 17 | 16 | 19 | 21 |

5 38 이상인 수

| 35 | 38 | 37 | 39 | 26 | 34 |

6 46 이하인 수

| 48.7 | 43.6 | 47 | 45.9 |
| 46.8 | 42.1 | 39.4 | 49.2 |

(7~12) 수의 범위를 수직선에 나타내어 보시오.

7 5 이상인 수

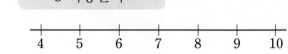

8 12 이하인 수

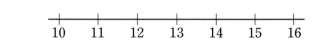

9 18 이상인 수

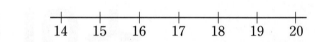

10 25 이하인 수

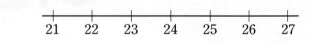

11 31 이상인 수

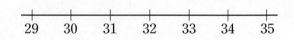

12 39 이하인 수

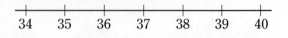

2 초과, 미만

(1~6) 수의 범위에 속하는 수를 모두 찾아 ○표 하시오.

1   15 초과인 수

| 19 | 12 | 14 | 15 | 17 | 21 |

2   28 미만인 수

| 28 | 24 | 33 | 20 | 30 | 27 |

3   32 초과인 수

| 28 | 34 | 33 | 31 | 32 | 35 |

4   41 미만인 수

| 47 | 41 | 30 | 40 | 43 | 39 |

5   24 초과인 수

| 21 | 27 | 26 | 23 | 17 | 25 |

6   20 미만인 수

| 17.1 | 15.8 | 21.2 | 29.3 |
| 18.2 | 25.2 | 16.8 | 19.3 |

(7~12) 수의 범위를 수직선에 나타내어 보시오.

7   7 초과인 수

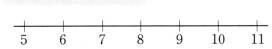

8   15 미만인 수

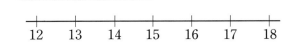

9   21 초과인 수

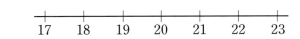

10   29 미만인 수

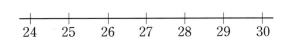

11   33 초과인 수

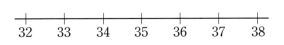

12   36 미만인 수

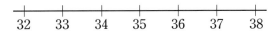

3 수의 범위의 활용

(1~3) 수의 범위를 수직선에 나타내어 보시오.

1
6 이상 10 미만인 수

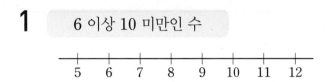

2
33 초과 36 이하인 수

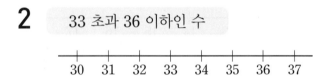

3
50 이상 54 미만인 수

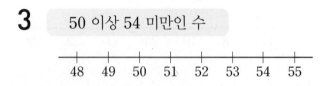

(4~6) 수직선에 나타낸 수의 범위를 써 보시오.

4
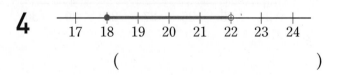
(   )

5
(   )

6
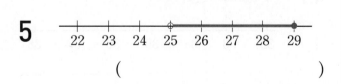
(   )

4 올림

(1~3) 주어진 수를 올림하여 십의 자리까지 나타내어 보시오.

1 245 ⇨ (   )

2 534 ⇨ (   )

3 1082 ⇨ (   )

(4~6) 주어진 수를 올림하여 백의 자리까지 나타내어 보시오.

4 2354 ⇨ (   )

5 6006 ⇨ (   )

6 8149 ⇨ (   )

(7~9) 주어진 수를 올림하여 천의 자리까지 나타내어 보시오.

7 2134 ⇨ (   )

8 4856 ⇨ (   )

9 9278 ⇨ (   )

5 버림

（1~3） 주어진 수를 버림하여 십의 자리까지 나타내어 보시오.

1 345 ⇨ (   )

2 767 ⇨ (   )

3 2159 ⇨ (   )

（4~6） 주어진 수를 버림하여 백의 자리까지 나타내어 보시오.

4 9846 ⇨ (   )

5 4003 ⇨ (   )

6 7258 ⇨ (   )

（7~9） 주어진 수를 버림하여 천의 자리까지 나타내어 보시오.

7 1046 ⇨ (   )

8 4973 ⇨ (   )

9 8507 ⇨ (   )

6 반올림

（1~3） 주어진 수를 반올림하여 십의 자리까지 나타내어 보시오.

1 726 ⇨ (   )

2 474 ⇨ (   )

3 1857 ⇨ (   )

（4~6） 주어진 수를 반올림하여 백의 자리까지 나타내어 보시오.

4 5827 ⇨ (   )

5 3794 ⇨ (   )

6 8047 ⇨ (   )

（7~9） 주어진 수를 반올림하여 천의 자리까지 나타내어 보시오.

7 6457 ⇨ (   )

8 5546 ⇨ (   )

9 9702 ⇨ (   )

1 이상, 이하

1 수를 보고 물음에 답하시오.

19 25 30 40 51

(1) 35 이상인 수를 모두 찾아 써 보시오.

( )

(2) 25 이하인 수를 모두 찾아 써 보시오.

( )

2 20 이상인 수를 모두 찾아 ◯표, 19 이하인 수를 모두 찾아 △표 하시오.

17	18	19	20
21	22	23	24

3 수의 범위를 수직선에 나타내어 보시오.

(1) 9 이상인 수

7 8 9 10 11 12 13 14

(2) 21 이하인 수

17 18 19 20 21 22 23 24

4 정원이네 반 학생들의 몸무게를 조사하여 나타낸 표입니다. 물음에 답하시오.

정원이네 반 학생들의 몸무게

이름	정원	현서	소현
몸무게(kg)	42.5	58.1	46.0
이름	준태	민호	윤아
몸무게(kg)	61.4	52.0	47.2

(1) 몸무게가 52 kg 이상인 학생의 이름을 모두 써 보시오.

( )

(2) 몸무게가 46 kg 이하인 학생의 이름을 모두 써 보시오.

( )

2 초과, 미만

5 수를 보고 물음에 답하시오.

36 42 50 61 74

(1) 50 초과인 수를 모두 찾아 써 보시오.

( )

(2) 45 미만인 수를 모두 찾아 써 보시오.

( )

6 15 초과인 수를 모두 찾아 ◯표, 15 미만인 수를 모두 찾아 △표 하시오.

13	14	15	16
17	18	19	20

7 수의 범위를 수직선에 나타내어 보시오.

(1)   13 초과인 수

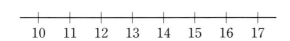

(2)   43 미만인 수

8 윤정이네 반 학생들이 방학 동안 운동한 날수를 조사하여 나타낸 표입니다. 물음에 답하시오.

윤정이네 반 학생들이 방학 동안 운동한 날수

이름	윤정	석현	혜미
날수(일)	41	23	30
이름	수진	동호	철민
날수(일)	16	35	29

(1) 운동한 날수가 30일 초과인 학생의 이름을 모두 써 보시오.

(   )

(2) 운동한 날수가 30일 미만인 학생의 이름을 모두 써 보시오.

(   )

❸ 수의 범위의 활용

9 27 초과 31 이하인 수를 모두 찾아 ○표 하시오.

26	27	28	29
30	31	32	33

10 수의 범위를 수직선에 나타내어 보시오.

(1)   15 이상 19 미만인 수

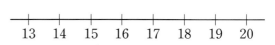

(2)   73 초과 76 이하인 수

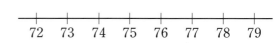

11 승우네 학교 남자 씨름 선수들의 몸무게와 체급별 몸무게를 나타낸 표입니다. 물음에 답하시오.

승우네 학교 남자 씨름 선수들의 몸무게

이름	승우	재환	명진	현호
몸무게(kg)	52.3	49.2	60.0	54.8

체급별 몸무게(초등학교 남학생용)

체급	몸무게(kg)
경장급	40 이하
소장급	40 초과 45 이하
청장급	45 초과 50 이하
용장급	50 초과 55 이하
용사급	55 초과 60 이하
역사급	60 초과 70 이하

(출처: 씨름 경기 규칙, 대한씨름협회, 2022.)

(1) 승우와 같은 체급에 속한 학생의 이름을 써 보시오.

(   )

(2) 명진이가 속한 체급의 몸무게 범위를 수직선에 나타내어 보시오.

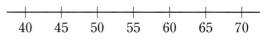

1 45 이하인 수를 모두 찾아 써 보시오.

| 48 | 44.5 | 45.2 | 42 |
| 49 | 39.9 | 46 | 45 |

(   )

2 31 이상인 수를 모두 고르시오. (   )

① $35\frac{1}{4}$ ② 30.8   ③ 21

④ 29.7   ⑤ 31

3 수직선에 나타낸 수의 범위에 속하는 수를 모두 찾아 ○표 하시오.

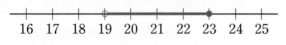

| 24.3 | 19 | 23 | 22.5 | $18\frac{1}{5}$ |

교과서 pick
4 수의 범위를 수직선에 나타내고, 수의 범위에 속하는 자연수를 모두 써 보시오.

34 이상 38 미만인 수

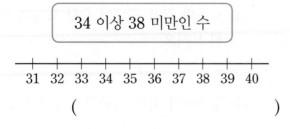

(   )

5 태형이와 민서 중에서 수의 범위에 대해 바르게 설명한 사람은 누구입니까?

- 태형: 60은 60 초과인 수에 포함돼.
- 민서: 47, 48, 49 중에서 49 미만인 수는 47, 48이야.

(   )

6 15세 이상이 관람할 수 있는 영화가 있습니다. 형원이네 가족 중에서 이 영화를 관람할 수 있는 사람을 모두 써 보시오.

형원이네 가족의 나이

가족	아버지	형	어머니	형원
나이(세)	49	15	46	12

(   )

7 통과 제한 높이가 3 m인 터널이 있습니다. 터널을 통과할 수 있는 트럭을 모두 찾아 기호를 써 보시오.

트럭	㉮	㉯	㉰	㉱
높이(cm)	209	300	283	305

(   )

8 8 초과인 수 중 가장 작은 자연수를 구하는 풀이 과정을 쓰고 답을 구해 보시오. [서술형]

풀이 |

_____

_____

_____

답 |

9 46을 포함하는 수의 범위를 모두 찾아 기호를 써 보시오.

> ㉠ 45 이상 47 미만인 수
> ㉡ 46 초과 50 이하인 수
> ㉢ 44 이상 48 이하인 수
> ㉣ 43 초과 46 미만인 수

( )

교과 역량 문제 해결

10 어느 주차장의 주차 요금이 다음과 같을 때 차량별 주차 시간을 보고 주차 요금을 내지 않아도 되는 차량을 모두 찾아 기호를 써 보시오.

주차 요금

주차 시간(분)	주차 요금(원)
30 이하	무료
30 초과 60 이하	2000
60 초과 90 이하	4000
90 초과 120 이하	6000

차량별 주차 시간

자동차	㉠	㉡	㉢	㉣
주차 시간(분)	45	28	65	10

( )

11 우리나라 여러 도시의 2월 최고 기온을 조사하여 나타낸 표입니다. 아래 표를 완성해 보시오.

도시별 2월 최고 기온

도시	인천	포항	태백
기온(℃)	10.0	15.3	8.8
도시	여수	철원	대전
기온(℃)	12.2	9.5	14.1

(출처: 2022년 2월 최고 기온, 기상청, 2022.)

기온(℃)	도시
10 미만	
10 이상 13 미만	
13 이상 16 미만	

12 ☐ 안에 알맞은 자연수를 구해 보시오.

> ☐ 미만인 자연수는 9개입니다.

( )

13 다음 조건을 모두 만족하는 자연수는 몇 개입니까?

> • 82 초과인 수입니다.
> • 87 이하인 수입니다.

( )

4 올림

1 수를 올림하여 천의 자리까지 나타내어 보시오.

(1) 1634 ⇨ (   )

(2) 3276 ⇨ (   )

2 올림하여 주어진 자리까지 나타내어 보시오.

수	십의 자리	백의 자리
143		
605		

3 올림하여 십의 자리까지 나타낸 수가 <u>다른</u> 하나를 찾아 써 보시오.

4823   4818   4829   4821

(   )

4 올림하여 백의 자리까지 나타내면 3000이 되는 수를 찾아 ○표 하시오.

1990   2476   2901   3008

5 버림

5 수를 버림하여 백의 자리까지 나타내어 보시오.

(1) 4369 ⇨ (   )

(2) 6815 ⇨ (   )

6 버림하여 주어진 자리까지 나타내어 보시오.

수	십의 자리	백의 자리
576		
894		

7 버림하여 백의 자리까지 나타낸 수가 <u>다른</u> 하나를 찾아 써 보시오.

927   911   823   929

(   )

8 버림하여 천의 자리까지 나타내면 2000이 되는 수를 모두 찾아 ○표 하시오.

2714   3021   1976   2935

6 반올림

9 수를 반올림하여 천의 자리까지 나타내어 보시오.

(1) 2419 ⇨ (   )

(2) 5778 ⇨ (   )

10 2945를 반올림하여 주어진 자리까지 나타내어 보시오.

십의 자리	백의 자리	천의 자리

11 반올림하여 백의 자리까지 나타내면 200이 되는 수를 모두 고르시오. (   )

① 150   ② 149   ③ 231

④ 275   ⑤ 262

12 크레파스의 길이는 몇 cm인지 반올림하여 일의 자리까지 나타내어 보시오.

(   )

7 올림, 버림, 반올림의 활용

13 빵 864개를 상자에 모두 담으려고 합니다. 상자 한 개에 빵을 100개씩 담을 수 있을 때 상자는 최소 몇 개 필요합니까?

(   )

14 박물관의 요일별 입장객 수를 나타낸 표입니다. 요일별 입장객 수를 반올림하여 백의 자리까지 나타내어 보시오.

요일별 입장객 수

요일	월	화	수
입장객 수(명)	4219	7865	5346
반올림한 입장객 수(명)			

15 민정이와 규민이는 24500원짜리 케이크를 각각 사고 지폐로 케이크 값을 내려고 합니다. 민정이는 1000원짜리 지폐만 내고, 규민이는 10000원짜리 지폐만 낸다면 두 사람은 각각 최소 얼마를 내야 합니까?

민정 (   )

규민 (   )

16 주어진 상황에서 사용한 어림 방법을 찾아 ◯표 하시오.

슬기는 은행에서 동전 15630원을 지폐 15000원으로 바꿨습니다.

(올림 , 버림 , 반올림)

1 올림하여 주어진 자리까지 나타내어 보시오.

수	소수 둘째 자리	소수 첫째 자리
4.537		
9.186		

2 각각의 수를 버림하여 천의 자리까지 나타낸 것입니다. 바르게 나타낸 사람은 누구입니까?

> • 명진: 14900 ⇨ 15000
> • 민현: 23500 ⇨ 24000
> • 영호: 36800 ⇨ 36000

( )

3 반올림하여 천의 자리까지 나타냈을 때 30000이 되는 수를 찾아 ○표 하시오.

2409	3705	2841	3500

4 오늘 야구장에 입장한 관람객 수는 14579명입니다. 관람객 수를 각각 올림, 버림, 반올림하여 만의 자리까지 나타내어 보시오.

관람객 수(명)	올림	버림	반올림
14579			

5 어림한 수의 크기를 비교하여 ○ 안에 >, =, <를 알맞게 써넣으시오.

> 8130을 버림하여 백의 자리까지 나타낸 수

○

> 8127을 올림하여 십의 자리까지 나타낸 수

6 은희네 모둠 학생들의 멀리뛰기 기록을 조사하여 나타낸 표입니다. 멀리뛰기 기록을 반올림하여 일의 자리까지 나타낼 때, 반올림한 기록이 은희와 같은 학생은 누구입니까?

은희네 모둠 학생들의 멀리뛰기 기록

이름	은희	이슬	태우	동현
기록(cm)	124.3	134.2	124.6	123.8

( )

개념 확인 **서술형**

7 반올림을 <u>잘못한</u> 친구의 이름을 쓰고, <u>잘못된</u> 부분을 찾아 바르게 고쳐 보시오.

> • 연아: 내 몸무게는 42.6 kg이야.
>   반올림하여 일의 자리까지 나타내면
>   43 kg이지.
> • 태오: 우리 학교 학생 수 475명을 반올림하여 십의 자리까지 나타내면
>   470명이야.

답 |

8 3147을 버림하여 나타낼 수 <u>없는</u> 수를 찾아 써 보시오.

| 3000 | 3100 | 3170 | 3140 |

( )

9 5206을 올림하여 백의 자리까지 나타낸 수와 버림하여 천의 자리까지 나타낸 수의 차를 구해 보시오.

( )

교과서 pick

10 다음 네 자리 수를 반올림하여 십의 자리까지 나타내면 8540입니다. ☐ 안에 들어갈 수 있는 수를 모두 구해 보시오.

| 854☐ |

( )

교과서 pick

11 버림하여 백의 자리까지 나타내면 2100이 되는 자연수 중에서 가장 큰 수를 써 보시오.

( )

12 어림하는 방법이 <u>다른</u> 한 사람을 찾아 이름을 써 보시오.

- 민기: 지우개 1230개를 100개씩 상자에 담아 포장한다면 몇 개까지 포장할 수 있을까?
- 현서: 423.8 cm인 길이를 1 cm 단위로 가까운 쪽의 눈금을 읽으면 몇 cm일까?
- 지우: 동전 29540원을 1000원짜리 지폐로 바꾼다면 얼마까지 바꿀 수 있을까?

( )

13 다음 수를 올림하여 백의 자리까지 나타내면 3600입니다. ☐ 안에 알맞은 수를 써넣으시오.

| ☐☐42 |

교과 역량 정보 처리

14 다음 〈조건〉을 모두 만족하는 자연수는 몇 개입니까?

┌─〈조건〉──────────────
· 74 이상 85 미만인 수입니다.
· 올림하여 십의 자리까지 나타내면 80이 되는 수입니다.
└──────────────────────

( )

1단원

1. 수의 범위와 어림하기 **15**

1 수 카드 4장을 한 번씩 모두 사용하여 가장 큰 소수 두 자리 수를 만들었습니다. 만든 소수를 올림하여 소수 첫째 자리까지 나타내어 보시오.

7   4   2   6

(   )

3 어떤 자연수를 반올림하여 십의 자리까지 나타내었더니 420이 되었습니다. 어떤 자연수가 될 수 있는 수의 범위를 이상과 미만을 이용하여 나타내어 보시오.

(   )

교과서 **pick**

2 윤아는 엄마, 아빠와 함께 미술관에 가려고 합니다. 윤아, 엄마, 아빠는 각각 11세, 46세, 48세일 때 세 사람의 입장료는 모두 얼마인지 구해 보시오.

나이별 미술관 입장료

나이(세)	입장료(원)
7 초과 13 이하	1000
13 초과 18 이하	1500
18 초과 65 이하	3000
65 초과	2000

※ 7세 이하 입장료 무료

(   )

교과서 **pick**

4 어느 연극 동아리 회원들은 버스를 빌려 연극을 보러 가기로 했습니다. 30인승 버스가 적어도 2대 필요하다면 연극을 보러 가는 회원은 몇 명 이상 몇 명 이하인지 구해 보시오.

(   )

2

분수의 곱셈

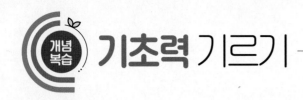

1 (진분수) × (자연수)

《1~10》 계산해 보시오.

1   $\frac{3}{7} \times 4$

2   $\frac{5}{9} \times 3$

3   $\frac{5}{12} \times 8$

4   $\frac{3}{8} \times 10$

5   $\frac{7}{18} \times 15$

6   $\frac{3}{5} \times 2$

7   $\frac{2}{3} \times 7$

8   $\frac{7}{10} \times 4$

9   $\frac{5}{16} \times 20$

10   $\frac{8}{21} \times 9$

2 (대분수) × (자연수)

《1~10》 계산해 보시오.

1   $1\frac{1}{3} \times 5$

2   $3\frac{3}{4} \times 2$

3   $1\frac{5}{7} \times 14$

4   $2\frac{3}{8} \times 6$

5   $3\frac{1}{5} \times 7$

6   $1\frac{2}{7} \times 4$

7   $2\frac{5}{9} \times 6$

8   $2\frac{3}{13} \times 3$

9   $2\frac{5}{12} \times 12$

10   $1\frac{7}{20} \times 5$

3 (자연수) × (진분수)

⟨1~10⟩ 계산해 보시오.

1 $2 \times \dfrac{4}{9}$

2 $4 \times \dfrac{2}{5}$

3 $6 \times \dfrac{7}{15}$

4 $15 \times \dfrac{11}{20}$

5 $14 \times \dfrac{18}{35}$

6 $10 \times \dfrac{1}{3}$

7 $9 \times \dfrac{5}{6}$

8 $12 \times \dfrac{3}{4}$

9 $18 \times \dfrac{7}{24}$

10 $40 \times \dfrac{2}{15}$

4 (자연수) × (대분수)

⟨1~10⟩ 계산해 보시오.

1 $5 \times 1\dfrac{1}{2}$

2 $9 \times 3\dfrac{2}{3}$

3 $12 \times 1\dfrac{5}{8}$

4 $6 \times 2\dfrac{1}{5}$

5 $27 \times 3\dfrac{4}{9}$

6 $4 \times 2\dfrac{3}{10}$

7 $9 \times 1\dfrac{5}{12}$

8 $14 \times 1\dfrac{5}{14}$

9 $10 \times 2\dfrac{2}{15}$

10 $18 \times 2\dfrac{5}{12}$

5 (진분수) × (진분수)

《1~20》 계산해 보시오.

1 $\dfrac{1}{2} \times \dfrac{1}{3}$

2 $\dfrac{1}{6} \times \dfrac{1}{5}$

3 $\dfrac{1}{3} \times \dfrac{1}{9}$

4 $\dfrac{1}{4} \times \dfrac{1}{8}$

5 $\dfrac{1}{7} \times \dfrac{1}{7}$

6 $\dfrac{1}{11} \times \dfrac{1}{4}$

7 $\dfrac{1}{8} \times \dfrac{1}{10}$

8 $\dfrac{1}{14} \times \dfrac{1}{2}$

9 $\dfrac{1}{12} \times \dfrac{1}{6}$

10 $\dfrac{1}{15} \times \dfrac{1}{10}$

11 $\dfrac{2}{3} \times \dfrac{4}{5}$

12 $\dfrac{3}{8} \times \dfrac{5}{7}$

13 $\dfrac{3}{7} \times \dfrac{7}{9}$

14 $\dfrac{9}{10} \times \dfrac{5}{8}$

15 $\dfrac{2}{3} \times \dfrac{9}{14}$

16 $\dfrac{9}{10} \times \dfrac{5}{12}$

17 $\dfrac{3}{16} \times \dfrac{8}{9}$

18 $\dfrac{4}{15} \times \dfrac{9}{16}$

19 $\dfrac{9}{20} \times \dfrac{14}{15}$

20 $\dfrac{15}{16} \times \dfrac{20}{21}$

6 **(대분수) × (대분수)**

（1~10）계산해 보시오.

1 $1\frac{1}{6} \times 2\frac{1}{2}$

2 $1\frac{5}{6} \times 2\frac{2}{5}$

3 $2\frac{2}{7} \times 2\frac{1}{10}$

4 $4\frac{5}{8} \times 2\frac{2}{3}$

5 $3\frac{3}{4} \times 1\frac{1}{12}$

6 $3\frac{7}{11} \times 4\frac{2}{5}$

7 $4\frac{1}{6} \times 1\frac{3}{10}$

8 $3\frac{5}{9} \times 2\frac{13}{16}$

9 $5\frac{5}{8} \times 2\frac{2}{27}$

10 $1\frac{7}{10} \times 2\frac{6}{7}$

7 **세 분수의 곱셈**

（1~10）계산해 보시오.

1 $\frac{1}{4} \times \frac{1}{2} \times \frac{3}{8}$

2 $\frac{5}{9} \times 6 \times \frac{3}{7}$

3 $\frac{3}{5} \times \frac{2}{7} \times \frac{1}{4}$

4 $\frac{3}{8} \times \frac{1}{9} \times \frac{1}{2}$

5 $\frac{3}{4} \times \frac{2}{5} \times \frac{2}{9}$

6 $12 \times \frac{1}{5} \times \frac{4}{9}$

7 $\frac{5}{6} \times \frac{3}{5} \times \frac{4}{5}$

8 $\frac{4}{7} \times \frac{3}{11} \times \frac{7}{8}$

9 $\frac{4}{15} \times \frac{3}{4} \times 3\frac{1}{3}$

10 $\frac{2}{21} \times 2\frac{5}{6} \times \frac{3}{5}$

1 (진분수) × (자연수)

1 □ 안에 알맞은 수를 써넣으시오.

(1) $\dfrac{5}{8} \times 4 = \dfrac{5 \times 4}{8} = \dfrac{\square}{8}\overset{}{\cancel{20}}$

$= \dfrac{\square}{\square} = \square\dfrac{\square}{\square}$

(2) $\dfrac{3}{\cancel{14}} \times \cancel{21} = \dfrac{3 \times \square}{\square} = \dfrac{\square}{\square}$

$= \square\dfrac{\square}{\square}$

2 계산해 보시오.

(1) $\dfrac{7}{10} \times 25$ (2) $\dfrac{5}{18} \times 24$

3 빈칸에 알맞은 수를 써넣으시오.

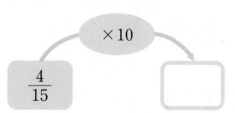

4 승범이는 하루에 우유를 $\dfrac{3}{10}$ L씩 마십니다. 5일 동안 마신 우유는 모두 몇 L입니까?

식 |

답 |

2 (대분수) × (자연수)

5 □ 안에 알맞은 수를 써넣으시오.

$1\dfrac{2}{5} \times 2 = (\square \times 2) + \left(\dfrac{\square}{\square} \times 2\right)$

$= \square + \dfrac{\square}{\square} = \square\dfrac{\square}{\square}$

6 계산해 보시오.

(1) $1\dfrac{5}{6} \times 4$ (2) $1\dfrac{5}{8} \times 2$

7 빈칸에 알맞은 수를 써넣으시오.

$2\dfrac{4}{9}$ ▶ $\times 6$ ▶ □

8 사과 한 상자의 무게는 $2\dfrac{3}{4}$ kg입니다. 사과 12상자의 무게는 몇 kg입니까?

식 |

답 |

3 (자연수) × (진분수)

9 ☐ 안에 알맞은 수를 써넣으시오.

(1) $16 \times \dfrac{5}{12} = \dfrac{16 \times 5}{12} = \dfrac{80}{12}$

$= \dfrac{\boxed{}}{\boxed{}} = \boxed{}\dfrac{\boxed{}}{\boxed{}}$

(2) $\overset{\boxed{}}{10} \times \dfrac{8}{\underset{\boxed{}}{15}} = \dfrac{\boxed{} \times 8}{\boxed{}} = \dfrac{\boxed{}}{\boxed{}}$

$= \boxed{}\dfrac{\boxed{}}{\boxed{}}$

10 계산해 보시오.

(1) $21 \times \dfrac{3}{7}$ (2) $18 \times \dfrac{7}{12}$

11 빈칸에 알맞은 수를 써넣으시오.

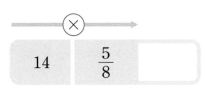

12 성호는 선물을 포장하는 데 끈 8 m의 $\dfrac{3}{4}$ 을 사용했습니다. 사용한 끈은 몇 m입니까?

식 |

답 |

4 (자연수) × (대분수)

13 ☐ 안에 알맞은 수를 써넣으시오.

$3 \times 2\dfrac{2}{7} = \left(3 \times \boxed{}\right) + \left(3 \times \dfrac{\boxed{}}{\boxed{}}\right)$

$= \boxed{} + \dfrac{\boxed{}}{\boxed{}} = \boxed{}\dfrac{\boxed{}}{\boxed{}}$

14 계산해 보시오.

(1) $8 \times 2\dfrac{1}{6}$ (2) $16 \times 1\dfrac{5}{6}$

15 빈칸에 알맞은 수를 써넣으시오.

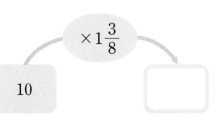

16 은희는 구슬을 27개 가지고 있고, 영준이는 은희가 가진 구슬의 $1\dfrac{2}{9}$ 배를 가지고 있습니다. 영준이가 가지고 있는 구슬은 몇 개입니까?

식 |

답 |

1 계산해 보시오.

(1) $\dfrac{3}{7} \times 14$

(2) $10 \times \dfrac{8}{15}$

2 빈칸에 두 수의 곱을 써넣으시오.

4	$1\dfrac{5}{14}$

3 계산 결과가 같은 것끼리 선으로 이어 보시오.

$\dfrac{3}{10} \times 8$ •

$1\dfrac{1}{2} \times 6$ •

$2\dfrac{3}{4} \times 6$ •

• $\dfrac{8}{10} \times 3$

• $\dfrac{11}{2} \times 3$

• $\dfrac{3}{2} \times 6$

4 빈칸에 알맞은 수를 써넣으시오.

$24 \xrightarrow{\times \frac{5}{8}} \boxed{} \xrightarrow{\times \frac{7}{10}} \boxed{}$

5 가장 큰 수와 가장 작은 수의 곱을 구해 보시오.

$\dfrac{1}{6}$	30	$\dfrac{1}{3}$

(   )

개념 확인 **서술형**

6 바르게 계산한 사람은 누구인지 찾아 이름을 쓰고, (진분수)×(자연수)의 계산 방법을 써 보시오.

• 민주: $\dfrac{4}{7} \times 5 = \dfrac{4 \times 5}{7 \times 5} = \dfrac{20}{35} = \dfrac{4}{7}$

• 예서: $\dfrac{4}{7} \times 5 = \dfrac{4}{7 \times 5} = \dfrac{4}{35}$

• 성우: $\dfrac{4}{7} \times 5 = \dfrac{4 \times 5}{7} = \dfrac{20}{7} = 2\dfrac{6}{7}$

답 |

7 계산 결과의 크기를 비교하여 ○ 안에 >, =, <를 알맞게 써넣으시오.

$$5 \times 1\frac{5}{7} \bigcirc 2\frac{2}{9} \times 3$$

교과 역량 문제 해결, 추론

8 계산 결과가 6보다 큰 식에 ○표, 6보다 작은 식에 △표 하시오.

$$6 \times \frac{1}{4} \qquad 6 \times 1 \qquad 6 \times \frac{5}{7} \qquad 6 \times 3\frac{1}{4}$$

교과서 pick

9 □ 안에 들어갈 수 있는 자연수는 모두 몇 개입니까?

$$\square < \frac{3}{8} \times 12$$

(   )

10 한 변의 길이가 $1\frac{5}{9}$ cm인 정삼각형이 있습니다. 이 정삼각형의 둘레는 몇 cm입니까?

(   )

11 직사각형의 넓이는 몇 cm²입니까?

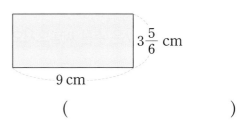

(   )

12 해주와 호재가 가진 끈 중 누가 가진 끈이 몇 cm 더 깁니까?

- 해주: 내 끈의 길이는 70 cm야.
- 호재: 내 끈의 길이는 네 끈의 길이의 $\frac{5}{14}$야.

(,   )

교과 역량 추론, 창의·융합

13 바르게 말한 사람을 찾아 이름을 써 보시오.

- 용우: 1 L의 $\frac{1}{4}$은 200 mL야.
- 태희: 1 m의 $\frac{1}{5}$은 25 cm야.
- 지수: 1시간의 $\frac{1}{3}$은 20분이야.

(   )

5 **(진분수) × (진분수)**

1 □ 안에 알맞은 수를 써넣으시오.

(1) $\dfrac{1}{7} \times \dfrac{1}{2} = \dfrac{1}{\boxed{} \times \boxed{}} = \dfrac{\boxed{}}{\boxed{}}$

(2) $\dfrac{\overset{1}{\cancel{5}}}{6} \times \dfrac{7}{\underset{\boxed{}}{\cancel{10}}} = \dfrac{\boxed{} \times 7}{6 \times \boxed{}} = \dfrac{\boxed{}}{\boxed{}}$

2 계산해 보시오.

(1) $\dfrac{7}{9} \times \dfrac{3}{8}$

(2) $\dfrac{5}{12} \times \dfrac{3}{4}$

3 빈칸에 알맞은 수를 써넣으시오.

$$\boxed{\dfrac{8}{9}} \Rightarrow \boxed{\times \dfrac{3}{4}} \Rightarrow \boxed{}$$

4 성재는 설탕 $\dfrac{5}{8}$ kg의 $\dfrac{3}{5}$을 사용하여 딸기잼을 만들었습니다. 성재가 사용한 설탕은 몇 kg입니까?

식 |

답 |

6 **(대분수) × (대분수)**

5 □ 안에 알맞은 수를 써넣으시오.

$1\dfrac{3}{4} \times 3\dfrac{1}{2} = \left(1\dfrac{3}{4} \times 3\right) + \left(1\dfrac{3}{4} \times \dfrac{1}{2}\right)$

$= \left(\dfrac{\boxed{}}{4} \times 3\right) + \left(\dfrac{\boxed{}}{4} \times \dfrac{\boxed{}}{2}\right)$

$= \dfrac{\boxed{}}{4} + \dfrac{\boxed{}}{8} = \dfrac{\boxed{}}{\boxed{}}$

$= \boxed{}\dfrac{\boxed{}}{\boxed{}}$

6 계산해 보시오.

(1) $1\dfrac{3}{5} \times 3\dfrac{1}{4}$

(2) $2\dfrac{2}{3} \times 4\dfrac{1}{6}$

7 빈칸에 알맞은 수를 써넣으시오.

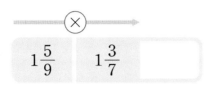

8 민재는 물을 $1\frac{1}{4}$ L 마셨고, 지효는 민재가 마신 물의 양의 $1\frac{2}{5}$ 배만큼 마셨습니다. 지효가 마신 물의 양은 몇 L입니까?

식 |

답 |

---

7 세 분수의 곱셈

9 □ 안에 알맞은 수를 써넣으시오.

$$\frac{1}{5} \times \frac{5}{7} \times \frac{1}{8} = \left(\frac{1}{5} \times \frac{5}{7}\right) \times \frac{1}{\square}$$

$$= \frac{\square}{\square} \times \frac{\square}{\square} = \frac{\square}{\square}$$

10 계산해 보시오.

(1) $\frac{5}{6} \times 9 \times \frac{1}{4}$

(2) $\frac{2}{5} \times \frac{7}{9} \times 18$

11 빈칸에 알맞은 수를 써넣으시오.

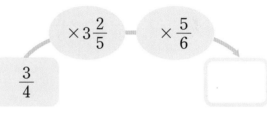

12 민호는 밀가루 $\frac{7}{8}$ kg의 $\frac{1}{3}$ 을 사용하여 빵을 만들었습니다. 만든 빵의 $\frac{4}{7}$ 가 팥빵이었다면 팥빵을 만드는 데 사용한 밀가루의 무게는 몇 kg 입니까?

식 |

답 |

1 계산해 보시오.

(1) $\dfrac{1}{9} \times \dfrac{1}{10}$

(2) $\dfrac{11}{24} \times \dfrac{8}{9}$

2 빈칸에 두 분수의 곱을 써넣으시오.

$$3\dfrac{1}{2} \quad 2\dfrac{2}{5}$$

3 세 분수의 곱을 구해 보시오.

$$\dfrac{8}{9} \qquad \dfrac{3}{5} \qquad \dfrac{1}{2}$$

( )

4 ○ 안에 >, =, <를 알맞게 써넣으시오.

$$\dfrac{8}{21} \times \dfrac{1}{5} \;\bigcirc\; \dfrac{8}{21} \times \dfrac{1}{9}$$

5 계산 결과가 더 작은 것에 ○표 하시오.

$$\dfrac{1}{8} \times \dfrac{1}{4} \qquad\qquad \dfrac{1}{5} \times \dfrac{1}{6}$$

( ) ( )

6 계산 결과가 자연수인 것을 찾아 기호를 써 보시오.

$$\bigcirc \; 1\dfrac{1}{3} \times 3\dfrac{3}{5} \qquad \bigcirc \; 2\dfrac{1}{4} \times 2\dfrac{2}{3}$$

$$\bigcirc \; 3\dfrac{3}{8} \times 1\dfrac{1}{9} \qquad \textcircled{\scriptsize ㄹ} \; 1\dfrac{5}{6} \times 1\dfrac{2}{7}$$

( )

교과 역량 추론, 의사소통   개념 확인 **서술형**

7 잘못 계산한 곳을 찾아 이유를 쓰고, 바르게 계산해 보시오.

$$2\dfrac{\overset{1}{\cancel{3}}}{5} \times 1\dfrac{1}{\underset{3}{\cancel{9}}} = \dfrac{11}{5} \times \dfrac{4}{3} = \dfrac{44}{15} = 2\dfrac{14}{15}$$

이유 |

바른 계산 |

8 ㉠과 ㉡의 계산 결과의 차를 구해 보시오.

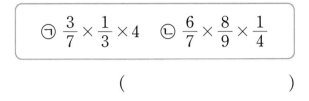

$$㉠ \ \frac{3}{7} \times \frac{1}{3} \times 4 \qquad ㉡ \ \frac{6}{7} \times \frac{8}{9} \times \frac{1}{4}$$

( )

9 어떤 수는 $\frac{3}{7}$의 $\frac{5}{9}$입니다. 어떤 수의 $\frac{9}{10}$는 얼마입니까?

( )

교과 역량 문제 해결, 추론

10 수 카드 5장 중 2장을 골라 분수의 곱셈식을 만들려고 합니다. 계산 결과가 가장 작게 되도록 ☐ 안에 알맞은 수를 써넣고, 계산한 값을 구해 보시오.

$$\boxed{2} \quad \boxed{3} \quad \boxed{6} \quad \boxed{7} \quad \boxed{9}$$

$$\frac{1}{\boxed{}} \times \frac{1}{\boxed{}}$$

( )

11 도형에서 색칠한 부분의 넓이는 몇 m²입니까?

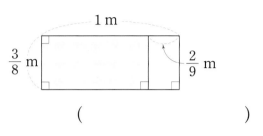

( )

12 지우네 학교 5학년 학생 수는 전체 학생의 $\frac{1}{6}$입니다. 5학년의 $\frac{4}{7}$는 여학생이고, 그중 $\frac{3}{10}$은 농구를 좋아합니다. 농구를 좋아하는 5학년 여학생은 전체 학생의 몇 분의 몇입니까?

( )

교과서 pick

13 수 카드 3장을 모두 한 번씩만 사용하여 대분수를 만들려고 합니다. 만들 수 있는 가장 큰 대분수와 가장 작은 대분수의 곱을 구해 보시오.

( )

교과서 pick

1 소혜는 1시간에 $3\frac{1}{5}$ km를 걷습니다. 소혜가 같은 빠르기로 2시간 45분 동안 갈 수 있는 거리는 몇 km인지 구해 보시오.

( )

2 어떤 수에 $\frac{5}{9}$ 를 곱해야 할 것을 잘못하여 더했더니 $2\frac{8}{9}$ 이 되었습니다. 바르게 계산한 값은 얼마인지 구해 보시오.

( )

3 수 카드 7장 중 6장을 골라 모두 한 번씩만 사용하여 3개의 진분수를 만들어 세 분수의 곱셈을 하려고 합니다. 계산 결과가 가장 작을 때, 계산한 값을 구해 보시오.

2 3 5 6 7 8 9

( )

4 한희는 어제 색종이 한 상자의 $\frac{1}{4}$ 을 사용하고, 오늘은 어제 사용하고 남은 색종이의 $\frac{1}{6}$ 을 사용했습니다. 한 상자에 색종이가 200장 들어 있을 때, 한희가 어제와 오늘 사용한 색종이는 모두 몇 장인지 구해 보시오.

( )

실력 확인 [평가책] 단원 평가 10~15쪽 | 서술형 평가 16~17쪽

3

합동과 대칭

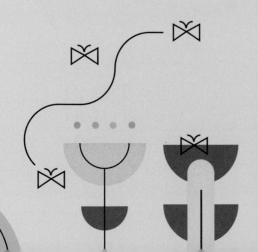

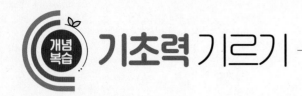

1 도형의 합동

(1~6) 왼쪽 도형과 서로 합동인 도형을 찾아 ◯표 하시오.

1
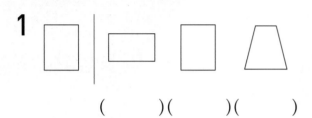

( )( )( )

2

( )( )( )

3
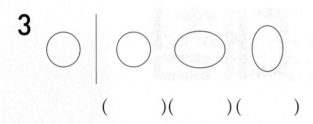

( )( )( )

4
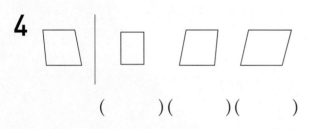

( )( )( )

5

( )( )( )

6
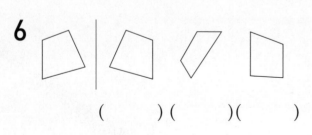

( )( )( )

2 합동인 도형의 성질

(1~4) 두 도형은 서로 합동입니다. 대응점, 대응변, 대응각을 각각 찾아 써 보시오.

1
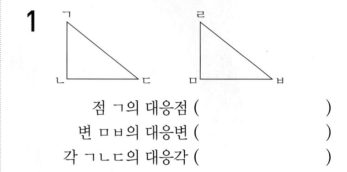

점 ㄱ의 대응점 ( )
변 ㅁㅂ의 대응변 ( )
각 ㄱㄴㄷ의 대응각 ( )

2
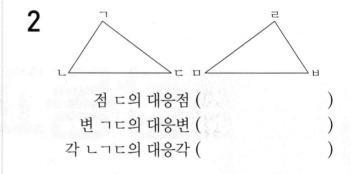

점 ㄷ의 대응점 ( )
변 ㄱㄷ의 대응변 ( )
각 ㄴㄱㄷ의 대응각 ( )

3
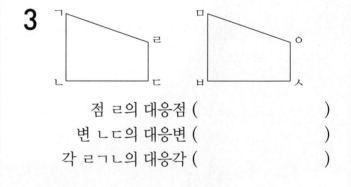

점 ㄹ의 대응점 ( )
변 ㄴㄷ의 대응변 ( )
각 ㄹㄱㄴ의 대응각 ( )

4
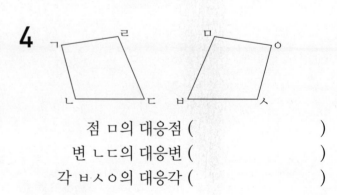

점 ㅁ의 대응점 ( )
변 ㄴㄷ의 대응변 ( )
각 ㅂㅅㅇ의 대응각 ( )

3 선대칭도형

(1~6) 선대칭도형이면 ◯표, 선대칭도형이 아니면 ✕표 하시오.

1
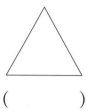
(   )

2
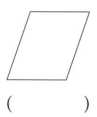
(   )

3
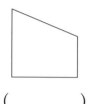
(   )

4
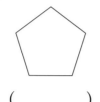
(   )

5
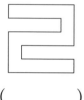
(   )

6

(   )

(7~8) 다음 도형은 선대칭도형입니다. 대칭축을 모두 그어 보시오.

7
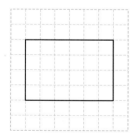

8
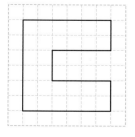

4 선대칭도형의 성질

(1~2) 직선 ㄱㄴ을 대칭축으로 하는 선대칭도형입니다. ☐ 안에 알맞은 수를 써넣으시오.

1
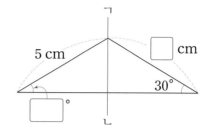

2
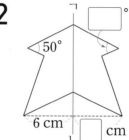

(3~4) 직선 ㄱㄴ을 대칭축으로 하는 선대칭도형을 완성해 보시오.

3
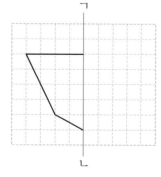

4
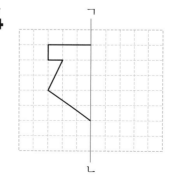

5 점대칭도형

(1~6) 점대칭도형이면 ◯표, 점대칭도형이 아니면 ✕표 하시오.

1

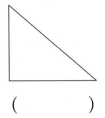

(   )

2

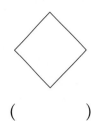

(   )

3

(   )

4

(   )

5

(   )

6

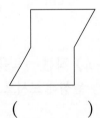

(   )

(7~8) 다음 도형은 점대칭도형입니다. 대칭의 중심을 찾아 표시해 보시오.

7

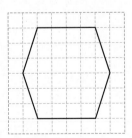

8

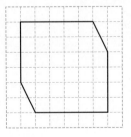

6 점대칭도형의 성질

(1~2) 점 ○을 대칭의 중심으로 하는 점대칭도형입니다. ☐ 안에 알맞은 수를 써넣으시오.

1

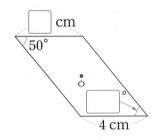

2

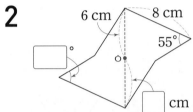

(3~4) 점 ○을 대칭의 중심으로 하는 점대칭도형을 완성해 보시오.

3

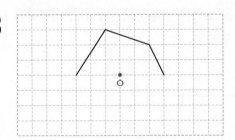

4

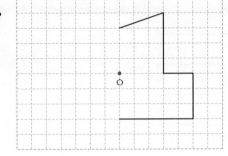

1 도형의 합동

1 색종이를 이용하여 별 모양 2개를 만들었습니다. 이 별 모양처럼 모양과 크기가 같아서 포개었을 때 완전히 겹치는 두 도형을 무엇이라고 합니까?

(   )

2 왼쪽 도형과 서로 합동인 도형을 찾아 ○표 하시오.

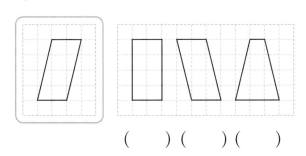

(   ) (   ) (   )

3 서로 합동인 도형을 모두 찾아 써 보시오.

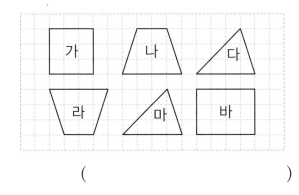

(   )

4 주어진 도형과 서로 합동인 도형을 그려 보시오.

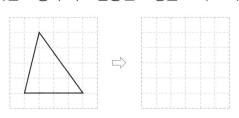

2 합동인 도형의 성질

5 두 삼각형은 서로 합동입니다. 대응점, 대응변, 대응각을 각각 찾아 써 보시오.

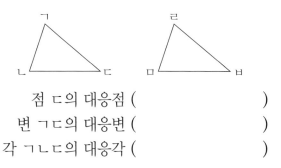

점 ㄷ의 대응점 (   )
변 ㄱㄷ의 대응변 (   )
각 ㄱㄴㄷ의 대응각 (   )

6 두 사각형은 서로 합동입니다. 대응점, 대응변, 대응각이 각각 몇 쌍 있는지 ☐ 안에 알맞은 수를 써넣으시오.

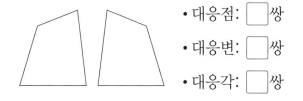

• 대응점: ☐쌍
• 대응변: ☐쌍
• 대응각: ☐쌍

7 두 도형은 서로 합동입니다. ☐ 안에 알맞은 수를 써넣으시오.

(1)
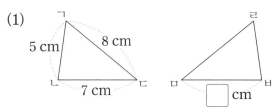

5 cm   8 cm   7 cm   ☐ cm

(2)
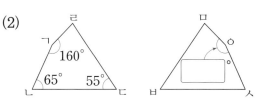

160°   65°   55°   ☐°

3
단원

1 서로 합동인 도형을 모두 찾아 □ 안에 알맞게 써넣으시오.

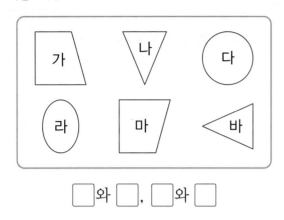

□ 와 □ , □ 와 □

2 두 삼각형은 서로 합동입니다. 표를 완성해 보시오.

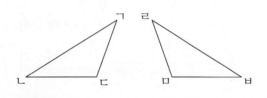

대응점	점 ㄴ	
대응변	변 ㄱㄴ	
대응각	각 ㄴㄱㄷ	

3 주어진 도형과 서로 합동인 도형을 그려 보시오.

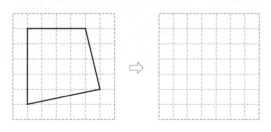

4 직사각형 모양의 종이 위에 선을 그어 서로 합동인 도형 2개로 만들어 보시오.

5 두 도형은 서로 합동입니다. □ 안에 알맞은 수를 써넣으시오.

(1)
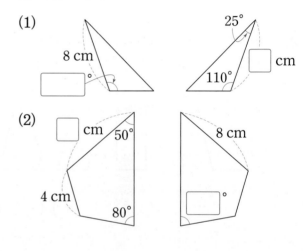

(2)

개념 확인 **서술형**

6 합동인 도형에 대해 잘못 설명한 사람의 이름을 쓰고, 그 이유를 써 보시오.

- 정수: 서로 합동인 두 도형에서 각각의 대응각의 크기는 서로 같아.
- 연아: 두 사각형의 둘레가 같으면 두 사각형은 서로 합동이야.

답 |

_____

_____

_____

7 교과 역량 추론, 창의·융합

민지네 집의 부엌에서 깨진 타일을 새 타일로 바꾸어 붙이려고 합니다. 두 타일 중에서 바꾸어 붙일 수 있는 타일을 써 보시오.

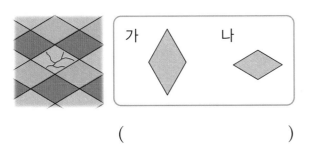

( )

8 우리나라에서 사용하고 있는 교통안전 표지판입니다. 모양이 서로 합동인 표지판을 모두 찾아 써 보시오. (단, 표지판의 색깔과 표지판 안의 그림은 생각하지 않습니다.)

( )

9 교과서 pick

두 사각형은 서로 합동입니다. 사각형 ㄱㄴㄷㄹ의 둘레는 몇 cm입니까?

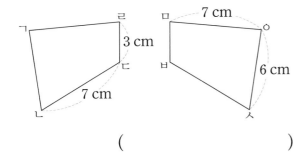

( )

10 삼각형 ㄱㄴㄷ과 삼각형 ㄹㅁㅂ은 서로 합동입니다. 삼각형 ㄹㅁㅂ의 넓이는 몇 cm^2입니까?

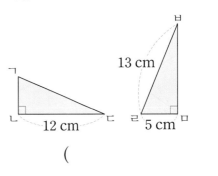

( )

11 합동인 두 삼각형에 대해 바르게 말한 사람은 누구입니까?

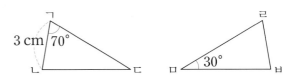

- 나희: 각 ㄹㅂㅁ의 크기는 75°야.
- 선우: 변 ㄱㄷ의 대응변은 변 ㅁㅂ이야.
- 우재: 변 ㄹㅂ의 길이는 3 cm야.

( )

12 교과 역량 문제 해결

삼각형 ㄱㄴㅁ과 삼각형 ㄹㅁㄷ은 서로 합동입니다. 사각형 ㄱㄴㄷㄹ의 둘레는 몇 cm입니까?

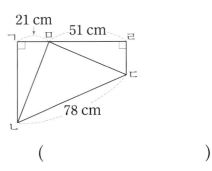

( )

3 선대칭도형

1 선대칭도형을 모두 찾아 ◯표 하시오.

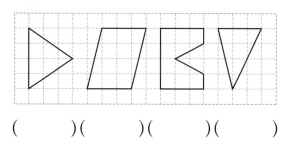

(   ) (   ) (   ) (   )

2 다음 도형은 선대칭도형입니다. 대칭축을 모두 그어 보고, 대칭축이 몇 개인지 써 보시오.

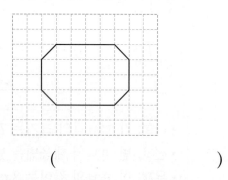

(   )

3 직선 ㅅㅇ을 대칭축으로 하는 선대칭도형입니다. 대응점, 대응변, 대응각을 각각 찾아 써 보시오.

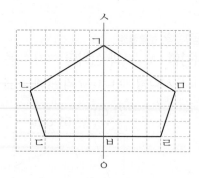

점 ㄴ의 대응점 (   )
변 ㄷㅂ의 대응변 (   )
각 ㄱㄴㄷ의 대응각 (   )

4 선대칭도형의 성질

4 직선 ㅅㅇ을 대칭축으로 하는 선대칭도형입니다. 물음에 답하시오.

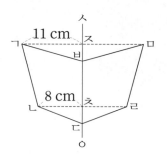

(1) 각 ㄴㅊㅂ은 몇 도입니까?

(   )

(2) 선분 ㅁㅈ은 몇 cm입니까?

(   )

(3) 선분 ㄹㅊ은 몇 cm입니까?

(   )

5 직선 ㄱㄴ을 대칭축으로 하는 선대칭도형입니다. ☐ 안에 알맞은 수를 써넣으시오.

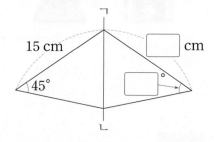

6 직선 ㄱㄴ을 대칭축으로 하는 선대칭도형을 완성해 보시오.

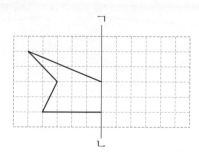

5 점대칭도형

7 점대칭도형을 모두 고르시오. ( )

①

②

③

④

⑤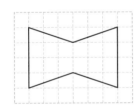

8 다음 도형은 점대칭도형입니다. 대칭의 중심을 찾아 표시해 보시오.

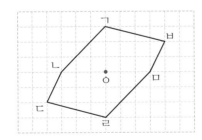

9 점 ㅇ을 대칭의 중심으로 하는 점대칭도형입니다. 대응점, 대응변, 대응각을 각각 찾아 써 보시오.

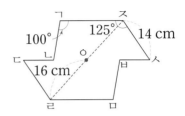

점 ㄴ의 대응점 ( )

변 ㄷㄹ의 대응변 ( )

각 ㄱㄴㄷ의 대응각 ( )

6 점대칭도형의 성질

10 점 ㅇ을 대칭의 중심으로 하는 점대칭도형입니다. 물음에 답하시오.

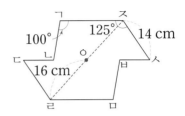

(1) 변 ㄷㄹ은 몇 cm입니까?

( )

(2) 각 ㄷㄹㅁ은 몇 도입니까?

( )

(3) 선분 ㅇㅈ은 몇 cm입니까?

( )

11 점 ㅇ을 대칭의 중심으로 하는 점대칭도형입니다. ☐ 안에 알맞은 수를 써넣으시오.

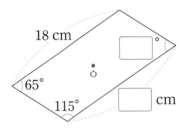

12 점 ㅇ을 대칭의 중심으로 하는 점대칭도형을 완성해 보시오.

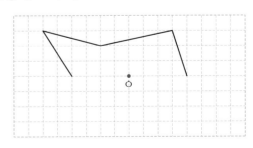

1 선대칭도형을 모두 찾아 기호를 쓰고, 선대칭도형에 대칭축을 모두 그어 보시오.

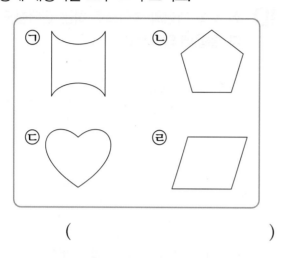

(   )

2 다음 도형은 점대칭도형입니다. 대칭의 중심을 찾아 표시해 보시오.

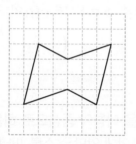

3 다음 도형은 선대칭도형입니다. 선분 ㅈㅊ과 선분 ㅋㅌ이 대칭축일 때, 표를 완성해 보시오.

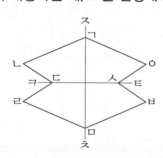

	선분 ㅈㅊ이 대칭축일 때	선분 ㅋㅌ이 대칭축일 때
점 ㄴ의 대응점		
변 ㄹㅁ의 대응변		
각 ㄷㄹㅁ의 대응각		

(4~5) 글자를 보고 물음에 답하시오.

4 선대칭도형인 글자를 모두 찾아 기호를 써 보시오.

(   )

5 선대칭도형이면서 점대칭도형인 글자를 모두 찾아 기호를 써 보시오.

(   )

6 직선 ㄱㄴ을 대칭축으로 하는 선대칭도형입니다. ☐ 안에 알맞은 수를 써넣으시오.

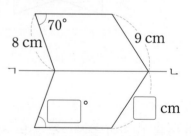

7 직선 ㄱㄴ을 대칭축으로 하는 선대칭도형을 완성해 보시오.

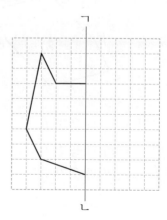

교과 역량 창의·융합

8 국기의 모양이 점대칭도형인 것을 모두 찾아 기호를 써 보시오.

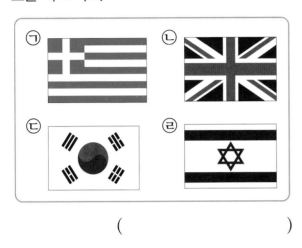

( )

9 점 ㅇ을 대칭의 중심으로 하는 점대칭도형입니다. 선분 ㄱㅇ, 선분 ㅂㄷ은 각각 몇 cm입니까?

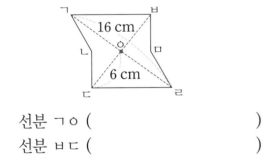

선분 ㄱㅇ ( )
선분 ㅂㄷ ( )

개념 확인 **서술형**

10 점대칭도형의 성질에 대해 잘못 설명한 사람을 찾아 이름을 쓰고, 그 이유를 써 보시오.

- 진아: 각각의 대응각의 크기는 서로 같아.
- 민수: 대칭의 중심은 항상 1개야.
- 윤지: 대칭의 중심에서 각각의 대응점까지의 거리는 서로 달라.

답 |

11 선대칭도형 ㉮와 ㉯의 대칭축의 수의 차는 몇 개입니까?

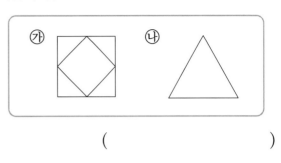

( )

12 직선 ㄱㄴ을 대칭축으로 하는 선대칭도형입니다. ☐ 안에 알맞은 수를 써넣으시오.

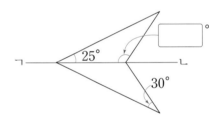

교과서 **pick**

13 점 ㅇ을 대칭의 중심으로 하는 점대칭도형입니다. 점대칭도형의 둘레는 몇 cm입니까?

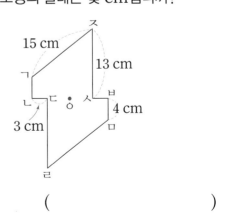

( )

교과서 **pick**

1 다음 중 선대칭도형인 숫자들을 한 번씩만 사용하여 만들 수 있는 가장 큰 수를 구해 보시오.

(   )

2 삼각형 ㄱㄴㄷ과 삼각형 ㄹㄷㄴ은 서로 합동입니다. 각 ㄱㄷㄴ은 몇 도인지 구해 보시오.

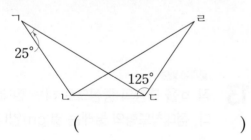

(   )

3 점 ㅇ을 대칭의 중심으로 하는 점대칭도형의 둘레가 86 cm입니다. 변 ㄴㄷ은 몇 cm인지 구해 보시오.

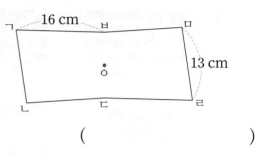

(   )

4 직선 ㅁㅂ을 대칭축으로 하는 선대칭도형을 완성하려고 합니다. 완성한 선대칭도형의 넓이는 몇 cm²인지 구해 보시오.

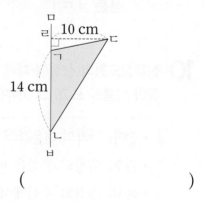

(   )

실력 확인 [평가책] 단원 평가 18~23쪽 | 서술형 평가 24~25쪽

4

소수의 곱셈

기초력 기르기

1 (1보다 작은 소수) × (자연수)

《1~10》 계산해 보시오.

1 0.2×7

2 0.9×8

3 0.3×5

4 0.7×8

5 0.5×9

6 0.52×3

7 0.91×2

8 0.49×5

9 0.65×6

10 0.84×7

2 (1보다 큰 소수) × (자연수)

《1~10》 계산해 보시오.

1 1.6×3

2 4.9×8

3 3.4×6

4 5.7×7

5 2.8×5

6 3.14×4

7 1.72×2

8 5.32×6

9 9.45×8

10 7.29×7

3 (자연수) × (1보다 작은 소수)

〈1~10〉 계산해 보시오.

1 2×0.6

2 8×0.7

3 5×0.8

4 14×0.9

5 37×0.4

6 6×0.08

7 3×0.15

8 17×0.19

9 48×0.52

10 35×0.93

4 (자연수) × (1보다 큰 소수)

〈1~10〉 계산해 보시오.

1 5×3.5

2 7×1.6

3 11×1.2

4 26×2.3

5 18×4.7

6 3×2.18

7 9×5.09

8 15×4.35

9 62×1.03

10 40×3.24

5 1보다 작은 소수끼리의 곱셈

〈1~10〉 계산해 보시오.

1 0.3×0.2

2 0.8×0.2

3 0.7×0.9

4 0.25×0.3

5 0.19×0.6

6 0.7×0.51

7 0.4×0.94

8 0.08×0.15

9 0.27×0.63

10 0.19×0.53

6 1보다 큰 소수끼리의 곱셈

〈1~10〉 계산해 보시오.

1 1.2×1.4

2 4.7×2.6

3 3.8×5.1

4 5.6×10.3

5 3.29×2.7

6 1.85×3.9

7 5.7×1.23

8 2.4×5.04

9 1.15×2.66

10 2.28×2.31

7 곱의 소수점 위치

(1~10) 계산해 보시오.

1 1.06×10

2 0.753×100

3 2.491×1000

4 4.728×100

5 9.26×1000

6 210×0.1

7 805×0.01

8 6297×0.001

9 1438×0.1

10 3970×0.001

(11~14) 〔보기〕를 이용하여 계산해 보시오.

〔보기〕
$$4 \times 9 = 36$$

11 0.4×0.9

12 0.4×0.09

13 0.04×0.9

14 0.04×0.09

(15~18) 〔보기〕를 이용하여 계산해 보시오.

〔보기〕
$$28 \times 51 = 1428$$

15 2.8×5.1

16 2.8×0.51

17 0.28×5.1

18 0.28×0.51

---

1 **(1보다 작은 소수) × (자연수)**

1 ☐ 안에 알맞은 수를 써넣으시오.

(1) $0.9 \times 4 = \dfrac{\boxed{}}{10} \times 4 = \dfrac{\boxed{} \times 4}{10}$

$ = \dfrac{\boxed{}}{10} = \boxed{}$

(2) $15 \times 5 = \boxed{} \Rightarrow 0.15 \times 5 = \boxed{}$

세로로
계산하기

$$\begin{array}{r} 1\ 5 \\ \times \quad 5 \\ \hline \boxed{} \end{array} \Rightarrow \begin{array}{r} 0.1\ 5 \\ \times \quad\ \ 5 \\ \hline \boxed{} \end{array}$$

2 계산해 보시오.

(1) 0.5×9

(2) 0.47×6

3 빈칸에 알맞은 수를 써넣으시오.

×7

0.98

4 현진이는 우유를 매일 0.4 L씩 마십니다. 현진이가 8일 동안 마신 우유는 모두 몇 L입니까?

식 |

답 |

---

2 **(1보다 큰 소수) × (자연수)**

5 ☐ 안에 알맞은 수를 써넣으시오.

(1) $1.3 \times 8 = \dfrac{\boxed{}}{10} \times 8 = \dfrac{\boxed{} \times 8}{10}$

$ = \dfrac{\boxed{}}{10} = \boxed{}$

(2) $292 \times 3 = \boxed{} \Rightarrow 2.92 \times 3 = \boxed{}$

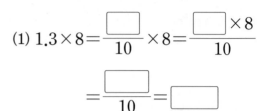

세로로
계산하기

$$\begin{array}{r} 2\ 9\ 2 \\ \times \quad\ \ 3 \\ \hline \boxed{} \end{array} \Rightarrow \begin{array}{r} 2.9\ 2 \\ \times \quad\ \ 3 \\ \hline \boxed{} \end{array}$$

6 계산해 보시오.

(1) 1.9×4

(2) 7.26×7

7 빈칸에 알맞은 수를 써넣으시오.

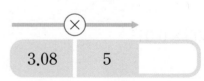

$\times$

3.08 | 5

8 한 개의 무게가 3.5 kg인 멜론이 3개가 있습니다. 멜론 3개의 무게는 몇 kg입니까?

식 |

답 |

4
단원

③ (자연수) × (1보다 작은 소수)

9 ☐ 안에 알맞은 수를 써넣으시오.

(1) $8 \times 0.7 = 8 \times \dfrac{\boxed{}}{10} = \dfrac{8 \times \boxed{}}{10}$

$= \dfrac{\boxed{}}{10} = \boxed{}$

(2) $7 \times 34 = \boxed{} \Rightarrow 7 \times 0.34 = \boxed{}$

세로로 계산하기

$$\begin{array}{r} 7 \\ \times\ 3\ 4 \\ \hline \boxed{} \end{array} \Rightarrow \begin{array}{r} 7 \\ \times\ 0.3\ 4 \\ \hline \boxed{} \end{array}$$

10 계산해 보시오.

(1) 2×0.9

(2) 38×0.04

11 빈칸에 알맞은 수를 써넣으시오.

12 현중이의 몸무게는 48 kg입니다. 윤주의 몸무게가 현중이의 몸무게의 0.9배일 때, 윤주의 몸무게는 몇 kg입니까?

식 |

답 |

④ (자연수) × (1보다 큰 소수)

13 ☐ 안에 알맞은 수를 써넣으시오.

(1) $7 \times 2.2 = 7 \times \dfrac{\boxed{}}{10} = \dfrac{7 \times \boxed{}}{10}$

$= \dfrac{\boxed{}}{10} = \boxed{}$

(2) $3 \times 279 = \boxed{} \Rightarrow 3 \times 2.79 = \boxed{}$

세로로 계산하기

$$\begin{array}{r} 3 \\ \times\ 2\ 7\ 9 \\ \hline \boxed{} \end{array} \Rightarrow \begin{array}{r} 3 \\ \times\ 2.7\ 9 \\ \hline \boxed{} \end{array}$$

14 계산해 보시오.

(1) 3×2.8

(2) 15×5.17

15 빈칸에 알맞은 수를 써넣으시오.

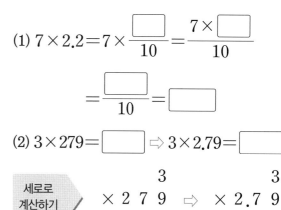

16 수영이가 밭에 상추와 고추를 심었습니다. 상추는 13 m²를 심고, 고추는 상추를 심은 밭의 넓이의 2.5배만큼 심었습니다. 고추를 심은 밭의 넓이는 몇 m²입니까?

식 |

답 |

1 계산해 보시오.

(1) 0.4×6

(2) 8×0.17

2 계산 결과가 다른 것을 찾아 기호를 써 보시오.

> ㉠ $0.49 + 0.49 + 0.49$ ㉡ 0.49×3
>
> ㉢ $\dfrac{49}{100} \times 3$ ㉣ $\dfrac{49}{10} \times 3$

( )

3 잘못 계산한 곳을 찾아 바르게 계산해 보시오.

> $2.5 \times 5 = \dfrac{25}{100} \times 5 = \dfrac{25 \times 5}{100}$
> $= \dfrac{125}{100} = 1.25$

2.5×5 _____

_____

4 빈칸에 알맞은 수를 써넣으시오.

6.2 → ×5 → ☐ → ×0.67 → ☐

5 계산 결과가 38보다 작은 것을 찾아 ○표 하시오.

| 38×1.05 | 38×2.1 | 38×0.9 |

(   ) (   ) (   )

6 계산 결과의 크기를 비교하여 ○ 안에 $>$, $=$, $<$를 알맞게 써넣으시오.

$$3.18 \times 8 \bigcirc 37 \times 1.07$$

7 계산 결과가 가장 작은 것을 찾아 기호를 써 보시오.

> ㉠ 0.71×29 ㉡ 58×0.42
>
> ㉢ 0.49×42 ㉣ 37×0.55

( )

교과 역량 의사소통, 정보 처리   개념 확인 **서술형**

8 계산 결과를 잘못 어림한 사람의 이름을 쓰고, 잘못 어림한 부분을 바르게 고쳐 보시오.

0.42×6은 0.4와 6의 곱으로 어림할 수 있으니까 계산 결과는 2.4 정도가 돼.
해은

63과 5의 곱은 약 300이니까 0.63과 5의 곱은 30 정도가 돼.
지연

답 | _____

_____

_____

9 한 변의 길이가 5.3 cm인 정사각형의 둘레는 몇 cm입니까?

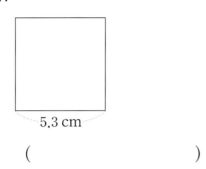

5.3 cm

( )

10 교과 역량 추론

어느 날 멕시코의 환율이 다음과 같을 때, 우리나라 돈 7000원을 멕시코 돈으로 바꾸면 얼마입니까?

> 우리나라 돈과 외국 돈의 교환 비율을 환율이라고 합니다.

대한민국
1000원

=

멕시코
15.65페소

( )

11 집에서 병원까지의 거리는 3 km입니다. 집에서 도서관까지의 거리는 집에서 병원까지의 거리의 0.77배일 때, 집에서 도서관까지의 거리는 몇 km입니까?

병원 집 도서관

3 km

( )

12 태환이는 매일 공원에서 0.6 km씩 산책을 합니다. 태환이가 일주일 동안 산책을 한 거리는 몇 km입니까?

( )

13 그림과 같은 사다리꼴 모양의 꽃밭이 있습니다. 이 꽃밭의 넓이는 몇 m²입니까?

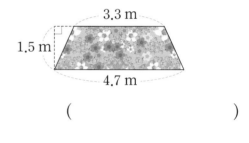

3.3 m

1.5 m

4.7 m

( )

14 교과서 pick

주스를 진아는 4 L의 0.12배만큼 마셨고, 병우는 2 L의 0.28배만큼 마셨습니다. 주스를 누가 몇 L 더 많이 마셨습니까?

(,)

5 **1보다 작은 소수끼리의 곱셈**

1 □ 안에 알맞은 수를 써넣으시오.

(1) $0.6 \times 0.4 = \dfrac{6}{10} \times \dfrac{\boxed{}}{10} = \dfrac{6 \times \boxed{}}{100}$

$= \dfrac{\boxed{}}{100} = \boxed{}$

(2) $32 \times 7 = \boxed{}$

$\Rightarrow 0.32 \times 0.7 = \boxed{}$

세로로
계산하기

$$\begin{array}{r} 3\ 2 \\ \times \quad 7 \\ \hline \boxed{} \end{array} \Rightarrow \begin{array}{r} 0.3\ 2 \\ \times \quad 0.7 \\ \hline \boxed{} \end{array}$$

2 계산해 보시오.

(1) 0.8×0.3

(2) 0.41×0.7

(3) 0.5×0.47

(4) 0.17×0.64

3 빈칸에 알맞은 수를 써넣으시오.

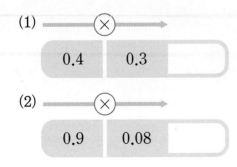

(1)

| 0.4 | 0.3 | |

(2)

| 0.9 | 0.08 | |

4 민준이가 밀가루 0.7 kg의 0.5배만큼을 사용하여 빵을 만들었습니다. 빵을 만드는 데 사용한 밀가루는 몇 kg입니까?

식 |

답 |

6 **1보다 큰 소수끼리의 곱셈**

5 □ 안에 알맞은 수를 써넣으시오.

(1) $2.1 \times 1.6 = \dfrac{21}{10} \times \dfrac{\boxed{}}{10} = \dfrac{21 \times \boxed{}}{100}$

$= \dfrac{\boxed{}}{100} = \boxed{}$

(2) $342 \times 18 = \boxed{}$

$\Rightarrow 3.42 \times 1.8 = \boxed{}$

세로로
계산하기

$$\begin{array}{r} 3\ 4\ 2 \\ \times \quad 1\ 8 \\ \hline \boxed{} \end{array} \Rightarrow \begin{array}{r} 3.4\ 2 \\ \times \quad 1.8 \\ \hline \boxed{} \end{array}$$

6 계산해 보시오.

(1) 2.8×5.4

(2) 10.5×6.7

(3) 1.84×4.3

(4) 3.52×2.61

7 빈칸에 알맞은 수를 써넣으시오.

(1)
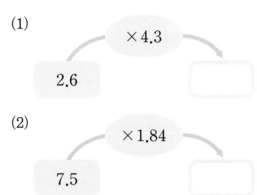

(2)

8 노란색 리본의 길이는 1.5 m입니다. 빨간색 리본의 길이가 노란색 리본의 길이의 1.22배일 때, 빨간색 리본의 길이는 몇 m입니까?

식|

답|

---

7 **곱의 소수점 위치**

9 계산 결과에 맞게 소수점을 찍어야 할 곳을 찾아 기호를 써 보시오.

$$786 \times 0.1 = 7 \ 8 \ 6$$
ㄱ ㄴ ㄷ ㄹ

(   )

---

10 계산 결과를 찾아 선으로 이어 보시오.

2.38×0.27 ·   · 6.426

2.38×2.7 ·   · 0.6426

23.8×2.7 ·   · 64.26

11 보기를 이용하여 ☐ 안에 알맞은 수를 써넣으시오.

보기
$$39 \times 157 = 6123$$

(1) $3.9 \times 15.7 = $ ☐

(2) $0.39 \times 15.7 = $ ☐

12 고추장 한 통의 무게는 0.45 kg입니다. 고추장 1000통의 무게는 몇 kg입니까?

식|

답|

1 〔보기〕를 이용하여 □ 안에 알맞게 소수점을 찍어 보시오.

〔보기〕
$$1.83 \times 6.5 = 11.895$$

(1) $1.83 \times 0.65 = 1\square1\square8\square9\square5$

(2) $18.3 \times 0.65 = 1\square1\square8\square9\square5$

2 계산해 보시오.

(1) 0.3×0.9

(2) 9.85×3.62

3 계산 결과가 같은 것끼리 선으로 이어 보시오.

| 0.58×11.4 | · | · | 5.8×11.4 |
| 0.58×114 | · | · | 5.8×1.14 |

4 어림하여 0.8×0.97의 계산 결과를 찾아 ○표 하시오.

| 77.6 | 7.76 | 0.776 |

(   ) (   ) (   )

5 어림하여 계산 결과가 5보다 큰 것을 찾아 기호를 써 보시오.

⊙ 1.5×2.8
ⓒ 7.9의 0.7배
ⓒ 1.9의 2.4배

(   )

6 계산 결과의 크기를 비교하여 ○ 안에 >, =, <를 알맞게 써넣으시오.

$$0.8 \times 0.39 \bigcirc 0.75 \times 0.5$$

개념 확인 서술형

7 다음 계산이 잘못된 이유를 써 보시오.

$$0.21 \times 0.8 = 16.8$$

이유 |

8 계산 결과가 다른 사람을 찾아 이름을 써 보시오.

> • 영우: 83의 0.1배야.
> • 정환: 100과 0.83의 곱이야.
> • 한결: 830의 0.1배야.

( )

9 〈보기〉를 이용하여 식을 완성해 보시오.

> 〈보기〉
> $402 \times 19 = 7638$

(1) $\boxed{} \times 1.9 = 7.638$

(2) $40.2 \times \boxed{} = 0.7638$

10 메밀가루 한 봉지의 무게는 $1.9 \, kg$이고, 한 봉지의 0.13배만큼이 메밀가루의 단백질 성분입니다. 이 메밀가루의 단백질 성분은 몇 kg입니까?

( )

11 평행사변형의 넓이는 몇 cm^2입니까?

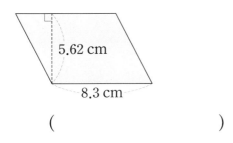

5.62 cm

8.3 cm

( )

12 ☐ 안에 들어갈 수 있는 가장 작은 자연수는 얼마입니까?

> $8.3 \times 2.2 < \boxed{}$

( )

13 혜아가 계산기로 0.6×0.35를 계산하려고 두 수를 눌렀는데 수 하나의 소수점 위치를 잘못 눌러서 계산 결과가 2.1이 나왔습니다. 혜아가 계산기에 누른 두 수를 써 보시오.

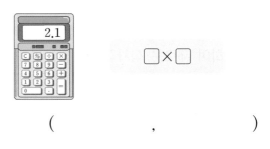

☐×☐

(,)

14 영은이는 1시간에 $4.8 \, km$씩 일정한 빠르기로 걸었습니다. 영은이가 같은 빠르기로 2시간 30분 동안 걸은 거리는 몇 km입니까?

( )

교과서 pick

1 수 카드 4장 중 2장을 한 번씩만 사용하여 소수 한 자리 수인 ☐.☐를 만들려고 합니다. 만들 수 있는 소수 한 자리 수 중에서 가장 큰 수와 가장 작은 수의 곱을 구해 보시오.

$$\boxed{3} \quad \boxed{4} \quad \boxed{6} \quad \boxed{9}$$

(   )

2 가로가 11 m, 세로가 9 m인 직사각형이 있습니다. 이 직사각형의 가로를 2.1배, 세로를 1.6배 하여 새로운 직사각형을 만들려고 합니다. 새로운 직사각형의 넓이는 몇 m²인지 구해 보시오.

11 m

9 m

(   )

교과서 pick

3 어떤 소수에 0.27이 곱해야 할 것을 잘못하여 더했더니 0.87이 되었습니다. 바르게 계산한 값은 얼마인지 구해 보시오.

(   )

4 수 카드 3장을 한 번씩만 사용하여 곱이 가장 큰 (두 자리 수)×(소수 한 자리 수)를 만들고, 계산해 보시오.

$$\boxed{1} \quad \boxed{4} \quad \boxed{8}$$

$$\boxed{}\boxed{} \times 0.\boxed{}$$

(   )

실력 확인   [평가책] 단원 평가 26~31쪽 | 서술형 평가 32~33쪽

5

직육면체

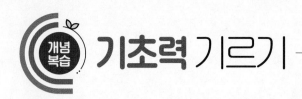

1 직육면체

《1~8》 직육면체인 것에 ○표, <u>아닌</u> 것에 ×표 하시오.

1

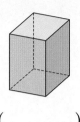

( )

2

( )

3

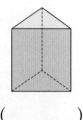

( )

4

( )

5

( )

6

( )

7

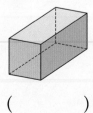

( )

8

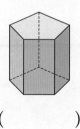

( )

2 정육면체

《1~8》 정육면체인 것에 ○표, <u>아닌</u> 것에 ×표 하시오.

1

( )

2

( )

3

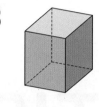

( )

4

( )

5

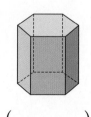

( )

6

( )

7

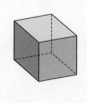

( )

8

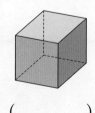

( )

3 직육면체의 성질

(1~4) 색칠한 면과 평행한 면을 찾아 색칠해 보시오.

1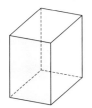

2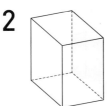

3

4

(5~7) 색칠한 면과 평행한 면을 찾아 써 보시오.

5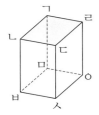

(   )

6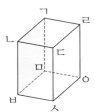

(   )

7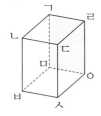

(   )

(8~12) 색칠한 면과 수직인 면을 모두 찾아 써 보시오.

8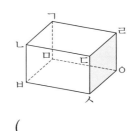

(   )

9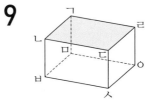

(   )

10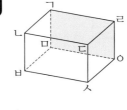

(   )

11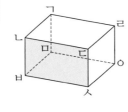

(   )

12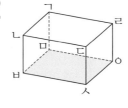

(   )

4 **직육면체의 겨냥도**

〈1~8〉 직육면체의 겨냥도를 바르게 그린 것에 ○표, 잘못 그린 것에 ✕표 하시오.

1

( )

2
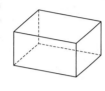
( )

3
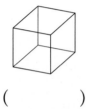
( )

4
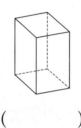
( )

5
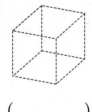
( )

6
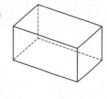
( )

7
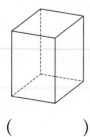
( )

8
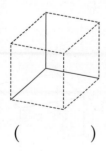
( )

〈9~12〉 그림에서 빠진 부분을 그려 넣어 직육면체의 겨냥도를 완성해 보시오.

9
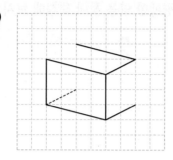

10
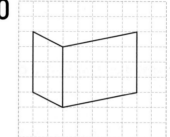

11
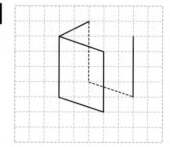

12
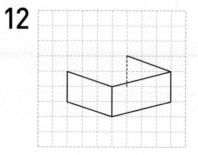

5 직육면체의 전개도

(1~2) 전개도를 접어서 직육면체를 만들었을 때 물음에 답하시오.

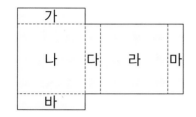

1 면 가와 평행한 면을 찾아 써 보시오.

(   )

2 면 나와 수직인 면을 모두 찾아 써 보시오.

(   )

(3~4) 전개도를 접어서 정육면체를 만들었을 때 물음에 답하시오.

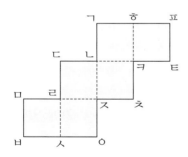

3 점 ㅊ과 만나는 점을 모두 찾아 써 보시오.

(   )

4 선분 ㅁㅂ과 맞닿는 선분을 찾아 써 보시오.

(   )

6 직육면체의 전개도 그리기

1 직육면체의 겨냥도를 보고 전개도를 완성해 보시오.

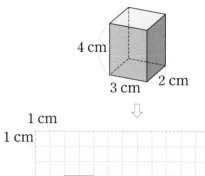

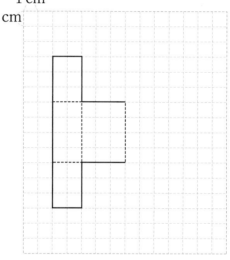

2 정육면체의 겨냥도를 보고 전개도를 완성해 보시오.

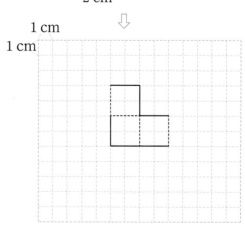

1 직육면체

1 직육면체를 모두 찾아 써 보시오.

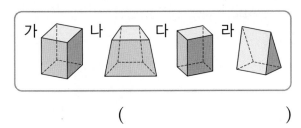

(   )

2 직육면체를 보고 □ 안에 알맞은 수를 써넣으시오.

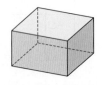

직육면체에서 면은 □개, 모서리는 □개, 꼭짓점은 □개입니다.

3 직육면체의 한 면을 본떴을 때의 도형으로 알맞은 것은 어느 것입니까? (   )

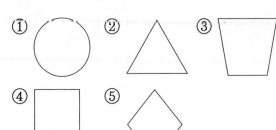

4 직육면체에 대한 설명입니다. 옳은 것에 ○표, 틀린 것에 ✕표 하시오.

(1) 면의 모양이 직사각형입니다.
.... (   )

(2) 면과 면이 만나는 선분을 꼭짓점이라고 합니다. .... (   )

2 정육면체

5 정육면체를 모두 찾아 써 보시오.

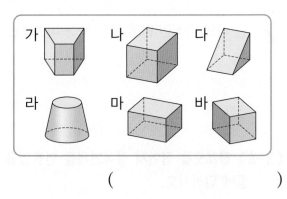

(   )

6 정육면체를 보고 □ 안에 알맞은 수를 써넣으시오.

(1) 정육면체의 면은 □개입니다.

(2) 정육면체의 모서리는 □개입니다.

(3) 정육면체의 꼭짓점은 □개입니다.

5 단원

7 정육면체를 보고 ☐ 안에 알맞은 수를 써넣으시오.

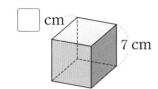
☐ cm
7 cm

8 직육면체와 정육면체에 대한 설명입니다. 옳은 것에 ○표, 틀린 것에 ×표 하시오.

(1) 직육면체는 길이가 같은 모서리가 4개씩 3쌍이 있고, 정육면체는 모서리의 길이가 모두 같습니다. ·········· (   )

(2) 직육면체는 정육면체라고 할 수 있습니다. ·········· (   )

3 직육면체의 성질

9 직육면체에서 색칠한 면과 평행한 면을 찾아 써 보시오.

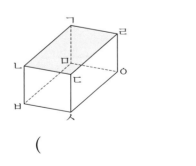

(   )

10 ☐ 안에 알맞은 수를 써넣으시오.

> 직육면체에서 서로 평행한 면은 모두
> ☐쌍입니다.

11 직육면체에서 면 ㄴㅂㅁㄱ과 면 ㅁㅂㅅㅇ이 만나 이루는 각의 크기는 몇 도입니까?

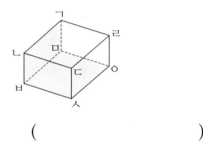

(   )

12 직육면체에서 색칠한 면과 수직인 면을 모두 찾아 써 보시오.

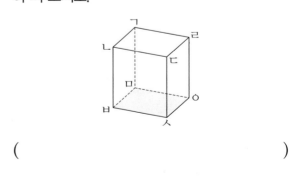

(   )

(1~2) 도형을 보고 물음에 답하시오.

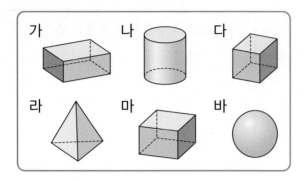

1 직육면체가 <u>아닌</u> 것을 모두 찾아 써 보시오.

( )

2 정육면체를 찾아 써 보시오.

( )

3 직육면체에서 색칠한 면을 본뜬 모양으로 알맞은 것은 어느 것입니까? ( )

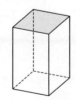

① 마름모 ② 평행사변형
③ 원 ④ 정오각형
⑤ 직사각형

4 직육면체에서 면 ㄴㅂㅅㄷ과 수직인 면은 모두 몇 개입니까?

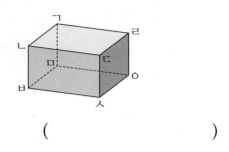

( )

5 직육면체의 성질에 대해 <u>잘못</u> 설명한 사람을 찾아 이름을 써 보시오.

> • 정아: 서로 만나는 면은 평행해.
> • 희준: 한 면과 수직인 면은 모두 4개
> 야.
> • 지원: 서로 마주 보고 있는 면은 모두
> 3쌍이야.

( )

교과 역량 창의·융합, 의사소통   개념 확인 서술형
6 연주는 상자 모양의 물건을 관찰하여 다음과 같이 그림을 그렸습니다. 연주가 그린 그림이 정육면체인지 <u>아닌지</u> 쓰고, 그 이유를 써 보시오.

답 |

_____

_____

_____

7 직육면체에서 색칠한 두 면에 동시에 수직인 면을 모두 찾아 써 보시오.

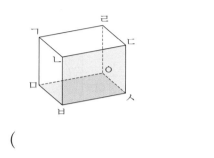

( )

교과 역량   문제 해결, 추론

10 한 모서리의 길이가 10 cm인 정육면체 모양의 선물 상자가 있습니다. 이 선물 상자의 모든 모서리의 길이의 합은 몇 cm입니까?

10 cm

( )

8 바르게 말한 사람은 누구입니까?

> • 은서: 정육면체는 직육면체라고 할 수 있어.
>
> • 지민: 직육면체는 정육면체라고 할 수 있어.

( )

11 오른쪽 정육면체에서 두 면 사이의 관계가 <u>다른</u> 것을 찾아 기호를 써 보시오.

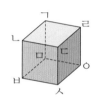

> ㉠ 면 ㄴㅂㅅㄷ과 면 ㄱㅁㅇㄹ
> ㉡ 면 ㄴㅂㅁㄱ과 면 ㅁㅂㅅㅇ
> ㉢ 면 ㄷㅅㅇㄹ과 면 ㄴㅂㅁㄱ
> ㉣ 면 ㄱㄴㄷㄹ과 면 ㅁㅂㅅㅇ

( )

9 직육면체의 면, 모서리, 꼭짓점의 수의 합은 모두 몇 개입니까?

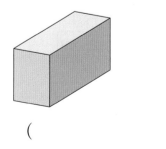

( )

교과서 pick

12 직육면체에서 면 ㄷㅅㅇㄹ과 평행한 면의 모든 모서리의 길이의 합은 몇 cm입니까?

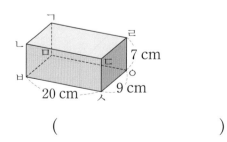

7 cm
9 cm
20 cm

( )

4 직육면체의 겨냥도

1 직육면체의 겨냥도를 바르게 그린 것을 찾아 기호를 써 보시오.

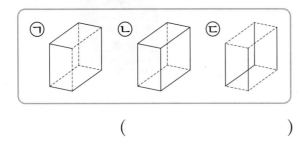

( )

2 직육면체의 겨냥도에서 잘못 그린 모서리를 모두 찾아 써 보시오.

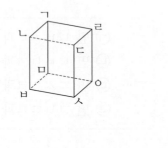

( )

3 빠진 부분을 그려 넣어 직육면체의 겨냥도를 완성해 보시오.

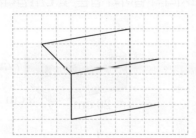

4 직육면체의 겨냥도를 보고 ☐ 안에 알맞은 수를 써넣으시오.

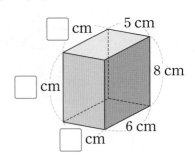

5 직육면체의 전개도

5 정육면체의 전개도에 ◯표 하시오.

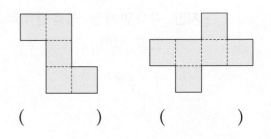

( )   ( )

6 설명에 맞는 전개도의 기호를 써 보시오.

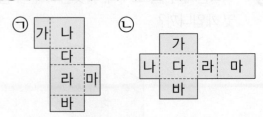

전개도를 접었을 때 면 가와 면 바는 서로 평행합니다.

( )

7 전개도를 접어서 직육면체를 만들었을 때 물음에 답하시오.

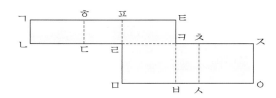

(1) 점 ㄴ과 만나는 점을 찾아 써 보시오.

(   )

(2) 선분 ㅈㅇ과 맞닿는 선분을 찾아 써 보시오.

(   )

6 직육면체의 전개도 그리기

8 직육면체의 겨냥도를 보고 전개도를 그려 보시오.

(1)

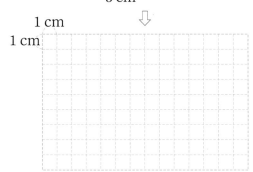

(2)

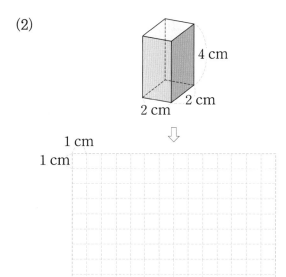

9 정육면체의 겨냥도를 보고 전개도를 그려 보시오.

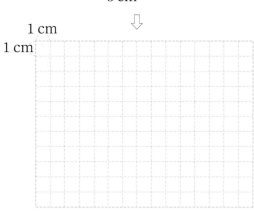

1 빠진 부분을 그려 넣어 직육면체의 겨냥도를 완성해 보시오.

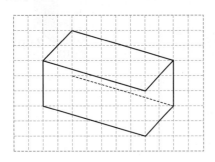

(2~3) 전개도를 접어서 직육면체를 만들었을 때 물음에 답하시오.

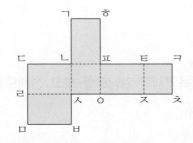

2 점 ㄱ과 만나는 점을 모두 찾아 써 보시오.

( )

3 주어진 선분과 맞닿는 선분을 찾아 빈칸에 써넣으시오.

선분 ㅁㅂ	선분 ㅌㅋ

4 직육면체의 전개도를 보고 ☐ 안에 알맞은 수를 써넣으시오.

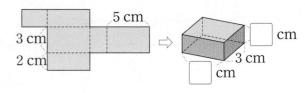

5 전개도를 접어서 만들 수 있는 직육면체의 기호를 써 보시오.

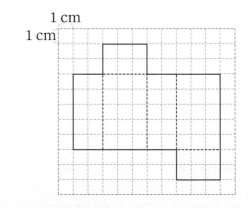

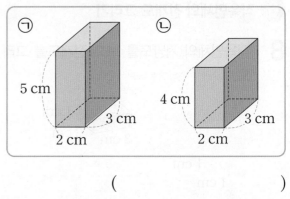

( )

6 직육면체의 겨냥도를 보고 ㉠과 ㉡의 합을 구해 보시오.

 보이는 모서리는 ㉠개이고, 보이지 않는 꼭짓점은 ㉡개입니다.

( )

7 직육면체에서 보이지 않는 모서리의 길이의 합은 몇 cm입니까?

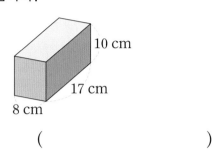

(   )

8 정육면체의 모서리를 잘라서 정육면체의 전개도를 만들었습니다. ☐ 안에 알맞은 기호를 써넣으시오.

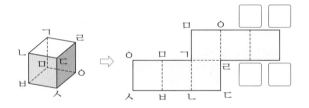

교과 역량   문제 해결, 정보 처리   개념 확인 서술형

9 그림은 잘못 그려진 정육면체의 전개도입니다. 잘못된 이유를 쓰고, 면 1개를 옮겨 올바른 전개도를 그려 보시오.

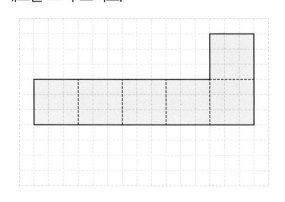

이유ㅣ

10 직육면체의 전개도를 두 가지 방법으로 그려 보시오.

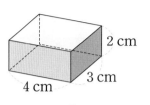

⇩

11 정육면체의 전개도에서 색칠한 부분의 넓이는 몇 cm²입니까?

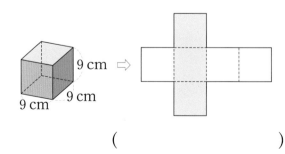

(   )

교과서 pick

1 주사위의 마주 보는 면에 있는 눈의 수의 합은 7입니다. 주사위 전개도의 빈칸에 주사위의 눈을 알맞게 그려 넣으시오.

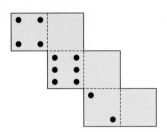

3 그림과 같이 직육면체의 면에 선을 그었습니다. 직육면체의 전개도가 다음과 같을 때 선이 지나가는 자리를 바르게 그려 넣으시오.

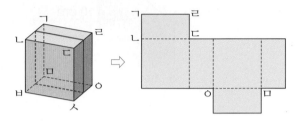

2 정육면체에서 보이지 않는 모서리의 길이의 합이 18 cm일 때, 정육면체의 모든 모서리의 길이의 합은 몇 cm인지 구해 보시오.

( )

교과서 pick

4 그림과 같이 직육면체 모양 상자를 끈으로 둘러 묶었습니다. 매듭으로 사용한 끈이 20 cm라면 사용한 끈의 길이는 모두 몇 cm인지 구해 보시오.

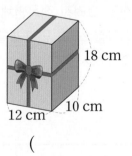

18 cm
10 cm
12 cm

( )

실력 확인 [평가책] 단원 평가 34~39쪽 I 서술형 평가 40~41쪽

6

평균과
가능성

1 평균

(1~3) 수를 고르게 하여 평균을 구하려고 합니다. ☐ 안에 알맞은 수를 써넣으시오.

1

과녁 맞히기 점수

회	1회	2회	3회	4회
점수(점)	7	8	6	7

2회의 점수에서 3회의 점수로 ☐점을 옮기면 점수가 모두 ☐점으로 고르게 됩니다.

➡ (점수의 평균)=☐점

2

윗몸 일으키기 기록

이름	주원	다현	태호	정우
기록(번)	15	15	13	17

정우의 기록에서 태호의 기록으로 ☐번을 옮기면 기록이 모두 ☐번으로 고르게 됩니다.

➡ (기록의 평균)=☐번

3

피자 판매량

요일	월	화	수	목	금
판매량(판)	29	31	32	31	32

수요일의 판매량에서 월요일의 판매량으로 ☐판을 옮기고, 금요일의 판매량에서 월요일의 판매량으로 ☐판을 옮기면 판매량이 모두 ☐판으로 고르게 됩니다.

➡ (판매량의 평균)=☐판

2 평균 구하기

(1~10) 표를 보고 평균을 구해 보시오.

1

제기차기 기록

이름	주희	윤성	진아	찬희
기록(개)	21	17	12	10

( )

2

학생의 몸무게

이름	민영	보현	나연	현우
몸무게(kg)	39	43	42	44

( )

3

피아노 연습 시간

요일	월	화	수	목
시간(분)	60	35	40	65

( )

4

국어 점수

월	3월	4월	5월	6월
점수(점)	82	70	92	88

( )

5

학생의 키

이름	연경	승오	진수	호영
키(cm)	145	139	151	149

( )

6

읽은 책 수

이름	태용	류진	현진	해원	정우
책 수(권)	19	25	17	20	19

(   )

7

공 멀리 던지기 기록

이름	나영	윤민	수지	영수	경호
기록(m)	27	24	22	23	24

(   )

8

초등학생 수

마을	가	나	다	라	마
학생 수(명)	27	41	29	35	38

(   )

9

쓰레기 배출량

요일	월	화	수	목	금
배출량(kg)	73	68	87	76	91

(   )

10

미술관 입장객 수

월	3월	4월	5월	6월	7월
입장객 수(명)	80	120	95	115	130

(   )

---

③ 평균을 이용하여 문제 해결하기

(1~2) 진호네 반에서 1인당 읽은 책 수가 가장 많은 모둠을 정하려고 합니다. 물음에 답하시오.

모둠 학생 수와 읽은 책 수

모둠	모둠 1	모둠 2	모둠 3
모둠 학생 수(명)	4	5	6
책 수(권)	12	10	24

1 모둠별 읽은 책 수의 평균은 각각 몇 권입니까?

모둠 1 (   )
모둠 2 (   )
모둠 3 (   )

2 1인당 읽은 책 수가 가장 많은 모둠은 어느 모둠입니까?

(   )

(3~5) 혜선이네 모둠 학생의 몸무게의 평균은 40 kg 입니다. 물음에 답하시오.

학생의 몸무게

이름	혜선	진우	명호	영미
몸무게(kg)	43	37		38

3 혜선이네 모둠 학생의 몸무게의 합은 몇 kg입니까?

(   )

4 혜선이네 모둠 학생은 몇 명입니까?

(   )

5 명호의 몸무게는 몇 kg입니까?

(   )

4 일이 일어날 가능성을 말로 표현하기

(1~8) 일이 일어날 가능성을 생각해 보고, 알맞게 표현한 곳에 ◯표 하시오.

1

오늘 해가 동쪽으로 질 것입니다.

불가능 하다	~아닐 것 같다	반반 이다	~일 것 같다	확실 하다

2

100원짜리 동전 1개를 던지면 그림 면이 나올 것입니다.

불가능 하다	~아닐 것 같다	반반 이다	~일 것 같다	확실 하다

3

파란색 구슬 9개가 들어 있는 주머니에서 구슬 1개를 꺼낼 때, 꺼낸 구슬은 파란색일 것입니다.

불가능 하다	~아닐 것 같다	반반 이다	~일 것 같다	확실 하다

4

계산기에서 '3×2＝'을 누르면 6이 나올 것입니다.

불가능 하다	~아닐 것 같다	반반 이다	~일 것 같다	확실 하다

5

한 명의 아기가 태어난다면 남자일 것입니다.

불가능 하다	~아닐 것 같다	반반 이다	~일 것 같다	확실 하다

6

오늘은 10월 40일입니다.

불가능 하다	~아닐 것 같다	반반 이다	~일 것 같다	확실 하다

7

50원짜리 동전 1개를 세 번 던지면 세 번 모두 숫자 면이 나올 것입니다.

불가능 하다	~아닐 것 같다	반반 이다	~일 것 같다	확실 하다

8

주사위 1개를 굴리면 주사위 눈의 수가 2 이상일 것입니다.

불가능 하다	~아닐 것 같다	반반 이다	~일 것 같다	확실 하다

5 일이 일어날 가능성을 비교하기

(1~2) 일이 일어날 가능성을 판단하여 해당하는 □ 안에 알맞은 기호를 써넣고, 가능성이 높은 순서대로 기호를 써 보시오.

1

> ㉠ 내일은 오늘보다 기온이 더 높을 거야.
>
> ㉡ 5와 7을 곱하면 35가 될 거야.
>
> ㉢ 오늘이 13일이니까 내일은 19일일 거야.
>
> ㉣ 주사위 1개를 굴려서 나온 주사위 눈의 수는 6일 거야.

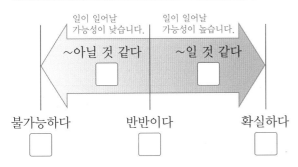

⇨ 일이 일어날 가능성이 높은 순서대로 기호를 쓰면 □, □, □, □입니다.

2

> ㉠ 지금은 오전 10시이므로 3시간 후는 오후 1시일 거야.
>
> ㉡ 동전 1개를 던지면 숫자 면이 나올 거야.
>
> ㉢ 1월의 최저 기온은 5 ℃보다 낮을 거야.
>
> ㉣ 산에 가면 오징어가 살고 있을 거야.

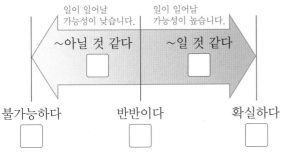

⇨ 일이 일어날 가능성이 높은 순서대로 기호를 쓰면 □, □, □, □입니다.

6 일이 일어날 가능성을 수로 표현하기

(1~3) 각 회전판을 돌릴 때 화살이 노란색에 멈출 가능성을 ↓로 나타내어 보시오.

1 회전판 가

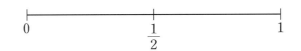

2 회전판 나

3 회전판 다

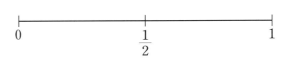

(4~5) 일이 일어날 가능성을 수로 표현해 보시오.

4

> 노란색 공 2개가 들어 있는 상자에서 공 1개를 꺼낼 때, 꺼낸 공은 빨간색일 것입니다.

( )

5

> 노란색 공 1개, 빨간색 공 1개가 들어 있는 상자에서 공 1개를 꺼낼 때, 꺼낸 공은 빨간색일 것입니다.

( )

1 평균

1 상자 5개에 들어 있는 공깃돌의 수를 나타낸 표입니다. 물음에 답하시오.

상자별 공깃돌의 수

상자	가	나	다	라	마
공깃돌 수(개)	12	8	9	10	11

(1) 한 상자당 들어 있는 공깃돌의 수를 대표하는 값을 정하는 올바른 방법에 ○표 하시오.

방법	○표
각 상자의 공깃돌 수 중 가장 작은 수인 8로 정합니다.	
각 상자의 공깃돌 수를 고르게 하면 10, 10, 10, 10, 10이 되므로 10으로 정합니다.	

(2) 한 상자당 들어 있는 공깃돌의 수의 평균은 몇 개입니까?

( )

2 수진이네 모둠 학생의 100 m 달리기 기록을 나타낸 표입니다. 달리기 기록을 학생별로 고르게 하여 구한 수를 적절하게 말한 친구는 누구입니까?

100 m 달리기 기록

이름	수진	형서	대성	지희	승현
기록(초)	16	18	17	20	19

• 윤지: 한 명당 달리기 기록이 18초 정도 나왔다고 할 수 있어.
• 희준: 달리기 기록을 고르게 하여 구하면 19초야.

( )

2 평균 구하기

3 동훈이네 모둠 학생의 턱걸이 기록을 나타낸 표입니다. 동훈이네 모둠 학생의 턱걸이 기록의 평균을 두 가지 방법으로 구해 보시오.

턱걸이 기록

이름	동훈	진아	민수	아영	우중
기록(회)	9	7	11	6	12

(1) 동훈이네 모둠 학생의 턱걸이 기록을 막대그래프로 나타낸 것입니다. 막대를 옮겨 높이를 고르게 하고 평균을 구해 보시오.

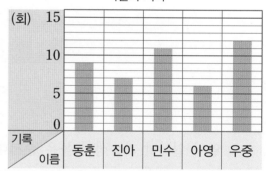

턱걸이 기록

⇨ 동훈이네 모둠 학생의 턱걸이 기록의 평균은 ☐회입니다.

(2) 각 자료의 값을 모두 더해 자료의 수로 나누어 평균을 구해 보시오.

$$(\boxed{}+\boxed{}+11+\boxed{}+12)\div5$$
$$=\boxed{}\div5=\boxed{}(회)$$

4 영준이의 단원별 수학 점수를 나타낸 표입니다. 영준이의 단원별 수학 점수의 평균을 두 가지 방법으로 구해 보시오.

수학 점수

단원	1	2	3	4
점수(점)	81	84	86	85

(1) 평균을 예상하고 자료의 값을 고르게 하여 평균을 구해 보시오.

> 평균을 84점으로 예상한 후
>
> 84, (81, 86, ☐)로 수를 옮기고
>
> 짝 지어 자료의 값을 고르게 하면 평균은 ☐점입니다.

(2) 자료의 값을 모두 더하여 자료의 수로 나누어 평균을 구해 보시오.

$$(\boxed{}+\boxed{}+\boxed{}+\boxed{})\div 4$$
$$=\boxed{}\div 4=\boxed{}(점)$$

③ 평균을 이용하여 문제 해결하기

5 민하네 반의 모둠별 구슬 수를 나타낸 표입니다. 모둠별 구슬 수의 평균을 구해 표를 완성해 보고, 1인당 가지고 있는 구슬이 가장 많은 모둠을 써 보시오.

모둠 학생 수와 구슬 수

모둠	모둠 1	모둠 2	모둠 3
모둠 학생 수(명)	6	7	6
구슬 수(개)	66	98	72
구슬 수의 평균(개)			

( )

6 주희네 모둠이 대출한 책 수를 나타낸 표입니다. 대출한 책 수의 평균이 20권일 때, 유빈이가 대출한 책은 몇 권입니까?

대출한 책 수

이름	주희	혜성	유빈	현재	동영
대출한 책 수(권)	15	22		25	20

( )

7 책이 재미있는 정도를 하트 점수로 나타낼 수 있습니다. 재현이네 모둠 학생이 어떤 책을 읽고 준 하트 점수를 조사하였습니다. 재현이네 모둠이 이 책에 준 하트 점수의 평균이 하트 4개라면 하율이가 준 하트 점수는 하트 몇 개입니까?

책에 준 하트 점수

재현	♥ ♥ ♥ ♥ ♥
승연	♥ ♥ ♥ ♥
민호	♥ ♥ ♥ ♥ ♥
원준	♥ ♥ ♥
하율	

( )

1 호영이네 학교의 월별 지각생 수를 나타낸 표를 보고 3월부터 7월까지 월별 지각생 수의 평균을 구하려고 합니다. 물음에 답하시오.

지각생 수

월	3월	4월	5월	6월	7월
지각생 수(명)	40	36	35	32	37

(1) 40, 36, 35, 32, 37을 어떤 수로 고르게 할 수 있습니까?

( )

(2) 월별 지각생 수의 평균은 몇 명입니까?

( )

2 초등학교 5학년 학생의 하루 스마트폰 사용 시간의 평균은 1시간 45분이라고 합니다. 하루 스마트폰 사용 시간의 평균에 대해 바르게 말한 친구는 누구입니까?

초등학교 5학년 학생의 하루 스마트폰 사용 시간을 고르게 하면 1시간 45분이라는 뜻이야.

초등학교 5학년 학생 중에서 하루에 1시간 45분 동안 스마트폰을 사용하는 학생이 가장 많다는 말이야.

윤미

영수

( )

3 지난달 효진이의 타자 기록을 나타낸 표입니다. 지난달 효진이의 타자 기록의 평균은 몇 타입니까?

타자 기록

주	첫째	둘째	셋째	넷째	다섯째
기록(타)	123	140	134	147	106

( )

4 승우가 8월 한 달 동안 인터넷을 사용한 시간을 조사하였더니 하루에 평균 50분을 사용했습니다. 승우가 31일 동안 인터넷을 사용한 시간은 모두 몇 분입니까?

( )

교과 역량 문제 해결, 의사소통   서술형
5 어느 자동차 회사에서 판매한 자동차 수를 나타낸 표입니다. 판매한 자동차 수의 평균을 두 가지 방법으로 구해 보시오.

판매한 자동차 수

요일	월	화	수	목
자동차 수(대)	47	40	45	44

방법 1 |

방법 2 |

(6~8) 은성이와 한나가 볼링 경기를 한 결과를 나타 낸 표입니다. 물음에 답하시오.

은성이가 쓰러뜨린 핀 수

회	1회	2회	3회	4회
핀 수(개)	3	8	7	10

한나가 쓰러뜨린 핀 수

회	1회	2회	3회	4회	5회
핀 수(개)	4	7	5	8	6

6 은성이와 한나가 쓰러뜨린 핀 수의 평균은 각각 몇 개입니까?

은성 (   )

한나 (   )

교과 역량   추론, 창의·융합, 의사소통

7 은성이와 한나가 볼링 경기를 한 결과에 대해 바르게 말한 친구는 누구입니까?

> • 윤지: 두 친구가 쓰러뜨린 핀 수의 합만 으로도 누가 더 잘했는지 판단할 수 있어.
>
> • 현우: 두 친구가 볼링 경기를 한 횟수가 다르므로 평균을 구하여 누가 더 잘 했는지 비교해야 해.
>
> • 세준: 쓰러뜨린 가장 적은 핀 수가 은성 이가 3개, 한나가 4개이므로 한나 가 더 잘했다고 할 수 있어.

(   )

8 누가 더 잘했다고 볼 수 있습니까?

(   )

9 종찬이네 모둠이 지난 주말에 한 운동 시간을 나타낸 표입니다. 평균보다 운동한 시간이 긴 학생은 모두 몇 명입니까?

운동 시간

이름	종찬	혜은	민수	재인	용준
운동 시간(분)	18	27	25	35	20

(   )

10 과수원별 사과 수확량을 나타낸 표입니다. ㉺ 과수원의 사과 수확량이 300 kg일 때, ㉺ 과 수원을 포함한 과수원의 사과 수확량의 평균은 몇 kg입니까?

사과 수확량

과수원	㉮	㉯	㉰	㉱
수확량(kg)	280	310	300	290

(   )

교과서 pick

11 강빈이네 학교에서는 줄넘기 대회를 하였습니 다. 줄넘기 기록의 평균이 31번 이상이 되어야 결승에 올라갈 수 있습니다. 강빈이가 결승에 올 라가려면 5회에 적어도 몇 번을 넘어야 합니까?

강빈이의 줄넘기 기록

회	1회	2회	3회	4회	5회
기록(번)	30	29	36	27	

(   )

4 일이 일어날 가능성을 말로 표현하기

1 □ 안에 일이 일어날 가능성을 알맞게 써넣으시오.

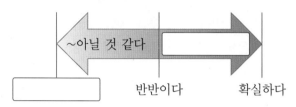

2 일이 일어날 가능성을 생각해 보고, 알맞게 표현한 곳에 기호를 써넣으시오.

> ㉠ 주사위 1개를 굴리면 주사위 눈의 수가 1이 나올 것입니다.
> ㉡ 은행에서 대기 번호표를 뽑으면 번호가 짝수일 것입니다.
> ㉢ 파란색 공만 4개 들어 있는 상자에서 꺼낸 공은 빨간색일 것입니다.
> ㉣ 내일 저녁에 해가 서쪽으로 질 것입니다.
> ㉤ 3월에 꽃이 필 것입니다.

불가능하다	
~아닐 것 같다	
반반이다	
~일 것 같다	
확실하다	

3 노란색 구슬이 3개, 초록색 구슬이 3개 들어 있는 상자 안에서 구슬 1개를 꺼낼 때 초록색 구슬을 꺼낼 가능성을 말로 표현해 보시오.

( )

5 일이 일어날 가능성을 비교하기

4 현수와 친구들이 말한 일이 일어날 가능성을 비교하려고 합니다. 물음에 답하시오.

> • 현수: 내일 학교 친구가 전학 갈 거야.
> • 세아: 주사위 1개를 굴려서 나온 주사위 눈의 수는 6 이하일 거야.
> • 진성: 오늘은 5월 30일이니 내일은 6월 1일일 거야.
> • 하준: 10분에 1대 오는 버스를 9분 동안 기다렸으니 2분 안에 버스가 올 거야.
> • 우형: 내일은 오늘보다 기온이 더 낮을 거야.

(1) 일이 일어날 가능성이 '불가능하다'인 경우를 말한 친구는 누구입니까?

( )

(2) 일이 일어날 가능성이 '확실하다'인 경우를 말한 친구는 누구입니까?

( )

(3) 일이 일어날 가능성이 낮은 순서대로 친구의 이름을 써 보시오.

( )

5 주머니에서 바둑돌 1개를 꺼낼 때, 꺼낸 바둑돌이 검은색일 가능성이 낮은 주머니부터 순서대로 기호를 써 보시오.

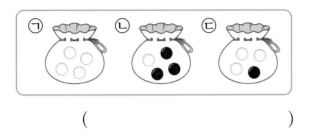

( )

6 **일이 일어날 가능성을 수로 표현하기**

6 지우가 회전판 돌리기를 하고 있습니다. 일이 일어날 가능성이 '불가능하다'이면 0, '반반이다'이면 $\frac{1}{2}$, '확실하다'이면 1로 표현할 때, 물음에 답하시오.

가   나
 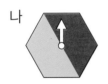

(1) 회전판 가를 돌릴 때 화살이 노란색에 멈출 가능성을 ↓로 나타내어 보시오.

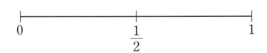

(2) 회전판 나를 돌릴 때 화살이 노란색에 멈출 가능성을 ↓로 나타내어 보시오.

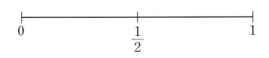

7 초록색 구슬 1개와 빨간색 구슬 1개가 들어 있는 상자에서 구슬 1개를 꺼냈습니다. 물음에 답하시오.

(1) 꺼낸 구슬이 초록색일 가능성을 수로 표현해 보시오.

( )

(2) 꺼낸 구슬이 빨간색일 가능성을 수로 표현해 보시오.

( )

8 10부터 19까지의 수가 쓰인 수 카드 10장 중에서 1장을 뽑으려고 합니다. 물음에 답하시오.

(1) 뽑은 수 카드에 쓰인 수가 한 자리 수일 가능성을 말로 표현해 보시오.

말|

(2) 뽑은 수 카드에 쓰인 수가 한 자리 수일 가능성을 수로 표현해 보시오.

수|

1 일이 일어날 가능성이 '확실하다'인 경우를 찾아 기호를 써 보시오.

> ㉠ 오늘은 수요일이니 이틀 후는 금요일일 것입니다.
> ㉡ 6달 후에 태어날 내 동생은 남동생일 것입니다.
> ㉢ 오늘 부화된 병아리가 내일 닭이 될 것입니다.

(   )

2 주머니에서 공 1개를 꺼낼 때, 꺼낸 공이 파란색일 가능성을 나타낸 말을 찾아 선으로 이어 보시오.

· 불가능하다

· ~아닐 것 같다

· 반반이다

· ~일 것 같다

· 확실하다

3 회전판을 돌릴 때 화살이 주황색에 멈출 가능성을 ↓로 나타내어 보시오.

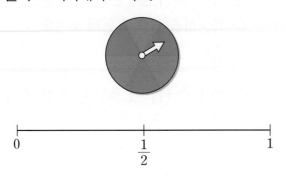

0       $\frac{1}{2}$ 1

(4~6) 친구들이 말한 일이 일어날 가능성을 비교하려고 합니다. 물음에 답하시오.

> · 동호: 1월 10일 오후 2시에서 12시간이 지나면 1월 11일 오전 2시일 거야.
> · 채은: 최저 기온이 20 ℃인 오늘 눈이 올 거야.
> · 민아: 내 짝은 남자일 거야.

4 일이 일어날 가능성이 '확실하다'인 경우를 말한 친구는 누구입니까?

(   )

5 위 **4**와 같은 상황에서 일이 일어날 가능성이 '불가능하다'가 되도록 친구의 말을 바꿔 보시오.

(   )

6 일이 일어날 가능성이 높은 순서대로 친구의 이름을 써 보시오.

(   )

교과 역량 창의·융합, 의사소통   서술형

7 일이 일어날 가능성이 '~일 것 같다'를 나타낼 수 있는 상황을 주변에서 찾아 써 보시오.

답 |

8 서하가 ○✕ 문제를 풀고 있습니다. ○라고 답했을 때, 틀렸을 가능성을 말과 수로 표현해 보시오.

말 |

수 |

9 카드 중 1장을 뽑을 때  카드를 뽑을 가능성을 수로 표현해 보시오.

( )

교과 역량 창의·융합

10 (조건)에 알맞은 회전판이 되도록 색칠해 보시오.

(조건)
• 화살이 빨간색에 멈출 가능성이 가장 높습니다.
• 화살이 파란색에 멈출 가능성은 노란색에 멈출 가능성의 반입니다.

11 수 카드 중에서 1장을 뽑을 때 일이 일어날 가능성이 낮은 순서대로 기호를 써 보시오.

| 2 | 6 | 7 | 9 |

㉠ 5의 배수가 나올 가능성
㉡ 짝수가 나올 가능성
㉢ 5보다 큰 수가 나올 가능성
㉣ 3보다 작은 수가 나올 가능성

( )

(12~13) 1부터 16까지의 수가 쓰인 수 카드 16장 중에서 1장을 뽑으려고 합니다. 물음에 답하시오.

12 뽑은 수 카드에 쓰인 수가 홀수일 가능성을 말과 수로 표현해 보시오.

말 |

수 |

교과서 pick

13 뽑은 수 카드에 쓰인 수가 8 이하일 가능성과 회전판을 돌릴 때 화살이 연두색에 멈출 가능성이 같도록 회전판을 색칠해 보시오.

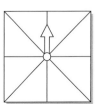

교과서 **pick**

1 수정이네 반 남녀 학생의 키의 평균을 나타낸 표입니다. 수정이네 반 전체 학생의 키의 평균은 몇 cm인지 구해 보시오.

남학생 15명	141 cm
여학생 10명	146 cm

(   )

2 민정이네 모둠 학생의 하루 게임 시간을 나타낸 표입니다. 게임 시간의 평균이 33분일 때, 게임 시간이 가장 긴 학생은 누구인지 이름을 써 보시오.

게임 시간

이름	민정	호영	보라	재현	정원
시간(분)	28	36	30		37

(   )

3 주사위 1개를 굴릴 때 일이 일어날 가능성이 높은 순서대로 기호를 써 보시오.

> ㉠ 눈의 수가 0이 나올 가능성
> ㉡ 눈의 수가 자연수가 나올 가능성
> ㉢ 눈의 수가 6의 약수로 나올 가능성
> ㉣ 눈의 수가 3 초과로 나올 가능성

(   )

교과서 **pick**

4 은지와 민호의 멀리뛰기 기록의 평균이 같을 때, 민호의 1회 멀리뛰기 기록은 몇 cm인지 구해 보시오.

은지의 멀리뛰기 기록

회	거리(cm)
1회	150
2회	145
3회	155

민호의 멀리뛰기 기록

회	거리(cm)
1회	
2회	160
3회	172
4회	138

(   )

실력 확인 [평가책] 단원 평가 42~47쪽 | 서술형 평가 48~49쪽

개념+^{PLUS}유형

라이트 평가책

- 단원평가 2회
- 서술형평가
- 학업 성취도평가

개념부터 유형이 하나로

초등 수학

5·2

visang

우리는 남다른 상상과 혁신으로
교육 문화의 새로운 전형을 만들어
모든 이의 행복한 경험과 성장에 기여한다

ABOVE IMAGINATION

우리는 남다른 상상과 혁신으로
교육 문화의 새로운 전형을 만들어
모든 이의 행복한 경험과 성장에 기여한다

개념+유형

라이트

평가책

초등 수학

5·2

1 왼쪽 수를 올림하여 십의 자리까지 나타낸 수를 찾아 ○표 하시오.

| 172 | 170 | 180 | 200 |

2 54 이하인 수를 모두 고르시오. (   )

① 55   ② 54   ③ 57
④ 71   ⑤ 49

3 15 초과 23 이하인 수는 모두 몇 개입니까?

| 19 | 14.2 | 23 | 35.4 |
| 16.5 | 7 | 43 | 21 |

(   )

4 수의 범위를 수직선에 나타내어 보시오.

25 이상 29 미만인 수

┼──┼──┼──┼──┼──┼──┼──┼──┼
24　25　26　27　28　29　30　31　32

5 주어진 수를 각각 올림, 버림, 반올림하여 백의 자리까지 나타내어 보시오.

수	올림	버림	반올림
1508			

6 수직선에 나타낸 수의 범위를 써 보시오.

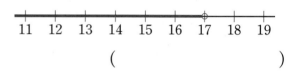

(   )

7 크레파스의 길이는 몇 cm인지 반올림하여 일의 자리까지 나타내어 보시오.

(   )

잘 틀리는 문제

8 올림, 버림, 반올림 중에서 어떤 방법으로 어림해야 하는지 써 보시오.

57000원을 10000원짜리 지폐로 바꾸려고 합니다. 10000원짜리 지폐로 최대 몇 장까지 바꿀 수 있습니까?

(   )

9 학생 276명이 모두 보트에 타려고 합니다. 보트 한 척에 탈 수 있는 정원이 10명일 때 보트는 최소 몇 척 필요합니까?

( )

시험에 꼭 나오는 문제

10 민규가 초등학교 태권도 대회에 참가하려고 합니다. 민규의 몸무게가 36.2 kg일 때, 민규가 속한 체급은 무엇입니까?

체급별 몸무게(초등학교 남학생용)

체급	몸무게(kg)
플라이급	32 초과 34 이하
밴텀급	34 초과 36 이하
페더급	36 초과 39 이하

(출처: 초등부 고학년부(5, 6학년) 남자, 대한 태권도 협회, 2022)

( )

11 다미네 모둠 학생 6명의 어젯밤 수면 시간을 조사한 것입니다. 수면 시간이 8시간 이하인 학생은 모두 몇 명입니까?

8.5시간 9.0시간 7.8시간

9.6시간 10.0시간 7.5시간

( )

12 48을 포함하는 수의 범위를 모두 찾아 기호를 써 보시오.

ㄱ 48 이상인 수   ㄴ 48 미만인 수
ㄷ 48 초과인 수   ㄹ 48 이하인 수

( )

13 다음 네 자리 수를 반올림하여 십의 자리까지 나타내면 4280입니다. □ 안에 들어갈 수 있는 수를 모두 구해 보시오.

427□

( )

시험에 꼭 나오는 문제

14 버림하여 백의 자리까지 나타내면 7500이 되는 자연수 중에서 가장 큰 수를 구해 보시오.

( )

(15~16) 우리나라 여러 도시의 5월 최고 기온을 조사하여 나타낸 표입니다. 물음에 답하시오.

도시별 5월 최고 기온

도시	서울	부산	강릉
기온(°C)	30.7	27.4	33.4
도시	광주	전주	대구
기온(°C)	31.9	31.3	33.2

(출처: 2022년 5월 최고 기온, 기상자료개방포털, 2022.)

15 표를 완성해 보시오.

기온(°C)	도시
28 미만	
28 이상 32 미만	
32 이상	

16 전주의 기온을 반올림하여 일의 자리까지 나타내면 몇 도입니까?

(   )

잘 틀리는 문제

17 소리네 마을 사람들은 버스를 빌려 소풍을 가기로 했습니다. 45인승 버스가 적어도 5대 필요하다면 소풍을 가는 사람은 몇 명 이상 몇 명 이하인지 구해 보시오.

(   )

◀ 서술형 문제

18 어느 아파트에 사는 주민 수는 1976명입니다. 이 아파트의 주민 수를 어림하였더니 2000명이 되었습니다. 어떻게 어림했는지 두 가지 방법으로 설명해 보시오.

방법 1 |

방법 2 |

19 나라는 9800원짜리 책과 3500원짜리 퍼즐을 사고 1000원짜리 지폐로 물건 값을 내려고 합니다. 나라는 최소 얼마를 내야 하는지 풀이 과정을 쓰고 답을 구해 보시오.

풀이 |

답 |

20 (조건)을 모두 만족하는 자연수는 몇 개인지 풀이 과정을 쓰고 답을 구해 보시오.

┌─ **조건** ─────────────
• 47 초과 52 이하인 수입니다.
• 올림하여 십의 자리까지 나타내면 50이 되는 수입니다.
└──────────────────────

풀이 |

답 |

1 버림하여 십의 자리까지 나타내면 360이 되는 수를 모두 찾아 ○표 하시오.

326	365	359	360
306	350	369	371

(2~3) 동규네 모둠 학생들의 몸무게를 조사하여 나타낸 표입니다. 물음에 답하시오.

동규네 모둠 학생들의 몸무게

이름	동규	진선	민건	시영	준호
몸무게(kg)	41	35	32	39	38

2 몸무게가 39 kg 이상인 학생의 이름을 모두 써 보시오.

( )

3 몸무게가 38 kg 미만인 학생은 모두 몇 명입니까?

( )

4 반올림하여 주어진 자리까지 나타내어 보시오.

수	소수 첫째 자리	일의 자리
23.47		
68.92		

5 수직선에 나타낸 수의 범위에 속하는 수를 모두 찾아 기호를 써 보시오.

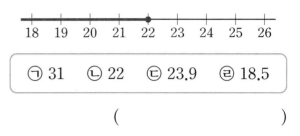

㉠ 31	㉡ 22	㉢ 23.9	㉣ 18.5

( )

6 반올림하여 만의 자리까지 나타낸 수가 다른 하나는 어느 것입니까? ( )

① 15723   ② 18528   ③ 24380
④ 26052   ⑤ 21900

7 25 초과 32 미만인 자연수는 모두 몇 개입니까?

( )

시험에 꼭 나오는 문제

8 어림한 수의 크기를 비교하여 ○ 안에 >, =, <를 알맞게 써넣으시오.

915를 버림하여 백의 자리까지 나타낸 수	○	804를 올림하여 백의 자리까지 나타낸 수

(9~10) 지호네 반 학생들의 팔 굽혀 펴기 횟수를 조사하여 나타낸 표입니다. 물음에 답하시오.

지호네 반 학생들의 팔 굽혀 펴기 횟수

이름	지호	민석	유미	수아
횟수(회)	25	30	21	27
이름	혜정	진영	성주	도연
횟수(회)	24	15	32	29

점수별 횟수

점수(점)	횟수(회)
1	20 미만
2	20 이상 25 미만
3	25 이상 30 미만
4	30 이상

9 지호와 같은 점수를 받은 학생의 이름을 모두 써 보시오.

( )

10 혜정이가 받은 점수의 팔 굽혀 펴기 횟수의 범위를 수직선에 나타내어 보시오.

```
├──┼──┼──┼──┼──┼──┼──┼──┼──┼──┤
  15      20      25      30      35
```

11 하은이네 모둠 학생들의 멀리뛰기 기록을 나타낸 표입니다. 멀리뛰기 기록을 반올림하여 일의 자리까지 나타낼 때, 반올림한 기록이 하은이와 같은 학생은 누구입니까?

하은이네 모둠 학생들의 멀리뛰기 기록

이름	하은	소미	윤지	채희
기록(cm)	162.4	167.2	162.7	161.5

( )

12 100원짜리 동전이 319개 있습니다. 이 동전을 10000원짜리 지폐로 바꾼다면 최대 몇 장까지 바꿀 수 있고 남는 금액은 얼마입니까?

(,)

(13~14) 어느 주차장의 주차 요금과 자동차별 주차 시간을 나타낸 표입니다. 물음에 답하시오.

주차 요금

주차 시간(분)	주차 요금(원)
30 이하	무료
30 초과 60 이하	4000
60 초과 90 이하	8000
90 초과 120 이하	12000

자동차별 주차 시간

자동차	주차 시간(분)	자동차	주차 시간(분)
가	30	라	60
나	65	마	95
다	15	바	80

13 주차 요금을 8000원 내야 하는 차는 모두 몇 대입니까?

( )

14 가와 주차 요금이 같은 자동차를 찾아 써 보시오.

( )

잘 틀리는 문제

15 어림하는 방법이 다른 한 사람을 찾아 이름을 써 보시오.

- 수민: 색종이 1820장을 100장씩 묶어서 팔 때, 팔 수 있는 색종이는 모두 몇 장일까?
- 유정: 공책 295권을 10권씩 묶음으로 사려면 공책을 최소 몇 권 사야 할까?
- 진영: 끈 752 cm를 1 m씩 잘라 물건을 포장할 때, 포장할 수 있는 물건은 모두 몇 개일까?

( )

16 민정이의 사물함 자물쇠의 비밀번호를 올림하여 백의 자리까지 나타내면 6800입니다. 민정이의 사물함 자물쇠의 비밀번호를 구해 보시오.

민정 내 사물함 자물쇠의 비밀번호는 □□51이야.

( )

잘 틀리는 문제

17 어떤 자연수를 반올림하여 십의 자리까지 나타내었더니 490이 되었습니다. 어떤 자연수가 될 수 있는 수의 범위를 이상과 미만을 이용하여 나타내어 보시오.

( )

◀ 서술형 문제

18 수직선에 나타낸 수의 범위에 속하는 자연수는 모두 몇 개인지 풀이 과정을 쓰고 답을 구해 보시오.

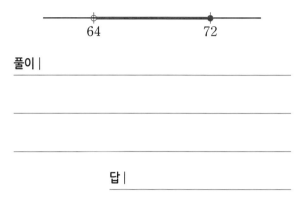

풀이 |

답 |

19 감자전을 만드는 데 감자가 850 g 필요합니다. 마트에서 감자를 100 g 단위로만 판다면 감자를 최소 몇 g 사야 하는지 풀이 과정을 쓰고 답을 구해 보시오.

풀이 |

답 |

20 □ 안에 알맞은 자연수를 구하려고 합니다. 풀이 과정을 쓰고 답을 구해 보시오.

□ 초과인 한 자리 수는 5개입니다.

풀이 |

답 |

1 TV에서 15세 이상 볼 수 있는 프로그램이 방영되고 있습니다. 민기네 가족 중에서 이 프로그램을 볼 수 있는 사람은 모두 몇 명인지 풀이 과정을 쓰고 답을 구해 보시오.[5점]

민기네 가족의 나이

가족	민기	아버지	어머니	동생	삼촌	누나
나이(세)	12	45	40	10	33	15

풀이 |

답 |

2 7649를 올림하여 천의 자리까지 나타낸 수와 올림하여 십의 자리까지 나타낸 수의 차는 얼마인지 풀이 과정을 쓰고 답을 구해 보시오. [5점]

풀이 |

답 |

3 색 테이프가 812 cm 있습니다. 꽃 한 송이를 만드는 데 색 테이프가 1 m 필요하다면 꽃을 최대 몇 송이까지 만들 수 있는지 풀이 과정을 쓰고 답을 구해 보시오. [5점]

풀이 |

답 |

4 수 카드 4장을 한 번씩 모두 사용하여 만든 가장 작은 네 자리 수를 반올림하여 천의 자리까지 나타내려고 합니다. 풀이 과정을 쓰고 답을 구해 보시오. [5점]

| 5 | 6 | 2 | 9 |

풀이 |

답 |

5 반올림하여 백의 자리까지 나타내면 6000이 되는 자연수 중에서 가장 큰 수와 가장 작은 수의 차는 얼마인지 풀이 과정을 쓰고 답을 구해 보시오. [5점]

풀이 |

답 |

6 형우는 동생, 이모와 함께 민속촌에 가려고 합니다. 형우, 동생, 이모는 각각 10세, 9세, 28세일 때 세 사람의 입장료는 모두 얼마인지 풀이 과정을 쓰고 답을 구해 보시오. [5점]

나이별 민속촌 입장료

나이(세)	입장료(원)
3 이상 12 미만	26000
12 이상 65 미만	32000
65 이상	22000

※ 3세 미만 입장료 무료

풀이 |

답 |

1 그림을 보고 ☐ 안에 알맞은 수를 써넣으시오.

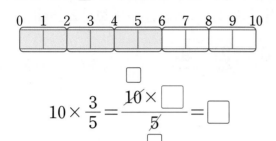

$$10 \times \frac{3}{5} = \frac{10 \times \square}{\cancel{5}} = \square$$

（2~3） ☐ 안에 알맞은 수를 써넣으시오.

2 $\dfrac{2}{7} \times 4 = \dfrac{2}{7} \times \dfrac{4}{\square} = \dfrac{2 \times \square}{7 \times \square}$

$= \dfrac{\square}{\square} = \square$

3 $1\dfrac{7}{8} \times 2\dfrac{3}{5} = \dfrac{15}{8} \times \dfrac{\square}{\cancel{5}}$

$= \dfrac{\square}{8} = \square$

4 《보기》와 같은 방법으로 계산해 보시오.

《보기》
$$5 \times 1\frac{3}{10} = \overset{1}{\cancel{5}} \times \frac{13}{\underset{2}{\cancel{10}}} = \frac{13}{2} = 6\frac{1}{2}$$

$6 \times 1\dfrac{3}{8}$ _____

（5~6） 계산해 보시오.

5 $\dfrac{5}{6} \times \dfrac{3}{4}$

6 $1\dfrac{4}{5} \times \dfrac{7}{9}$

7 두 수의 곱을 구해 보시오.

$$14 \qquad \frac{7}{12}$$

(　　　　　　)

시험에 꼭 나오는 문제
8 빈칸에 알맞은 수를 써넣으시오.

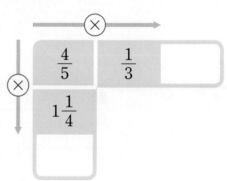

정답 68쪽

9 빈칸에 알맞은 수를 써넣으시오.

$$\frac{3}{8} \quad \times \frac{2}{3} \quad \times \frac{7}{9}$$

10 ○ 안에 >, =, <를 알맞게 써넣으시오.

$$\frac{1}{2} \times \frac{1}{6} \bigcirc \frac{1}{2}$$

11 계산 결과가 같은 것끼리 선으로 이어 보시오.

$$\frac{7}{11} \times 6 \quad \cdot$$

$$1\frac{1}{4} \times 10 \quad \cdot$$

$$1\frac{5}{6} \times 8 \quad \cdot$$

$$\cdot \quad 8 \times 1\frac{5}{6}$$

$$\cdot \quad \frac{5}{4} \times 10$$

$$\cdot \quad 7 \times \frac{6}{11}$$

12 계산 결과가 가장 작은 것을 찾아 기호를 써 보시오.

$$\text{㉠ } \frac{7}{10} \times \frac{5}{8} \quad \text{㉡ } 4 \times \frac{3}{5} \quad \text{㉢ } 1\frac{1}{2} \times 2\frac{2}{3}$$

(   )

13 냉장고에 우유가 $\frac{5}{8}$ L 들어 있었습니다. 냉장고에 들어 있는 우유의 $\frac{2}{3}$ 를 마셨다면 마신 우유는 몇 L입니까?

(   )

14 정사각형의 둘레는 몇 cm입니까?

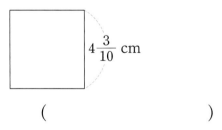

$4\frac{3}{10}$ cm

(   )

15 민호는 5 km 떨어진 할머니 댁에 갔습니다. 전체 거리의 $\frac{5}{8}$ 는 버스를 타고 갔고, 나머지는 걸어갔습니다. 걸어간 거리는 몇 km입니까?

(   )

잘 틀리는 문제

16 수 카드 6장 중에서 2장을 골라 계산 결과가 가장 큰 분수의 곱셈식을 만들려고 합니다. ☐ 안에 알맞은 수를 써넣고, 계산한 값을 구해 보시오.

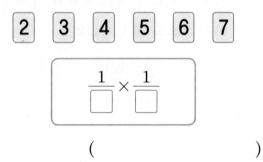

| 2 | 3 | 4 | 5 | 6 | 7 |

$$\frac{1}{\square} \times \frac{1}{\square}$$

(   )

17 ☐ 안에 들어갈 수 있는 자연수는 모두 몇 개입니까?

$$3\frac{3}{5} \times 1\frac{1}{2} > \square\frac{3}{5}$$

(   )

서술형 문제

18 잘못 계산한 곳을 찾아 이유를 쓰고, 바르게 계산해 보시오.

$$\overset{3}{\cancel{12}} \times 2\frac{1}{\underset{2}{8}} = 3 \times \frac{5}{2} = \frac{15}{2} = 7\frac{1}{2}$$

이유 |

바른 계산 |

19 가장 큰 분수와 가장 작은 분수의 곱은 얼마인지 풀이 과정을 쓰고 답을 구해 보시오.

| $1\frac{1}{9}$ | $3\frac{3}{4}$ | $2\frac{7}{8}$ |

풀이 |

답 |

20 오른쪽 정사각형에서 색칠한 부분의 넓이는 몇 cm²인지 풀이 과정을 쓰고 답을 구해 보시오.

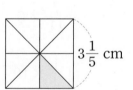

$3\frac{1}{5}$ cm

풀이 |

답 |

1 □ 안에 알맞은 수를 써넣으시오.

$$12 \times 3\frac{5}{6} = \left(12 \times \square\right) + \left(12 \times \frac{\square}{\square}\right)$$

$$= \square + \square = \square$$

(2~3) 계산해 보시오.

2 $16 \times \dfrac{7}{12}$

3 $1\dfrac{1}{3} \times 6$

시험에 꼭 나오는 문제

4 빈칸에 알맞은 수를 써넣으시오.

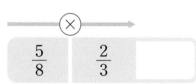

5 세 분수의 곱을 구해 보시오.

| $\dfrac{2}{3}$ | $\dfrac{3}{14}$ | $\dfrac{5}{6}$ |

(   )

6 빈칸에 알맞은 수를 써넣으시오.

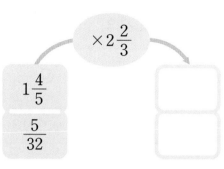

7 계산 결과의 크기를 비교하여 ○ 안에 >, =, <를 알맞게 써넣으시오.

$$\frac{4}{9} \times 6 \bigcirc 1\frac{3}{4} \times 3$$

8 잘못 계산한 사람의 이름을 쓰고, 바르게 계산한 값을 구해 보시오.

- 민주: $10 \times 2\dfrac{3}{4} = 27\dfrac{1}{2}$
- 한희: $18 \times 1\dfrac{5}{8} = 28\dfrac{1}{4}$

(,   )

9 계산 결과가 $\dfrac{7}{13}$보다 작은 것을 모두 찾아 기호를 써 보시오.

$$\bigcirc \ \dfrac{7}{13} \times 3 \qquad \bigcirc \ \dfrac{7}{13} \times \dfrac{1}{3}$$

$$\bigcirc \ \dfrac{7}{13} \times \dfrac{11}{2} \qquad \bigcirc \ \dfrac{7}{13} \times \dfrac{3}{4}$$

(   )

시험에 꼭 나오는 문제

10 한 명이 케이크 한 개의 $\dfrac{2}{9}$씩 먹으려고 합니다. 27명이 먹으려면 필요한 케이크는 모두 몇 개입니까?

(   )

11 혜수는 주스 1 L의 $\dfrac{1}{5}$을 마셨습니다. 혜수가 마신 주스는 몇 mL입니까?

(   )

12 틀린 것을 찾아 기호를 써 보시오.

$\bigcirc$ 1시간의 $\dfrac{1}{4}$은 15분입니다.

$\bigcirc$ 1 m의 $\dfrac{1}{5}$은 25 cm입니다.

$\bigcirc$ 1 L의 $\dfrac{1}{2}$은 500 mL입니다.

(   )

13 그림을 보고 ㉠의 길이는 몇 m인지 구해 보시오.

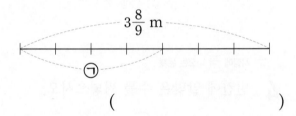

(   )

잘 틀리는 문제

14 ☐ 안에 들어갈 수 있는 자연수를 모두 구해 보시오.

$$\dfrac{1}{8} \times \dfrac{1}{\square} > \dfrac{1}{40}$$

(   )

15 수 카드 3장을 모두 한 번씩만 사용하여 대분수를 만들려고 합니다. 만들 수 있는 가장 큰 대분수와 가장 작은 대분수의 곱을 구해 보시오.

$$\boxed{2} \quad \boxed{3} \quad \boxed{5}$$

(   )

잘 틀리는 문제

16 상진이네 학교 5학년 학생 수는 전체 학생의 $\frac{2}{13}$입니다. 그중 $\frac{3}{5}$은 남학생이고, 남학생 중에서 $\frac{2}{3}$가 안경을 썼습니다. 안경을 쓰지 않은 5학년 남학생은 전체 학생의 몇 분의 몇입니까?

(   )

17 어떤 수에 $2\frac{1}{4}$을 곱해야 할 것을 잘못하여 뺐더니 $3\frac{5}{12}$가 되었습니다. 바르게 계산한 값은 얼마입니까?

(   )

서술형 문제

18 길이가 20 m인 색 테이프의 $\frac{8}{15}$을 사용했습니다. 남은 색 테이프의 길이는 몇 m인지 풀이 과정을 쓰고 답을 구해 보시오.

풀이 |

답 |

19 선후는 자전거를 타고 10분 동안 $1\frac{5}{8}$ km를 갑니다. 같은 빠르기로 1시간 동안 갈 수 있는 거리는 모두 몇 km인지 풀이 과정을 쓰고 답을 구해 보시오.

풀이 |

답 |

20 재희는 색종이 60장을 가지고 있었습니다. 어제 전체의 $\frac{1}{3}$을 사용하고, 남은 색종이의 $\frac{3}{4}$을 오늘 사용했습니다. 재희가 어제와 오늘 사용한 색종이는 모두 몇 장인지 풀이 과정을 쓰고 답을 구해 보시오.

풀이 |

답 |

점수	확인

1 $8 \times 3\dfrac{1}{6}$ 을 두 가지 방법으로 계산해 보시오. [5점]

방법 1 |

방법 2 |

2 민호네 집에 있는 전체 책의 $\dfrac{4}{5}$ 는 아동 도서이고, 그중 $\dfrac{1}{2}$ 은 아동 과학책입니다. 아동 과학책은 민호네 집에 있는 전체 책의 몇 분의 몇인지 풀이 과정을 쓰고 답을 구해 보시오. [5점]

풀이 |

답 |

3 동규는 하루 24시간 중 $\dfrac{1}{4}$ 을 학교에서 생활합니다. 동규가 하루에 학교에서 생활하는 시간은 몇 시간인지 풀이 과정을 쓰고 답을 구해 보시오. [5점]

풀이 |

답 |

4 가로가 30 cm, 세로가 12 cm인 직사각형 모양의 종이가 있습니다. 이 종이의 $\frac{4}{9}$ 만큼을 잘라서 사용했습니다. 사용한 종이의 넓이는 몇 cm²인지 풀이 과정을 쓰고 답을 구해 보시오. [5점]

풀이 |

답 |

5 어떤 수에 $1\frac{1}{6}$ 을 곱해야 할 것을 잘못하여 더했더니 $2\frac{25}{42}$ 가 되었습니다. 바르게 계산한 값은 얼마인지 풀이 과정을 쓰고 답을 구해 보시오. [5점]

풀이 |

답 |

6 수 카드 7장 중에서 6장을 골라 한 번씩만 사용하여 3개의 진분수를 만들어 세 분수의 곱셈을 하려고 합니다. 계산 결과가 가장 작을 때 계산한 값은 얼마인지 풀이 과정을 쓰고 답을 구해 보시오. [5점]

| 1 | 2 | 4 | 5 | 7 | 8 | 9 |

풀이 |

답 |

1 그림을 보고 ☐ 안에 알맞은 말을 써넣으시오.

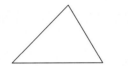

모양과 크기가 같아서 포개었을 때 완전히 겹치는 두 도형을 서로 ☐ (이)라고 합니다.

2 선대칭도형을 모두 찾아 써 보시오.

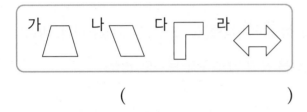

가　나　다　라

(　　　　　　)

3 주어진 도형과 서로 합동인 도형을 그려 보시오.

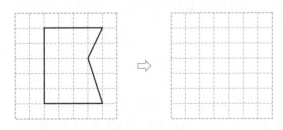

시험에 꼭 나오는 문제

4 다음 도형은 점대칭도형입니다. 대칭의 중심을 찾아 표시해 보시오.

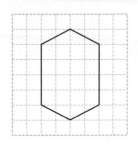

(5~6) 점 ㅇ을 대칭의 중심으로 하는 점대칭도형입니다. 물음에 답하시오.

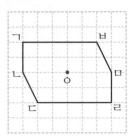

5 점 ㄷ의 대응점을 찾아 써 보시오.

(　　　　　　)

6 각 ㄱㅂㅁ의 대응각을 찾아 써 보시오.

(　　　　　　)

(7~8) 두 삼각형은 서로 합동입니다. 물음에 답하시오.

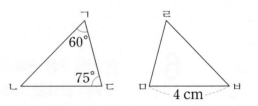

7 변 ㄴㄷ은 몇 cm입니까?

(　　　　　　)

8 각 ㄹㅁㅂ은 몇 도입니까?

(　　　　　　)

9 다음 도형은 선대칭도형입니다. 대칭축은 모두 몇 개입니까?

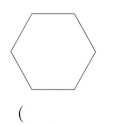

(   )

시험에 꼭 나오는 문제

10 직선 ㅅㅇ을 대칭축으로 하는 선대칭도형입니다. ☐ 안에 알맞은 수를 써넣으시오.

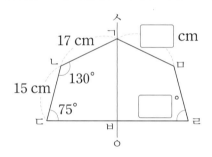

11 직선 ㄱㄴ을 대칭축으로 하는 선대칭도형을 완성해 보시오.

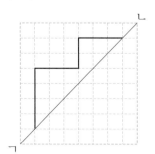

12 점 ㅇ을 대칭의 중심으로 하는 점대칭도형을 완성해 보시오.

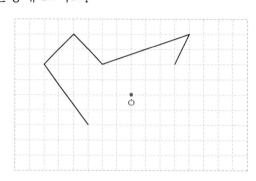

13 우리나라에서 사용하고 있는 교통안전 표지판입니다. 모양이 서로 합동인 표지판을 찾아 써 보시오. (단, 표지판의 색깔과 표지판 안의 그림은 생각하지 않습니다.)

(   )

잘 틀리는 문제

14 선대칭도형이면서 점대칭도형인 알파벳을 찾아 ◯표 하시오.

A D H N S V

15 두 사각형은 서로 합동입니다. 사각형 ㄱㄴㄷㄹ 의 둘레는 몇 cm입니까?

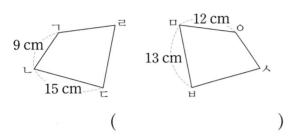

(   )

16 선분 ㄱㄹ을 대칭축으로 하는 선대칭도형 입니다. 삼각형 ㄱㄴㄷ의 둘레가 38 cm일 때, 변 ㄱㄷ은 몇 cm입니까?

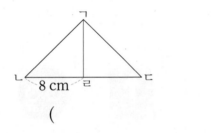

(   )

잘 틀리는 문제

17 삼각형 ㄱㄴㄷ과 삼각형 ㄹㄷㄴ은 서로 합동 입니다. 각 ㄹㄴㄷ은 몇 도입니까?

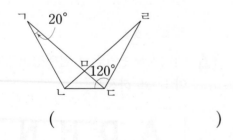

(   )

◁ 서술형 문제

18 왼쪽 도형과 합동인 도형을 찾아 쓰고, 그 이유를 써 보시오.

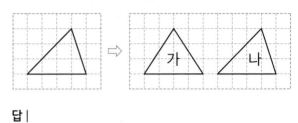

답 |

19 오른쪽은 선분 ㄱㄷ을 대칭축으로 하는 선대칭 도형입니다. 각 ㄴㄱㄷ 은 몇 도인지 풀이 과 정을 쓰고 답을 구해 보시오.

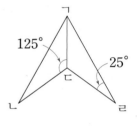

풀이 |

답 |

20 점 ㅇ을 대칭의 중심으로 하는 점대칭도형 입니다. 변 ㅁㅂ은 몇 cm인지 풀이 과정을 쓰고 답을 구해 보시오.

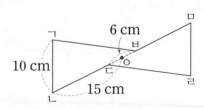

풀이 |

답 |

1 왼쪽 도형과 서로 합동인 도형을 찾아 써 보시오.

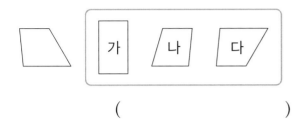

( )

(2~3) 도형을 보고 물음에 답하시오.

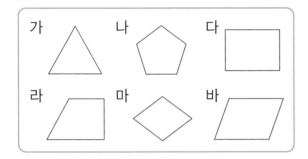

2 선대칭도형을 모두 찾아 써 보시오.

( )

3 점대칭도형을 모두 찾아 써 보시오.

( )

4 주어진 도형과 서로 합동인 도형을 그려 보시오.

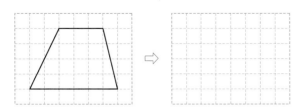

5 다음 도형은 선대칭도형입니다. 대칭축을 모두 그어 보시오.

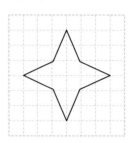

시험에 꼭 나오는 문제

6 두 삼각형은 서로 합동입니다. 대응점, 대응변, 대응각을 각각 찾아 써 보시오.

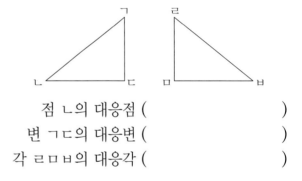

점 ㄴ의 대응점 ( )
변 ㄱㄷ의 대응변 ( )
각 ㄹㅁㅂ의 대응각 ( )

7 점대칭도형의 성질에 대해 <u>잘못</u> 설명한 것을 찾아 기호를 써 보시오.

> ㉠ 대응각의 크기는 서로 같습니다.
> ㉡ 대칭의 중심은 여러 개일 수 있습니다.
> ㉢ 각각의 대응점에서 대칭의 중심까지의 거리가 서로 같습니다.

( )

(8~9) 직선 ㅅㅇ을 대칭축으로 하는 선대칭도형입니다. 물음에 답하시오.

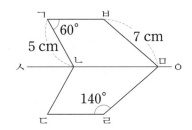

8 변 ㄹㅁ은 몇 cm입니까?

( )

9 각 ㄴㄷㄹ은 몇 도입니까?

( )

시험에 **꼭** 나오는 문제

10 점 ㅇ을 대칭의 중심으로 하는 점대칭도형입니다. □ 안에 알맞은 수를 써넣으시오.

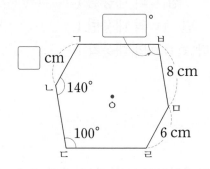

11 다음 그림의 대칭축에 거울을 대어 왼쪽을 비추어 보고 숨겨진 글자를 찾으려고 합니다. 숨겨진 글자는 무엇인지 써 보시오.

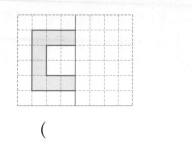

( )

12 두 삼각형은 서로 합동입니다. 각 ㄱㄷㄴ은 몇 도입니까?

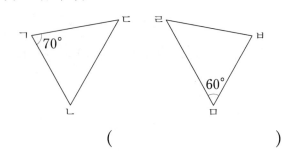

( )

잘 틀리는 문제

13 사각형을 두 대각선을 따라 잘랐을 때 잘린 네 도형이 항상 합동이 되는 것을 찾아 기호를 써 보시오.

㉠ 직사각형	㉡ 평행사변형
㉢ 마름모	㉣ 사다리꼴

( )

14 선분 ㄱㄷ을 대칭축으로 하는 선대칭도형입니다. 각 ㄴㄱㄷ은 몇 도입니까?

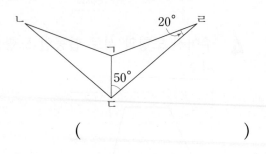

( )

15 삼각형 ㄱㄴㄷ과 삼각형 ㄷㄹㅁ은 서로 합동입니다. 선분 ㄴㄹ은 몇 cm입니까?

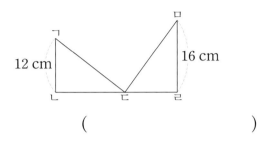

( )

16 선분 ㄱㄹ을 대칭축으로 하는 선대칭도형입니다. 선대칭도형의 둘레는 몇 cm입니까?

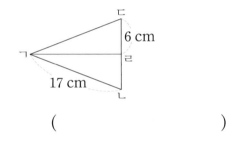

( )

잘 틀리는 문제

17 점 ㅇ을 대칭의 중심으로 하는 점대칭도형입니다. 도형의 둘레가 40 cm일 때, 변 ㄷㄹ은 몇 cm입니까?

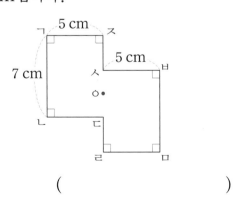

( )

< 서술형 문제

《18~19》 점 ㅇ을 대칭의 중심으로 하는 점대칭도형입니다. 물음에 답하시오.

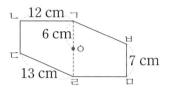

18 선분 ㄱㄹ은 몇 cm인지 풀이 과정을 쓰고 답을 구해 보시오.

풀이 |

답 |

19 점대칭도형의 둘레는 몇 cm인지 풀이 과정을 쓰고 답을 구해 보시오.

풀이 |

답 |

20 선분 ㅁㅂ을 대칭축으로 하는 선대칭도형을 완성하려고 합니다. 완성한 선대칭도형의 넓이는 몇 cm² 인지 풀이 과정을 쓰고 답을 구해 보시오.

풀이 |

답 |

1 오른쪽 사다리꼴은 점대칭도형이 아닙니다. 그 이유를 써 보시오. [5점]

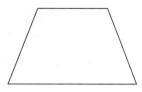

이유 |

_____

_____

2 오른쪽 정삼각형은 선대칭도형입니다. 정삼각형에 그을 수 있는 대칭축은 모두 몇 개인지 풀이 과정을 쓰고 답을 구해 보시오. [5점]

풀이 |

_____

_____

_____

답 | _____

3 두 사각형은 서로 합동입니다. 각 ㅁㅇㅅ은 몇 도인지 풀이 과정을 쓰고 답을 구해 보시오. [5점]

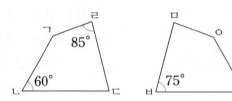

풀이 |

_____

_____

_____

답 | _____

4 오른쪽은 점 ㅇ을 대칭의 중심으로 하는 점대칭 도형입니다. 각 ㄷㄹㄴ은 몇 도인지 풀이 과정을 쓰고 답을 구해 보시오. [5점]

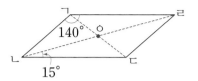

풀이 |

답 |

5 오른쪽 삼각형 ㄱㄴㅁ과 삼각형 ㄹㅁㄷ은 서로 합동입니다. 사각형 ㄱㄴㄷㄹ의 둘레는 몇 cm인지 풀이 과정을 쓰고 답을 구해 보시오. [5점]

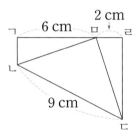

풀이 |

답 |

6 선분 ㄱㅁ을 대칭축으로 하는 선대칭도형입니다. 도형의 둘레가 74 cm일 때, 변 ㄷㄹ은 몇 cm인지 풀이 과정을 쓰고 답을 구해 보시오. [5점]

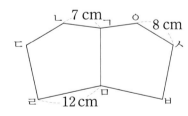

풀이 |

답 |

1 0.3×4를 분수의 곱셈으로 계산하려고 합니다. □ 안에 알맞은 수를 써넣으시오.

$$0.3 \times 4 = \frac{\square}{10} \times 4 = \frac{\square \times \square}{10}$$

$$= \frac{\square}{10} = \square$$

2 40×2.5를 자연수의 곱셈을 이용하여 계산하려고 합니다. □ 안에 알맞은 수를 써넣으시오.

$$40 \times 25 = 1000$$

$\frac{1}{10}$배 $\downarrow$ $\quad$ $\square$배 $\downarrow$

$$40 \times 2.5 = \square$$

3 계산해 보시오.

4.63×5

4 □ 안에 알맞은 수를 써넣으시오.

$9 \times 4 = 36$

$0.9 \times 0.4 = \boxed{}$

$0.9 \times 0.04 = \boxed{}$

$0.09 \times 0.04 = \boxed{}$

5 빈칸에 알맞은 수를 써넣으시오.

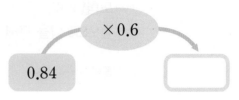

시험에 꼭 나오는 문제

6 계산 결과가 같은 것끼리 선으로 이어 보시오.

1.8×2.2 ·   · 1.8×0.22

0.18×2.2 ·   · 180×0.022

7 빈칸에 알맞은 수를 써넣으시오.

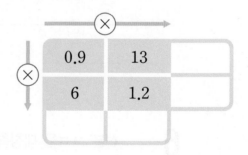

8 어림하여 계산 결과가 3보다 큰 것을 모두 찾아 기호를 써 보시오.

| ㉠ 0.64×4 | ㉡ 0.8×6 |
| ㉢ 0.42×9 | ㉣ 0.56×5 |

($\quad\quad\quad\quad$)

시험에 꼭 나오는 문제

9 계산 결과의 크기를 비교하여 ○ 안에 >, =, <를 알맞게 써넣으시오.

$$3 \times 2.98 \bigcirc 2 \times 5.1$$

10 계산 결과가 자연수인 것을 찾아 기호를 써 보시오.

㉠ 2.6×12	㉡ 14×0.25
㉢ 1.58×16	㉣ 16×0.75

( )

11 가장 큰 수와 가장 작은 수의 곱을 구해 보시오.

1.6	0.87	3.21	12.5

( )

잘 틀리는 문제

12 □ 안에 알맞은 수를 써넣으시오.

$$83.1 \times \boxed{} = 0.831$$

13 직사각형의 넓이는 몇 cm²입니까?

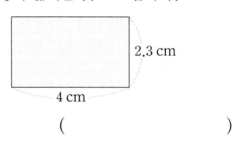

2.3 cm

4 cm

( )

14 성주의 몸무게는 42 kg입니다. 동생의 몸무게가 성주의 몸무게의 0.85배일 때, 동생의 몸무게는 몇 kg입니까?

( )

잘 틀리는 문제

15 우유를 한 컵에 0.34 L씩 따르려고 합니다. 컵 8개에 우유를 따르려면 1 L짜리 우유를 적어도 몇 개 사야 합니까?

( )

16 지희는 한 시간에 5.84 km씩 일정한 빠르기로 걸었습니다. 지희가 같은 빠르기로 1시간 30분 동안 걸은 거리는 몇 km입니까?

( )

17 수 카드 4장 중 2장을 한 번씩만 사용하여 소수 한 자리 수인 □.□를 만들려고 합니다. 만들 수 있는 소수 한 자리 수 중에서 가장 큰 수와 가장 작은 수의 곱을 구해 보시오.

2 3 5 6

( )

서술형 문제

18 14.5×1.6을 계산했더니 소수 두 자리 수인 2.32가 되었습니다. 계산한 값이 맞는지 틀린지 쓰고, 그 이유를 어림을 이용하여 설명해 보시오.

답 |

19 학교에서 집까지의 거리는 0.84 km입니다. 학교에서 도서관까지의 거리는 학교에서 집까지의 거리의 0.25배일 때, 학교에서 도서관까지의 거리는 몇 km인지 풀이 과정을 쓰고 답을 구해 보시오.

풀이 |

답 |

20 가로가 8.2 m, 세로가 6.6 m인 직사각형이 있습니다. 이 직사각형의 가로를 1.5배 하여 새로운 직사각형을 만들려고 합니다. 새로운 직사각형의 넓이는 몇 m²인지 풀이 과정을 쓰고 답을 구해 보시오.

풀이 |

답 |

점수   확인

4 단원

1 $1.2 \times 45.8 = 54.96$을 이용하여 □ 안에 알맞게 소수점을 찍어 보시오.

$$1.2 \times 4.58 = 5\square4\square9\square6$$

2 두 수의 곱을 구해 보시오.

0.42	2

(   )

3 계산 결과가 다른 것을 찾아 기호를 써 보시오.

ⓐ 65의 0.1배
ⓑ 650의 0.001배
ⓒ 0.65×10

(   )

4 계산 결과를 찾아 선으로 이어 보시오.

3.6×5.2 ·

7.3×2.4 ·

· 17.52

· 18.72

· 19.32

시험에 꼭 나오는 문제

5 잘못 계산한 곳을 찾아 바르게 계산해 보시오.

$$50 \times 0.3 = 50 \times \frac{3}{100} = \frac{50 \times 3}{100}$$
$$= \frac{150}{100} = 1.5$$

50×0.3 _____

_____

6 빈칸에 알맞은 수를 써넣으시오.

$\times 4$ $\times 8$

0.6 →

7 어림하여 계산 결과가 8보다 작은 것을 찾아 ○표 하시오.

2.1×4	1.6×6	3.9×2
( )	( )	( )

8 (보기)를 이용하여 ☐ 안에 알맞은 수를 써넣으시오.

┌─(보기)─────────────┐
│ $726 \times 34 = 24684$ │
└──────────────────┘

☐ $\times 3.4 = 24.684$

9 계산 결과가 큰 것부터 차례대로 기호를 써보시오.

┌────────────────────────┐
│ ㉠ 0.9×16 ㉡ 15×1.38 │
│ ㉢ 23×0.69 ㉣ 1.82×10.5 │
└────────────────────────┘

( )

10 어느 날 튀르키예의 환율이 다음과 같을 때, 우리나라 돈 3000원을 튀르키예 돈으로 바꾸면 얼마입니까?

┌────────────────────┐
│   우리나라 돈 1000원   │
│   =튀르키예 돈 12.85리라   │
└────────────────────┘

( )

11 세하가 태어났을 때의 몸무게는 3 kg이었고 1년 뒤 돌잔치 때는 태어났을 때의 몸무게의 3.4배가 되었습니다. 돌잔치 때 세하의 몸무게는 몇 kg입니까?

( )

12 1분 동안 0.95 m를 가는 나무늘보가 있습니다. 이 나무늘보가 같은 빠르기로 0.6분 동안 가는 거리는 몇 m입니까?

( )

13 사다리꼴의 넓이는 몇 cm^{2}입니까?

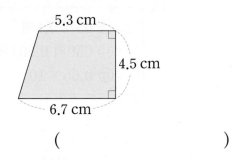

( )

14 준우네 가족은 매일 1.2 L씩 우유를 마십니다. 준우네 가족이 10월 한 달 동안 마시는 우유는 모두 몇 L입니까?

( )

잘 틀리는 문제

15 형우가 계산기로 0.24×0.5를 계산하려고 두 수를 눌렀는데 수 하나의 소수점 위치를 잘못 눌러서 계산 결과가 1.2가 나왔습니다. 형우가 계산기에 누른 두 수를 써 보시오.

$\square \times \square$

(,)

16 민지는 길이가 34 m인 리본의 0.26배만큼을 사용하였고, 영우는 길이가 23 m인 리본의 0.45배만큼을 사용하였습니다. 사용한 리본이 더 긴 사람은 누구이고, 몇 m 더 깁니까?

(,)

17 수 카드 3장을 $\square$ 안에 한 번씩만 써넣어 곱이 가장 큰 (두 자리 수)×(소수 한 자리 수)를 만들고, 계산해 보시오.

4 6 8

$\square\square \times 0.\square$

( )

서술형 문제

18 2000원으로 1 m당 20.5원인 색 테이프를 100 m 사려고 합니다. 색 테이프를 살 수 있을지 알아보고, 그 이유를 어림을 이용하여 설명해 보시오.

답 |

19 한 변의 길이가 3.8 cm인 정육각형의 둘레는 몇 cm인지 풀이 과정을 쓰고 답을 구해 보시오.

풀이 |

답 |

20 어떤 소수에 0.64를 곱해야 할 것을 잘못하여 더했더니 1.34가 되었습니다. 바르게 계산한 값은 얼마인지 풀이 과정을 쓰고 답을 구해 보시오.

풀이 |

답 |

서술형 평가

4. 소수의 곱셈

점수 | 확인

1 1.6×4를 두 가지 방법으로 계산해 보시오. [5점]

방법 1 |

방법 2 |

2 계산 결과를 잘못 어림한 사람의 이름을 쓰고, 잘못 어림한 부분을 바르게 고쳐 보시오. [5점]

- 유하: 5×0.22는 5와 0.2의 곱으로 어림할 수 있으니까 계산 결과는 1 정도가 돼.
- 동우: 8과 49의 곱이 약 400이니까 8과 0.49의 곱은 40 정도야.

답 |

3 우준이는 매일 운동장에서 0.7 km씩 걷기 운동을 합니다. 우준이가 12일 동안 걷기 운동을 한 거리는 몇 km인지 풀이 과정을 쓰고 답을 구해 보시오. [5점]

풀이 |

답 |

4 어머니의 몸무게는 56 kg이고 수아의 몸무게는 어머니의 몸무게의 0.6배입니다. 어머니와 수아의 몸무게의 합은 몇 kg인지 풀이 과정을 쓰고 답을 구해 보시오. [5점]

풀이 |

답 |

5 민수는 한 상자의 무게가 0.6 kg인 과자 18상자를 가지고 있고, 윤아는 한 봉지의 무게가 0.87 kg인 과자 12봉지를 가지고 있습니다. 누가 가지고 있는 과자가 몇 kg 더 무거운지 풀이 과정을 쓰고 답을 구해 보시오. [5점]

풀이 |

답 | ,

6 오른쪽 평행사변형의 밑변의 길이를 1.4배, 높이를 1.6배하여 새로운 평행사변형을 만들려고 합니다. 새로운 평행사변형의 넓이는 몇 m²인지 풀이 과정을 쓰고 답을 구해 보시오. [5점]

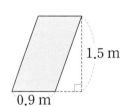

1.5 m

0.9 m

풀이 |

답 |

1 직육면체를 보고 ☐ 안에 각 부분의 이름을 써넣으시오.

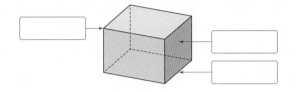

2 직육면체와 정육면체를 각각 모두 찾아 써 보시오.

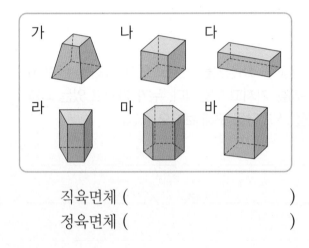

직육면체 (　　　　)

정육면체 (　　　　)

3 정육면체의 한 면을 본뜬 모양으로 알맞은 것을 찾아 써 보시오.

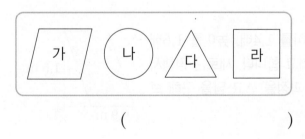

(　　　　)

4 정육면체를 보고 면, 모서리, 꼭짓점은 각각 몇 개인지 세어 보시오.

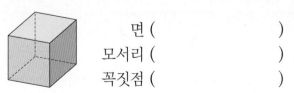

면 (　　　)

모서리 (　　　)

꼭짓점 (　　　)

5 직육면체에서 색칠한 면과 평행한 면을 찾아 색칠해 보시오.

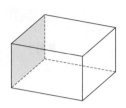

6 직육면체의 겨냥도를 바르게 그린 것을 찾아 기호를 써 보시오.

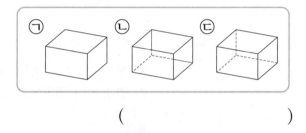

(　　　　)

7 직육면체에서 면 ㄴㅂㅅㄷ과 수직인 면을 모두 찾아 써 보시오.

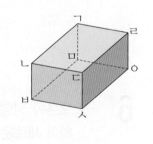

(　　　　)

8 오른쪽 정육면체의 겨냥도를 보고 빈칸에 알맞은 수를 써넣으시오.

보이지 않는 면의 수(개)	
보이지 않는 모서리의 수(개)	
보이지 않는 꼭짓점의 수(개)	

잘 틀리는 문제

9 직육면체의 전개도를 찾아 써 보시오.

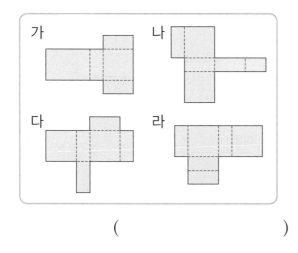

(   )

(10~11) 전개도를 접어서 직육면체를 만들었을 때 물음에 답하시오.

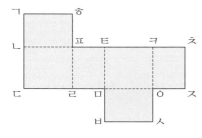

10 면 ㄴㄷㄹㅍ과 평행한 면을 찾아 써 보시오.

(   )

11 전개도를 접었을 때 선분 ㅂㅅ과 맞닿는 선분을 찾아 써 보시오.

(   )

12 바르게 말한 사람은 누구입니까?

• 유진: 직육면체는 정육면체라고 할 수 있습니다.

• 세호: 정육면체는 직육면체라고 할 수 있습니다.

(   )

시험에 꼭 나오는 문제

13 오른쪽 정육면체의 모서리를 잘라서 정육면체의 전개도를 만들었습니다. ☐ 안에 알맞은 기호를 써넣으시오.

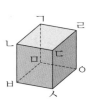

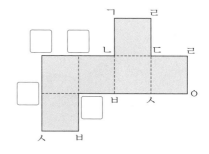

14 오른쪽 직육면체의 겨냥도를 보고 전개도를 그려 보시오.

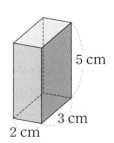

5 cm
3 cm
2 cm

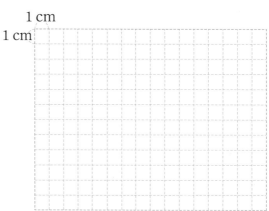

1 cm
1 cm

15 직육면체의 모든 모서리의 길이의 합은 몇 cm입니까?

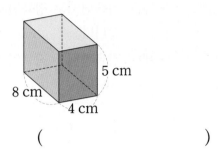

(   )

16 정육면체에서 모든 모서리의 길이의 합이 108 cm입니다. 한 모서리의 길이는 몇 cm 입니까?

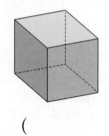

(   )

잘 **틀리는 문제**

17 주사위의 마주 보는 면에 있는 눈의 수의 합은 7입니다. 주사위 전개도의 빈칸에 주사위의 눈을 알맞게 그려 넣으시오.

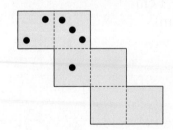

◖ 서술형 **문제**

18 정육면체의 전개도를 잘못 그린 것입니다. 그 이유를 써 보시오.

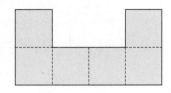

이유 |

19 직육면체에서 꼭짓점의 수는 면의 수보다 몇 개 더 많은지 풀이 과정을 쓰고 답을 구해 보시오.

풀이 |

답 |

20 정육면체의 전개도에서 색칠한 부분의 넓이는 몇 cm²인지 풀이 과정을 쓰고 답을 구해 보시오.

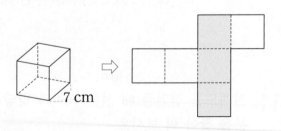

풀이 |

답 |

(1~2) 도형을 보고 물음에 답하시오.

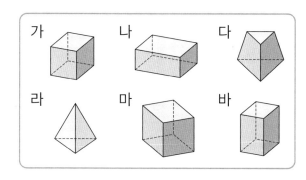

가　　나　　다

라　　마　　바

1 직육면체는 모두 몇 개입니까?

(　　　　　　)

2 정육면체는 모두 몇 개입니까?

(　　　　　　)

3 오른쪽 직육면체에서 보이는 면, 보이는 모서리, 보이는 꼭짓점의 수를 세어 보시오.

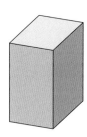

면의 수(개)	모서리의 수(개)	꼭짓점의 수(개)

시험에 꼭 나오는 문제

4 빠진 부분을 그려 넣어 직육면체의 겨냥도를 완성해 보시오.

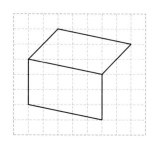

5 직육면체에서 면 ㄱㄴㄷㄹ과 평행한 면을 찾아 써 보시오.

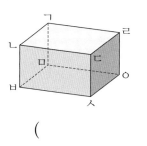

(　　　　　　)

6 직육면체에서 면 ㄱㄴㅂㅁ과 수직인 면은 모두 몇 개입니까?

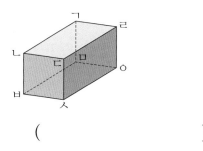

(　　　　　　)

7 정육면체를 보고 □ 안에 알맞은 수를 써넣으시오.

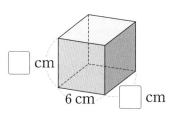

□ cm
6 cm　□ cm

8 직육면체에서 모서리 ㄱㄹ의 길이는 몇 cm입니까?

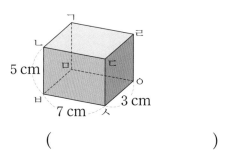

5 cm
7 cm　3 cm

(　　　　　　)

《9~10》 전개도를 접어서 정육면체를 만들었을 때 물음에 답하시오.

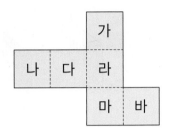

9 면 다와 평행한 면을 찾아 써 보시오.

( )

10 면 라와 수직인 면을 모두 찾아 써 보시오.

( )

11 직육면체의 전개도를 보고 □ 안에 알맞은 수를 써넣으시오.

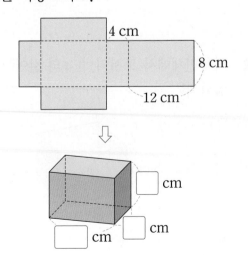

12 직육면체의 겨냥도를 보고 ㉠과 ㉡의 합을 구해 보시오.

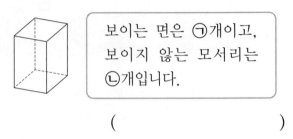

보이는 면은 ㉠개이고, 보이지 않는 모서리는 ㉡개입니다.

( )

13 잘못 그려진 정육면체의 전개도입니다. 면 1개를 옮겨 올바른 전개도를 그려 보시오.

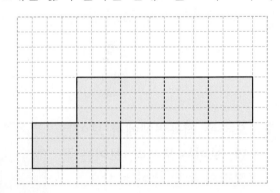

14 직육면체에서 면 ㄷㅅㅇㄹ과 평행한 면의 모든 모서리의 길이의 합은 몇 cm입니까?

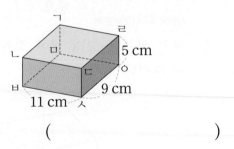

( )

잘 틀리는 문제

15 직육면체에서 보이지 않는 모서리의 길이의 합은 몇 cm입니까?

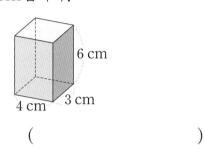

(   )

16 주사위의 마주 보는 면에 있는 눈의 수의 합은 7입니다. 면 가에 올 수 있는 눈의 수를 모두 구해 보시오.

(   )

17 오른쪽과 같이 직육면체의 면에 선을 그었습니다. 직육면체의 전개도가 다음과 같을 때 선이 지나가는 자리를 바르게 그려 넣으시오.

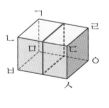

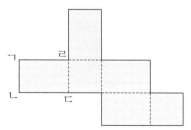

서술형 문제

18 직육면체의 겨냥도를 잘못 그린 이유를 쓰고, 바르게 그려 보시오.

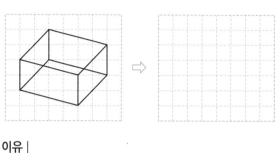

이유 |

19 한 모서리의 길이가 7 cm인 정육면체의 모든 모서리의 길이의 합은 몇 cm인지 풀이 과정을 쓰고 답을 구해 보시오.

풀이 |

답 |

20 오른쪽과 같이 직육면체 모양의 상자를 끈으로 둘러 묶었습니다. 매듭으로 사용한 끈이 80 cm라면 사용한 끈의 길이는 모두 몇 cm인지 풀이 과정을 쓰고 답을 구해 보시오.

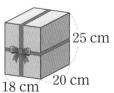

풀이 |

답 |

1 오른쪽 도형이 직육면체가 <u>아닌</u> 이유를 써 보시오. [5점]

이유 |

_____

_____

2 직육면체와 정육면체에 대해 <u>잘못</u> 설명한 것을 찾아 기호를 쓰고, 바르게 고쳐 보시오. [5점]

> ㉠ 정육면체는 직육면체라고 할 수 있습니다.
> ㉡ 직육면체에서 서로 평행한 면은 모두 2쌍입니다.
> ㉢ 직육면체와 정육면체는 꼭짓점의 수가 같습니다.

답 |

_____

_____

_____

3 직육면체의 전개도가 <u>아닌</u> 것을 찾아 기호를 쓰고, 그 이유를 써 보시오. [5점]

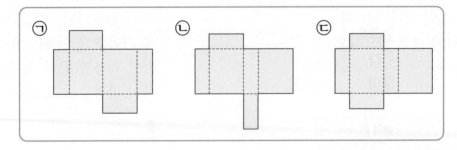

답 |

_____

_____

_____

4 오른쪽 직육면체에서 면 ㄴㅂㅅㄷ과 평행한 면의 모든 모서리의 길이의 합은 몇 cm인지 풀이 과정을 쓰고 답을 구해 보시오. [5점]

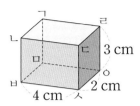

풀이 |

답 |

5 오른쪽 정육면체의 전개도를 접었을 때 면 다와 면 라에 동시에 수직인 면을 모두 찾아 쓰려고 합니다. 풀이 과정을 쓰고 답을 구해 보시오. [5점]

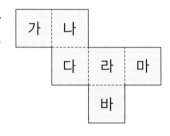

풀이 |

답 |

6 오른쪽 정육면체에서 보이지 않는 한 모서리의 길이는 11 cm입니다. 이 정육면체에서 보이는 모서리의 길이의 합은 몇 cm인지 풀이 과정을 쓰고 답을 구해 보시오. [5점]

풀이 |

답 |

(1~2) 진서의 제기차기 기록을 나타낸 표입니다. 물음에 답하시오.

제기차기 기록

회	1회	2회	3회	4회
기록(개)	2	3	2	5

1 진서의 제기차기 기록만큼 ○를 그려 나타낸 것입니다. ○를 옮겨 고르게 해 보시오.

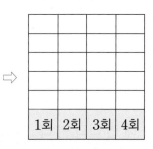

2 진서의 제기차기 기록의 평균은 몇 개입니까?

( )

(3~4) 윤지의 윗몸 말아 올리기 기록을 나타낸 표입니다. 물음에 답하시오.

윗몸 말아 올리기 기록

회	1회	2회	3회	4회
기록(회)	18	20	17	21

3 윤지의 윗몸 말아 올리기 기록을 더하면 모두 몇 회입니까?

( )

시험에 꼭 나오는 문제

4 윤지의 윗몸 말아 올리기 기록의 평균은 몇 회입니까?

( )

5 ㉠과 ㉡에 알맞은 일이 일어날 가능성을 각각 써 보시오.

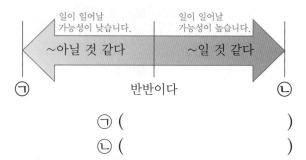

㉠ ( )
㉡ ( )

6 일이 일어날 가능성을 알맞게 표현한 곳에 ○표 하시오.

> 50원짜리 동전 1개를 던지면 그림 면이 나올 것입니다.

불가능하다	~아닐 것 같다	반반이다	~일 것 같다	확실하다

7 일이 일어날 가능성이 '불가능하다'인 경우를 찾아 기호를 써 보시오.

> ㉠ 내년 7월에는 11월보다 비가 자주 올 것입니다.
> ㉡ 주사위 1개를 굴리면 주사위 눈의 수가 0이 나올 것입니다.
> ㉢ 9월 달력에는 날짜가 30일까지 있을 것입니다.

( )

시험에 꼭 나오는 문제

8 흰색 공 2개가 들어 있는 주머니에서 공 1개를 꺼낼 때 꺼낸 공이 검은색일 가능성을 ↓로 나타내어 보시오.

(9~10) 유승이네 모둠과 하영이네 모둠의 턱걸이 기록을 나타낸 표입니다. 물음에 답하시오.

유승이네 모둠

이름	기록(회)
유승	6
준호	4
지아	2

하영이네 모둠

이름	기록(회)
하영	5
두혁	2
유민	2
수빈	3

9 유승이네 모둠과 하영이네 모둠의 턱걸이 기록의 평균은 각각 몇 회입니까?

유승이네 모둠 (   )
하영이네 모둠 (   )

10 어느 모둠의 기록이 더 좋다고 할 수 있습니까?

(   )

11 승훈이가 ○✕ 문제를 풀고 있습니다. ○라고 답했을 때, 정답이 틀렸을 가능성을 말과 수로 표현해 보시오.

말 |

수 |

12 승우네 모둠 학생의 100 m 달리기 기록을 나타낸 표입니다. 100 m 달리기 기록이 평균보다 빠른 학생은 모두 몇 명입니까?

100 m 달리기 기록

이름	승우	은성	동원	민유	소희
기록(초)	22	18	17	20	18

(   )

13 1부터 10까지의 수가 쓰인 수 카드 10장 중에서 1장을 뽑을 때 뽑은 카드에 쓰인 수가 홀수일 가능성을 수로 표현해 보시오.

(   )

잘 틀리는 문제

14 (조건)에 알맞은 회전판이 되도록 색칠해 보시오.

─(조건)─
• 화살이 보라색에 멈출 가능성과 초록색에 멈출 가능성이 같습니다.
• 화살이 노란색에 멈출 가능성이 가장 높습니다.

15 혜진이와 진영이의 멀리뛰기 기록을 나타 낸 표입니다. 두 학생의 멀리뛰기 기록의 평균이 같을 때, 진영이의 2회 멀리뛰기 기록은 몇 cm입니까?

혜진이의 기록

회	기록(cm)
1회	118
2회	107
3회	145
4회	126

진영이의 기록

회	기록(cm)
1회	158
2회	
3회	134
4회	103

( )

16 회전판에서 화살이 파란색에 멈출 가능성 이 높은 순서대로 기호를 써 보시오.

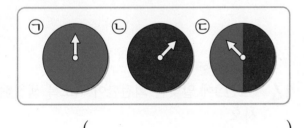

( )

잘 틀리는 문제

17 동민이의 국어 점수를 나타낸 표입니다. 동 민이의 국어 점수의 평균이 75점일 때, 국어 점수가 가장 높은 때는 몇 회입니까?

국어 점수

회	1회	2회	3회	4회
점수(점)	80	70		60

( )

서술형 문제

18 일이 일어날 가능성이 '확실하다'를 나타낼 수 있는 상황을 주변에서 찾아 써 보시오.

답 |

19 자료의 평균을 두 가지 방법으로 구해 보 시오.

| 47 | 39 | 45 | 37 | 42 |

방법 1 |

방법 2 |

20 은석이네 모둠 학생이 투호에 넣은 화살 수 를 나타낸 표입니다. 넣은 화살 수의 평균이 6개일 때, 호재가 넣은 화살은 몇 개인지 풀 이 과정을 쓰고 답을 구해 보시오.

투호에 넣은 화살 수

이름	은석	민지	두영	호재	세준
화살 수(개)	4	6	8		7

풀이 |

답 |

(1~2) 5개의 주머니에 들어 있는 구슬 수를 나타낸 표입니다. 물음에 답하시오.

주머니별 구슬 수

주머니	가	나	다	라	마
구슬 수(개)	13	14	17	16	15

1 한 주머니당 들어 있는 구슬 수를 대표하는 값을 정하는 올바른 방법의 기호를 써 보시오.

> ㉠ 각 주머니에 들어 있는 구슬 수 중 가장 큰 수로 정합니다.
>
> ㉡ 각 주머니에 들어 있는 구슬 수를 고르게 한 수로 정합니다.

( )

2 주머니 한 개에 들어 있는 구슬 수의 평균을 구하려고 합니다. □ 안에 알맞은 수를 써넣으시오.

$$(13+14+17+\boxed{}+\boxed{})\div 5$$
$$=\boxed{}\div 5=\boxed{}(개)$$

3 일이 일어날 가능성을 0부터 1까지의 수로 표현해 보시오.

불가능하다	반반이다	확실하다

시험에 꼭 나오는 문제

4 내일 아침에 동쪽에서 해가 뜰 가능성을 알맞게 표현한 곳에 ○표 하시오.

불가능하다	~아닐 것 같다	반반이다	~일 것 같다	확실하다

5 효주의 국어, 수학, 사회, 과학 점수를 나타낸 표입니다. 효주의 점수의 평균은 몇 점입니까?

효주의 점수

과목	국어	수학	사회	과학
점수(점)	86	92	90	80

( )

(6~8) 원기네 학교에서 운동회에 사용하기 위해 2학년부터 6학년까지의 학생이 콩 주머니를 900개 만들기로 했습니다. 물음에 답하시오.

학년별 학생 수

학년	2	3	4	5	6
학생 수(명)	61	59	60	61	59

6 한 학년당 콩 주머니를 평균 몇 개씩 만들어야 합니까?

( )

7 한 학년당 학생이 평균 몇 명 있습니까?

( )

8 한 명당 콩 주머니를 평균 몇 개씩 만들어야 합니까?

( )

9 주희와 연석이가 가위바위보를 했습니다. 주희는 가위를 내고 연석이는 보를 냈을 때 연석이가 이길 가능성을 말과 수로 표현해 보시오.

말 | _____

수 | _____

잘 틀리는 문제

10 현우네 모둠 학생의 과녁 맞히기 점수를 나타낸 표입니다. 점수가 평균보다 낮은 학생을 모두 찾아 이름을 써 보시오.

과녁 맞히기 점수

이름	현우	서정	민주	수민	경찬
점수(점)	5	6	5	6	8

(   )

11 일이 일어날 가능성이 '~일 것 같다'가 되도록 알맞은 말에 ○표 하시오.

주머니에 들어 있는 공깃돌 50개 중 1개는 노란색, 4개는 빨간색, 45개는 파란색입니다.
주머니에서 공깃돌 1개를 꺼낼 때 꺼낸 공깃돌은 (노란색 , 빨간색 , 파란색)일 것입니다.

12 일이 일어날 가능성이 높은 순서대로 기호를 써 보시오.

ㄱ 흰색 공 4개가 있는 주머니에서 공 1개를 꺼낼 때 검은색 공이 나올 것입니다.

ㄴ 흰색 공 9개와 검은색 공 1개가 있는 주머니에서 공 1개를 꺼낼 때 검은색 공이 나올 것입니다.

ㄷ 흰색 공 2개와 검은색 공 2개가 있는 주머니에서 공 1개를 꺼낼 때 검은색 공이 나올 것입니다.

(   )

시험에 꼭 나오는 문제

13 미라와 진주의 오래 매달리기 기록입니다. 오래 매달리기 기록의 평균은 누가 몇 초 더 깁니까?

미라	46초, 38초, 35초, 41초
진주	39초, 42초, 40초, 47초

(,   )

14 기타 동아리 회원의 나이를 나타낸 표입니다. 회원 한 명이 더 들어와서 나이의 평균이 14살이 되었습니다. 들어온 회원의 나이는 몇 살입니까?

기타 동아리 회원의 나이

이름	주은	민섭	유승	원호
나이(살)	12	16	13	11

(   )

15 회전판을 60번 돌려 화살이 멈춘 횟수를 나타낸 표입니다. 일이 일어날 가능성이 가장 비슷한 회전판을 찾아 기호를 써 보시오.

색깔	노랑	빨강	파랑
횟수(회)	14	15	31

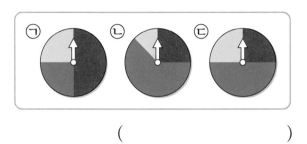

( )

16 재호와 민유의 영어 점수의 평균이 같을 때, 민유의 4회 영어 점수는 몇 점입니까?

재호의 영어 점수

회	점수(점)
1회	86
2회	84
3회	88

민유의 영어 점수

회	점수(점)
1회	84
2회	81
3회	90
4회	

( )

잘 틀리는 문제

17 멀리 던지기 대회에서 기록의 평균이 24 m 이상이 되어야 준결승에 올라갈 수 있습니다. 민수의 6회까지의 기록을 차례대로 나타낸 것입니다. 민수가 준결승에 올라가려면 6회에 적어도 몇 m를 던져야 합니까?

29 m, 22 m, 18 m, 21 m, 23 m, □m

( )

◀ 서술형 문제

18 노란색 공 10개가 들어 있는 주머니에서 꺼낸 공이 노란색일 가능성을 수로 표현하려고 합니다. 풀이 과정을 쓰고 답을 구해 보시오.

풀이 |

답 |

19 주사위 1개를 2번 굴리면 주사위 눈의 수가 모두 □이/가 나올 가능성은 '~아닐 것 같다'입니다. □ 안에 들어갈 수 없는 수를 찾아 쓰고, 이유를 써 보시오.

1 3 5 6 7

답 |

20 민석이네 모둠 학생 5명의 몸무게의 평균은 41 kg입니다. 몸무게가 47 kg인 학생이 한 명 더 들어오면 민석이네 모둠 학생의 몸무게의 평균은 몇 kg이 되는지 풀이 과정을 쓰고 답을 구해 보시오.

풀이 |

답 |

1 당첨 제비 8개가 들어 있는 상자에서 제비를 1개 뽑을 때 뽑은 제비가 당첨 제비가 아닐 가능성은 '불가능하다'입니다. 가능성이 '확실하다'가 되도록 바꿔 보시오. [5점]

답 |

2 4학년과 5학년의 단체 줄넘기 기록을 나타낸 표입니다. 잘못 설명한 것의 기호를 쓰고, 이유를 써 보시오. [5점]

4학년의 단체 줄넘기 기록

반	인	의	예	지	신
기록(회)	6	12	6	9	7

5학년의 단체 줄넘기 기록

반	인	의	예	지
기록(회)	11	9	9	7

㉠ 두 학년의 단체 줄넘기 기록의 평균을 구해 보면 어느 학년이 더 잘했는지 비교할 수 있습니다.

㉡ 기록이 가장 높은 반이 4학년에 있으므로 4학년이 더 잘했다고 할 수 있습니다.

답 |

3 채영이의 수학 점수를 나타낸 표입니다. 5단원 점수는 1단원부터 4단원까지 점수의 평균보다 1점 더 높습니다. 5단원 점수는 몇 점인지 풀이 과정을 쓰고 답을 구해 보시오. [5점]

수학 점수

단원	1단원	2단원	3단원	4단원
점수(점)	87	75	80	70

풀이 |

답 |

4 민재는 책을 하루에 평균 32쪽 읽습니다. 민재가 11월 한 달 동안 매일 책을 읽었다면 11월에 읽은 책은 모두 몇 쪽인지 풀이 과정을 쓰고 답을 구해 보시오. [5점]

풀이 |

답 |

5 회전판에서 화살이 빨간색에 멈출 가능성이 높은 것부터 순서대로 쓰려고 합니다. 풀이 과정을 쓰고 답을 구해 보시오. [5점]

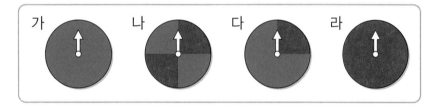

풀이 |

답 |

6 대희네 모둠 학생의 키를 나타낸 표입니다. 혜주의 키가 10 cm 더 늘어난다면 대희네 모둠 학생의 키의 평균은 몇 cm 더 늘어나는지 풀이 과정을 쓰고 답을 구해 보시오. [5점]

학생의 키

이름	대희	혜주	세호	윤아	정국
키(cm)	129	126	125	124	131

풀이 |

답 |

1 □ 안에 알맞은 수를 써넣으시오.
2. 분수의 곱셈

$$1\frac{3}{4} \times 3 = \frac{\boxed{}}{4} \times \boxed{} = \frac{\boxed{}}{4} = \boxed{}$$

2 직육면체를 모두 찾아 기호를 써 보시오.
5. 직육면체

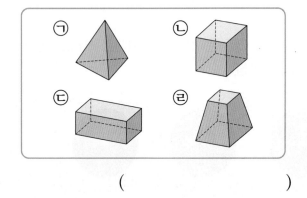

(   )

3 1829를 각각 올림, 버림, 반올림하여 백의 자리까지 나타내어 보시오.
1. 수의 범위와 어림하기

올림	버림	반올림

4 빈칸에 알맞은 수를 써넣으시오.
4. 소수의 곱셈

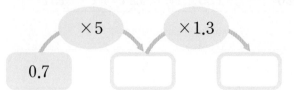

5 두 삼각형은 서로 합동입니다. □ 안에 알맞은 수를 써넣으시오.
3. 합동과 대칭

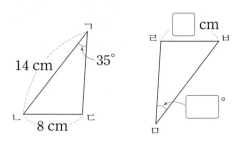

6 계산 결과가 더 큰 것의 기호를 써 보시오.
2. 분수의 곱셈

$$\bigcirc \; 2 \times 2\frac{5}{6} \qquad \bigcirc \; \frac{7}{8} \times 10$$

(   )

7 일이 일어날 가능성을 찾아 선으로 이어 보시오.
6. 평균과 가능성

동전 1개를 던져 숫자 면이 나올 가능성	내년에 8월이 2월보다 빨리 올 가능성	1주일이 7일일 가능성
•	•	•
•	•	•
불가능하다	반반이다	확실하다

8 수의 범위를 수직선에 나타내어 보시오.

1. 수의 범위와 어림하기

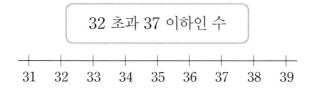

32 초과 37 이하인 수

```
31  32  33  34  35  36  37  38  39
```

9 직육면체에서 면 ㄴㅂㅁㄱ과 수직인 면을 모두 찾아 써 보시오.

5. 직육면체

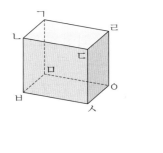

(   )

10 용희는 매일 1.25 L의 물을 마십니다. 용희가 일주일 동안 마신 물은 몇 L입니까?

4. 소수의 곱셈

(   )

11 희주는 1부터 6까지 수가 쓰인 주사위 1개를 굴렸습니다. 주사위를 굴려서 나온 수가 짝수일 가능성을 말과 수로 표현해 보시오.

6. 평균과 가능성

말 | _____

수 | _____

12 정육면체의 모든 모서리의 길이의 합은 몇 cm입니까?

5. 직육면체

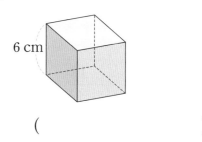

6 cm

(   )

13 지우네 학교 5학년 학생 수는 전체 학생 수의 $\frac{1}{5}$입니다. 5학년의 $\frac{3}{8}$은 남학생이고, 그중 $\frac{1}{6}$은 안경을 썼습니다. 안경을 쓴 5학년 남학생은 전체 학생의 몇 분의 몇입니까?

2. 분수의 곱셈

(   )

14 직선 ㄱㄴ을 대칭축으로 하는 선대칭도형입니다. 각 ㄷㄹㅁ은 몇 도입니까?

3. 합동과 대칭

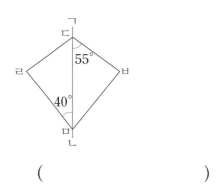

55°

40°

(   )

6. 평균과 가능성

15 사랑이의 제기차기 기록을 나타낸 표입니다. 사랑이의 제기차기 기록의 평균이 15개라면 3회의 기록은 몇 개입니까?

제기차기 기록

회	1회	2회	3회	4회
기록(개)	14	11		18

( )

4. 소수의 곱셈

16 가로가 14 cm, 세로가 6 cm인 직사각형이 있습니다. 이 직사각형의 가로와 세로를 각각 1.5배 하여 새로운 직사각형을 만들려고 합니다. 새로운 직사각형의 넓이는 몇 cm^2 입니까?

( )

1. 수의 범위와 어림하기

17 세후네 학교 5학년 학생들이 한 번에 10명까지 탈 수 있는 놀이기구를 타려고 합니다. 학생들이 모두 놀이기구를 타려면 놀이기구를 최소 14번 운행해야 합니다. 세후네 학교 5학년 학생은 최소 몇 명입니까?

( )

◀ 서술형 문제

5. 직육면체

18 직육면체의 성질에 대해 잘못 설명한 사람의 이름을 쓰고, 그 이유를 써 보시오.

> • 현아: 한 면에 수직인 면은 모두 3개야.
> • 명주: 직육면체의 면의 모양은 직사각형이야.

답 |

2. 분수의 곱셈

19 ☐ 안에 들어갈 수 있는 가장 큰 자연수는 얼마인지 풀이 과정을 쓰고 답을 구해 보시오.

$$\square < 2\frac{1}{7} \times 2\frac{2}{3}$$

풀이 |

답 |

3. 합동과 대칭

20 점 ㅇ을 대칭의 중심으로 하는 점대칭도형입니다. 점대칭도형의 둘레는 몇 cm인지 풀이 과정을 쓰고 답을 구해 보시오.

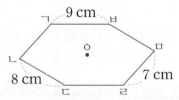

풀이 |

답 |